工业和信息化高等教育"十二五"规划教材立项项目

21世纪普通高等教育机电工程类规划教材

21 SHIJI PUTONGGAODENGJIAOYU JIDIANGONGCHENGLEI GUIHUA JIAOCAI

# 机械工程实验

## （第2版）

■ 周青　主编

徐桂梅　熊骏　副主编

陈云　周细林　曾东保　孙淑梅　参编

张歧生　主审

人民邮电出版社

北　京

图书在版编目（CIP）数据

机械工程实验 / 周青主编. -- 2版. -- 北京：人
民邮电出版社，2013.8（2014.9重印）
21世纪普通高等教育机电工程类规划教材
ISBN 978-7-115-32859-5

Ⅰ. ①机… Ⅱ. ①周… Ⅲ. ①机械工程－实验－高等
学校－教材 Ⅳ. ①TH-33

中国版本图书馆CIP数据核字(2013)第198228号

## 内 容 提 要

本书以培养高等学校机械学科类学生实践动手能力为目的，系统地介绍了机械类实验的实验原理、实验目的、基本实验方法和操作过程。具体涵盖了机械原理、机械设计、工程材料、机械制造工艺、液压与气动、公差配合与测量、模具设计与制造、传感器与测试技术、机械传动与动平衡等方面的实验知识。

本书可作为普通本科、高职高专类院校机械学科各专业的教学用书，也可作为其他有关技术人员参考、学习用书。

◆ 主　　编　周　青
　　副 主 编　徐桂梅　熊　骏
　　参　　编　陈　云　周细林　曾东保　孙淑梅
　　主　　审　张歧生
　　责任编辑　李育民
　　执行编辑　王丽美
　　责任印制　沈　蓉　杨林杰
◆ 人民邮电出版社出版发行　　北京市丰台区成寿寺路 11 号
　　邮编 100164　　电子邮件 315@ptpress.com.cn
　　网址　http://www.ptpress.com.cn
　　北京艺辉印刷有限公司印刷
◆ 开本：787×1092　1/16
　　印张：16.75　　　　　　　　　2013年8月第2版
　　字数：409 千字　　　　　　　2014年9月北京第3次印刷

定价：38.00 元
读者服务热线：(010)81055256　印装质量热线：(010)81055316
反盗版热线：(010)81055315
广告经营许可证：京崇工商广字第 0021 号

# 前　言

实验教学是机械类专业教学的重要组成部分，它与课堂教学紧密结合，对培养学生理论联系实际的能力具有重要作用。为使学生掌握专业课程实验方法与技能，启发学生的创新思维，我们根据实验教学大纲要求，保证必要的演示性及验证性实验项目，并结合高校实验教学条件，充分利用先进的仪器设备，增加了一些与生产实际紧密结合的综合性、设计性实验项目，以满足当今社会对应用型人才的需求。

本书涵盖了机械原理、机械设计、机械制造基础、公差配合与测量、液压与气压传动、工程材料、测试技术、机械传动、塑料成型与模具设计、冲压工艺与模具设计等理论课程要求的知识点，围绕认知实验、基础实验、设计型实验、综合型实验、创新型实验等方面设计实验项目，注重实验项目设置的系统性和科学性，力求构建新型机械工程基础实验课程体系，进一步培养学生的动手能力、工程应用能力和创新能力。

本书由江西科技学院周青任主编，徐桂梅、熊骏任副主编，张歧生任主审。其中，周青编写第 1 章、第 3 章、第 6 章和第 12 章，并负责全书的统稿工作；徐桂梅编写了第 2 章和第 5 章；熊骏编写了第 4 章和第 7 章；陈云编写了第 8 章；周细林编写了第 10 章；曾东保编写了第 11 章；孙淑梅编写了第 9 章。另外，本书编写过程中，得到了杭州电子科技大学陈磊老师的大力协助。

在本书编写过程中，力求实验项目设置更加合理，实验内容更充实、更具有典型性和代表性，参阅了相关文献和部分仪器设备说明书，在此表示感谢。

由于水平有限，本书在编写过程中可能存在不足之处，敬请读者谅解并提出宝贵意见。

编　者

2013 年 6 月

# 目　录

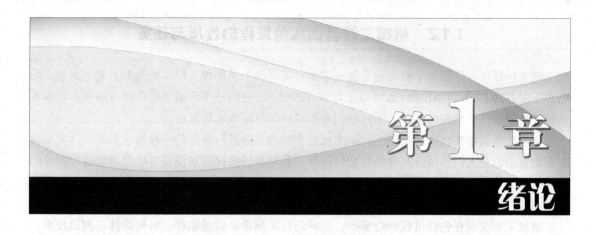

# 第1章

## 绪论

### 1.1 机械工程基础实验课程的重要性、性质与任务

#### 1.1.1 机械工程基础实验课程的重要性

实验一般多指科学实验，是按照一定的目的，运用相关的仪器设备，在人为控制条件下，模拟自然现象进行研究，从而认识自然界事物的本质和规律。实验的目的是纯化、简化或强化和再现科学研究对象，延缓或加速自然过程，为理论概括准备充分可靠的客观依据。实验可以超越现实生产所及的范围，缩短认识周期。科学发展的历史表明，许多伟大的发现、发明和重大的研究成果都产生于科学实验。例如，居里夫人就是在实验室里夜以继日工作了10多年才发现和提炼了铀。回顾机械的发展历史，人类从使用原始工具到创造发明原始机械、古代机械、近代机械乃至今天的汽车、数控机床、智能机器人、载人宇宙飞船、航天飞机等现代机械，都是经过艰辛的科学实验的结果。随着科学技术的迅速发展，高新技术产品不断问世，高等学校绝大多数的科研成果和高新技术产品诞生都是在实验室里实验研究的结果。据资料表明，诺贝尔物理奖自1900年以来的100多个奖项中，可以认为70%以上是授予实验项目的。由此可见实验对理论和科学研究的重要性。随着科学技术的发展，科学实验的范围和深度不断拓展和深入，科学实验具有越来越重要的作用，成为自然科学理论和工程技术的直接基础。

机械工业与机械工程历来是国家经济建设的支柱产业和支柱学科之一，而且是基础产业与基础学科之一。随着科学技术的不断发展，社会对机械学科和机械类专业人才也提出了更高的要求。高等学校工科学生，尤其是机械类专业的学生，必须具有良好的实践能力、创新能力和综合设计能力。实验正是培养学生具有这些能力的极好的教学环节。实验教学是理工科专业教学中重要的组成部分，它不仅是学生获得知识和经验的重要途径，而且对培养学生的自学能力、工作态度、实际工作能力、科学研究能力和创新思维具有十分重要的作用，对实现培养学生成为适合国家和社会需要的高素质人才的目标起着关键的作用。

### 1.1.2　机械工程基础实验课程的性质与任务

随着计算机与信息技术的高速发展，学生对实际动手操作和工程实验渐渐失去了兴趣，而热衷于对各种 CAD、CAE 和 CAM 等工具软件的学习，他们并不清楚实验设计方法和实验基本技能才是进行科学研究的基础，因而他们对知识的学习是本末倒置的。

实验教学就是在教师的指导下，学生通过实验的方法进行学习的一种教学形式。这里所说的实验方法，是人们根据研究课题规定的任务，利用专门的仪器和设备对研究对象进行积极的干预，人为地变革、控制和模拟研究对象，以便在最有利的条件下对其进行观察，从而获得经验事实的一种方法。

机械工程类课程包括机械制造基础、公差与技术测量、机械原理、机械设计、测试技术、液压与气动、工程材料等。这些课程是重要的技术基础课，是连接基础课与专业课的重要环节，都有一系列的实验来支撑。为了适应知识经济和技术创新的时代要求，使实验教学的内容和水平符合培养高素质技术人才的要求，我们尝试对机械工程系列课程的实验进行整合、优化，形成系列课程互相衔接、互相配合、互相支撑的实验教学体系。注意反映当代机械工程实验技术，并引入相关学科，如激光测量、图像处理、智能控制、虚拟实验等新技术、新成果，丰富实验教学内容，提高实验的质量和水平，开出独立的机械工程综合实验课程。

本实验课程的主要任务就是让机械类的学生通过对机械工程基础实验的原理和方法的学习、实验操作训练及数据分析总结，达到以下目的。

（1）了解机械工程基础实验在机械学科研究中的重要地位，养成严格按科学规律从事实验工作，勇于探索创新和实事求是的科学态度。

（2）了解机械工程基础实验各实验内容的原理，掌握实验中常用评价参数的内容、测定方法及相关仪器设备的选择和使用方法。

（3）了解现代工程实验方法在机械工程基础实验领域中的应用。

（4）初步具备根据工程实际情况正确设计实验、完成实验内容、分析实验结果的能力以及撰写实验报告的表达能力。

（5）具有理解、构思、改进机械工程实验方案的基本能力。

（6）具备在实验过程中发现问题、分析问题、解决问题的能力。

（7）具有吃苦耐劳及团队合作的精神。

# 1.2
## 机械工程基础实验课程的主要内容

机械工程实验课程以机械工程实验方法自身的系统为主线设置实验课，成绩单独考核和计分。实验课的教学内容注意培养学生的创新能力和综合设计能力。重视实验内容由"验证性"转为"开发性"，"单一性"转为"综合性"，注意实验内容的创新性，增加实验内容和选题的自主性，改进实验指导方法，尽量发挥教师指导、学生自主的作用。

机械工程实验课程分为基本实验和实验设计研究两个层次。机械工程基本实验包括必修和选修两个部分。选修实验含有一定的实验设计和研究实践，供学有余力的学生使用。本实验教程增加实验内容和选题的柔性与开放性，以发挥学生的个性和创造能力，鼓励学生充分自主，发挥想象力，敢于打破"思维定势"的约束，提出新方案、新方法、应用新技术。实验设计属研究型综合实验，要求学生根据实验题目或专题（如机械加工工艺设计实验、机器人性能设计实验等）进行实验设计。在老师指导下，学生根据任务自主查阅资料、确定实验方案、选用实验设备和测试仪器完成实验设计，进行实验获取和处理实验数据，并撰写有分析内容的实验设计研究报告。

机械工程实验课程的实验内容应反映机械学科的发展方向，改革陈旧的实验内容和实验装置是必需的。因此，我们要充分考虑现有的工作条件，处理好传统实验与综合性实验、创新性实验之间的关系，在发挥传统实验作用的基础上，采取①开发更新实验装置；②增加实验设计；③引进先进的数据采集和数据处理手段，实现计算机技术在机械工程实验中的应用等方式，引入控制技术和机电一体化技术等先进的实验设备、实验内容、实验手段，达到培养学生的创新能力、综合设计能力和掌握新的科学技术的目的。

机械工程实验课程应有较多的创新设计实验内容，允许学生实现自己构思的原理方案，为了节省经费又不约束学生的新构思，实验装置可采用在一定条件下的组装式实验模块。此外，在机械工程部分实验中采用计算机仿真技术和虚拟实验，以增加实验的柔性，让学生在实验中能充分体现自主性。

机械工程实验课程的主要内容有以下3个部分。

（1）实验的基本知识，包括概论、机械工程实验常用仪器设备、实验数据采集和误差分析及处理。

（2）基本实验，包括机械组成的认识实验、机械零件几何精度的测量、机械设计实验、液压与气动实验、工程材料实验、测试技术实验等。

（3）拓展实验，包括机械创新设计实验、综合设计实验，在每门课程中均可开设。

本实验课程的各个实验之间有相对独立性，便于不同系、不同层次的师生根据学校的实际情况选择使用。

# 1.3 机械工程基础实验课程的学习方法

## 1. 重视实际动手能力的培养，注重细节

机械工程基础实验课程是一门以学生实际操作为主的技术基础课程，在具体的实验过程中需要使用多种仪器设备和工具，因此，要求学生具有较强的动手能力。培养自己的动手能力不仅仅是学会操作使用各种仪器设备和工具，还要培养自己小心谨慎的工作作风，要注重细节，

搞清楚各种工具的使用规范和注意事项。

### 2．要善于思考、总结，培养分析能力

许多学生在做实验的过程中，往往是按照实验步骤机械模仿，对于实验过程和实验结果很少进行分析和思考，尤其对于验证性实验，认为其无非是对理论的检验，没有什么值得思考的。这种做法使学生在做完实验后只是验证了某个定理或者公式，并不能得到任何实用性结论，失去了做实验的意义。学习本门课程应该有意识地对实验过程和实验结果进行思考，为什么实验要安排这一个步骤？去掉这个步骤可行吗？实验得到的数据和理论是完全一致的吗？什么原因导致了误差甚至实验的失败？通过这样的思考可以很好地培养自己的分析能力，得到实用性的结论，提高自身的工程实践能力。

### 3．注意理论知识的综合应用，培养创新精神

机械工程基础实验课程作为一门技术基础课，涉及多门理论课程的知识，特别是一些较复杂的综合设计型实验更是对多门学科知识的有机结合的应用，因而成为培养学生创新能力的重要平台。在学习本门课程的过程中，在重视动手能力的同时，也要注意夯实自己的理论基础，将多门学科的知识有机结合，在理论指导下综合利用各种实验设备和仪器设计出新的实验方案，提高自身的创新能力。

### 4．具有吃苦耐劳，以及团队协作的精神

机械工程基础实验课是一门实践性很强的课程，它与工程实践密切相关，实验过程中，往往难以避免油污、铁屑等污物。学生应该克服实验环境的不利影响，严格按照要求完成实验。要注意培养自己的团队协作精神，须知，个人的能力和精力是有限的，在规定的时间内完成一个较为复杂的综合设计型实验往往需要多人的协作，各行其是会降低实验的效率，甚至会导致实验的失败。

# 1.4

# 机械工程实验课程的要求

机械工程实验课程是机械工程实验教学的重要组成部分，是机械工程系列课程的重要教学内容和课程体系改革的主要内容之一。要求学生通过本课程的学习和实验实践，掌握以下基本内容。

（1）充分认识科学实验的内涵和重要意义。

（2）了解和熟识机械工程实验常用的实验装置和仪器，掌握实验原理、实验方法、测试技术、数据采集、误差分析及处理方法。

（3）严格按科学规律从事实验工作，遵守实验操作规程，求实求是，不粗心大意、主观臆断，更不允许弄虚作假。

（4）实验过程中认真观察实验现象，不忽视和放过"异常"现象，敢于"存疑、探求、创新"，对实验结果和实验中观察到的一些现象作出自己的解释和分析，树立实验能验证理论，也能发展和创造理论的观点。

（5）实验报告是展示和保存实验成果的依据，同时也是实验教学中对学生分析综合、抽象概括、判断推理能力及语言文字、曲线图表、数理计算等表达能力的综合实践训练，要重视实验报告的撰写。

实验完成后，必须严谨规范地撰写实验报告。实验报告是显示并保存实验数据和成果的载体，是分析、解决问题的依据。实验报告包括实验名称、实验目的、实验原理、实验装置、实验步骤、数据处理、实验结果、分析与结论、附录等内容。

## 1.4.1　实验室管理规则

（1）学生应按时参加实验课，进入实验室应佩戴身份卡并及时签名，未经指导教师同意不得动用任何仪器设备，不得随意进出实验室。

（2）学生应在实验课前认真预习实验内容，写好预习报告，无预习报告者不得参与实验课程。

（3）学生在实验操作前要认真听取指导教师讲解，明确实验目的、原理、方法和步骤，以小组为单位由小组长签名领取相关的工具和零配件，如有问题应及时向指导教师提出。

（4）实验室以小组为单位进行实验，分工负责、有序进行，严禁任意调换座位，更不得影响他人实验，不准动用教师控制台的各种设备。

（5）实验室应保持整洁、安静，不得在桌面、仪器设备上乱涂写，不得将与实验无关的物品带入实验室，不乱扔纸屑、杂物，严禁高声喧哗、吸烟、随地吐痰，不准在实验室吃东西。

（6）实验准备工作就绪后，要认真自查、互查，经指导教师检查同意后，方可进行实验，操作设备的旋钮和开关时不要用力过猛和超位，实验中应严格遵守设备操作规程，实验中严防用手触摸线路中带电的裸露导体，万一有人触电，应立即切断电源，采取必要的救护措施并报告老师，实验中认真观察和分析实验现象，及时记录实验数据，不准抄袭他人实验结果，不做与规定实验无关的事。

（7）实验中要爱护实验仪器设备，爱护各种零配件和工具，注意安全，节约用电、节约消耗材料。凡违反操作规程或不听指导而造成事故、损坏公物者，必须写出书面检查，并按有关规定赔偿损失。

（8）实验中若发现仪器设备故障或其他事故，应立即停止使用并切断电源、油源、气源，停止操作，保持现场并报告指导教师，等查明原因并排除故障后，方可进行实验，未经指导教师允许，不得改动实验室的配电板和更换保险丝，不得擅自拆卸仪表及实训设备。

（9）实验完成后，应及时关掉电源、油源、气源，并将所用桌椅、仪器设备、工具、各种零配件等按摆放顺序整理好，交回原处并签名，做好清洁工作，将所做的实验报告交给指导教师批阅同意后，方可离开实验室。

（10）学生实验时必须严格遵守《学生实验守则》和《学生实验安全操作规程》，如有违反，按规定处理，并通报有关部门。

## 1.4.2 学生实验守则

（1）学生必须按规定的时间参加实验课，不得迟到早退，迟到15分钟以上者，不得参加本次实验。

（2）学生进入实验室必须衣着整洁，室内必须保持安静、整洁和良好的工作环境，严禁高声喧哗、吸烟、随地吐痰、吃零食和乱扔纸屑杂物。

（3）服从实验指导教师的指导，严格遵守《实验室规则》等各项制度以及实验室操作规程。

（4）实验前应认真预习实验讲义，写好实验预习报告，仔细听取指导教师讲解，明确实验的目的、要求、方法和步骤，做好各项准备，经指导教师检查认可后方可开始实验。

（5）实验时应仔细观察现象，详细记录实验数据和结果，认真分析思考，得出结论。不得弄虚作假，马虎从事。

（6）实验后应按时做好实验报告，交指导教师批阅。不得无故不写或不交实验报告。

（7）实验中不准动用与实验无关的仪器和设备，不得动用他组的仪器、工具、文件和材料，不得随意做规定以外的其他实验。

（8）自觉爱护室内一切仪器、药品和其他设备，不准乱拿乱用、乱拆乱装，或私自借用甚至拿到室外。

（9）注意节约用电、用水、用气和药品材料，实验完毕后，及时断电、关水、停气，按规定处理实验废品，将仪器设备等物品清洗整理复原，经指导教师检查后方能离开。

（10）切实注意实验操作程序，严防在使用仪器、设备及试剂、原料时发生失火、爆炸、中毒、放射性污染、损坏仪器设备等事故。如违章操作又不听教师指导而造成事故者，要追究责任。

（11）凡属责任事故给实验室及其他仪器、设备造成损失者，均按学校颁布的有关规定处理。

（12）以上各条必须严格遵守，违者视情节轻重予以批评教育、经济赔偿直至纪律、刑事处分。

## 1.4.3 实验室卫生管理规定

实验室是学校教学和科研工作的重要场所，创建文明、卫生、安全的实验环境，是教学及科研实验正常进行的重要保证。

（1）实验仪器设备的布局要尽量和实验工艺一致，科学布置，摆放合理。实验结束后，各种仪器设备要及时清理，分类摆放。

（2）实验室各房间应设置专门的卫生负责人，要认真负责各房间的卫生工作，垃圾日产日清。

（3）实验室严禁随地吐痰，严禁乱扔瓜果皮核、纸屑等杂物；严禁吸烟、就餐、聚会；严禁存放私人物品。

（4）实验桌（台）、仪器柜、文件柜、抽屉等应保持整洁无尘，对各种仪器设备、文件资料要定期清扫或清洗，保持干净、无灰尘。

（5）保持实验室内无蚊蝇，墙面、地面无污迹，墙角无蜘蛛网，做到窗明几净。

（6）保持各种灯具无灰尘，安装整齐划一。

# 第2章
# 试验设计与数据处理

## 2.1 正交试验设计

为了达到一定的目标，需要通过试验寻求该目标的一些因素的最优值。实验设计的目的就是用尽可能少的试验次数，尽快找到这些因素的最优值。如果影响目标的因素只有一个，则称为单因素问题，否则称为多因素问题。实际问题要复杂得多，不仅影响目标的因素会有很多，而且有时需同时考察几项目标值。"正交试验设计"是处理这类问题的一种科学方法，它可以应用一种规格化的表——"正交表"，合理安排试验。用这种方法，可以进行最少的试验而判断出较优的条件，若再对试验结果进行简单的统计分析，还可以更全面、更系统地掌握试验结果，指导后续的试验和生产。

### 2.1.1 基本概念

正交试验设计简称正交设计（Orthogonal Design），它是利用正交表（Orthogonal Table）科学安排与分析多因素试验的方法。

【例2-1】 45钢热处理，考察不同工艺规范对热处理后钢性能的影响。

1. 试验指标

在一项试验中，用来衡量试验效果的指标称为试验指标，简称指标或试验结果，通常用 $y$ 表示。本例中衡量钢调质后性能的指标为强度和塑性，而且越高越好，这就是试验指标。类似可以用数量表示的指标，称为定量指标；不能用数量直接表示的指标，称为定性指标，如产品外观质量、色泽等。在试验分析中，定性指标一般可以转化为定量指标。

2. 试验因素

试验中，凡对试验指标可能产生影响的原因，都称为因素，也称因子或元。需要在试验中考察的因素称为试验因素，通常用大写字母 $A$、$B$、$C$ 等表示。在一般的试验研究中，并非要考察所有的因素，这需由技术人员的理论知识和实际经验确定。本例中，考察影响性能的因素主要有淬火加热温度（$A$）、回火加热温度（$B$）、回火冷却方式（$C$），这就是试验中的 3 个因素。在试验中，有些因素能严格控制，是可控因素，本例中的 $A$、$B$、$C$ 三个因素都是可控因素。有些因素难以控制，称为不可控因素，如本例中材料本身的微观偏差和试验中可能出现的随机误差。试验中可能出现的随机误差，对试验结果会产生影响，有时也列为因素处理。

3. 因素水平

因素在试验中所处的状态，或能取的不同值，称为该因素的水平，也简称水平或位级，通常用下标 1、2、3…表示。如试验中一个因素的 $K$ 个值，则称为 $K$ 水平因素。本例中的加热温度取为 860℃和 840℃两个状态，则该因素有两个水平，称为二水平因素，用 $A_1 = 860$、$A_2 = 840$ 分别表示 1 水平和 2 水平。因素的水平可以取为具体值，如本例中的温度；有的不能取为具体值，如冷却方式用空冷、水冷和油冷等。

明确指标，选好因素，恰当地定出各因素的水平变化范围是正交设计的重要环节，对得出正确结论有重要意义，需要慎重考虑。

4. 正交设计解决的问题

通过正交设计进行试验和分析，可以回答下面 4 个问题。

（1）试验中相应因素对指标影响的作用大小，作用大的因素，应是重点研究的因素。

（2）每个因素的水平对指标的影响，找出每个因素的最好水平。

（3）能够得到较好指标的最佳因素的水平组合，得出最佳的工艺和方案。

（4）通过方差分析，判断误差的作用。

## 2.1.2 安排试验的原则

现以 3 个因素，每个因素取 3 个水平为例说明安排试验的原则。

如果对每个因素中的 3 个水平分别选取 1 个水平组成可能的试验方案，共有 $3^3$ 个试验。显然，做完这 27 种可能的搭配的试验，就能得到满意的结果，然而能否减少试验量，只在 27 种搭配中抽出一小部分搭配进行试验，就可以解决问题呢？如果可能，对于更多因素，更多水平的试验，其意义就更大。

应用正交试验设计的"均衡搭配"原则和在此基础上的"综合可比性"原则，就为解决这一问题提供了便利的条件。

如图 2-1 所示，每个"●"代表一个试验。在 27 个试验中只挑 9 个点进行试验，安排正交试验的原则，在这 9 个试验中，每一个因素的每一个水平都有 3 个试验，而且任一因素的任一水平与其他因素的每一个水平相遇一次，且仅相遇一次。选用其他点进行试验，则满足不了这一要求。

正交设计所用的"正交表"正是按照上述原则建立的规范表格，只要根据选定的因素和水平数，选用相应的已经编排号的"正交表"安排试验和进行分析，就能达到上述目标。

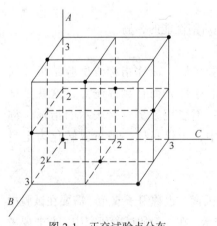

图 2-1　正交试验点分布

## 2.1.3　正交表

### 1．正交表

正交表是正交试验设计的基本工具，它是根据均衡搭配的原则，运用组合数学理论构造的一种数字表格。

通常等水平正交表写成 $L_a(b^c)$，其中 L 是 Latin 的第一个字母，表示正交表；$a$ 是正交表的行数，即应安排的次数；$b$ 表示正交表同一列中出现的不同数字的个数或因素的水平数，因素有 $b$ 个水平或在正交表中出现 $b$ 个数字，就称为 $b$ 水平正交表；$c$ 表示正交表的列数，或正交表最多能安排的因素数，每列安排一个因素，因素数可以小于列数，把多余的列空缺或抹去，但不能多于列数。

$L_4(2^3)$ 是一张最简单的正交表，它表示一个具体的数字表格，见表 2-1。表中各个数字的含义说明如下。

表 2-1　　　　　　　　　　　　　　　　　$L_4(2^3)$正交表

| 试验号 \ 列号 | 1 | 2 | 3 |
|---|---|---|---|
| 1 | 1 | 1 | 1 |
| 2 | 1 | 2 | 2 |
| 3 | 2 | 1 | 2 |
| 4 | 2 | 2 | 1 |

显然，$L_4(2^3)$ 是一个二水平正交表。有四行三列，最多能安排 3 个因素，每个因素有二水平。所安排的试验数是 4 个，而全面试验数是 8 个，就是说，用 $L_4(2^3)$ 安排 3 个二水平因素试验时，可以比全面试验少做一半。

除等水平正交表外，还有非等水平正交表，一般表示为 $L_a(b_1^{c_1} \times b_2^{c_2})$，$L_a(b_1^{c_1} \times b_2^{c_2} \times b_3^{c_3})(b_1 \neq b_2 \neq b_3)$，各字母表示意义与 $L_a(b^c)$ 相同。实际上这是一种不等水平的混合正交表。

常用正交表可分为：标准表、非标准表和混合型正交表。常用的正交表表格见附录。

### 2．正交表的基本性质

（1）正交性。具体表现为在任何一列中各水平都出现，且出现的次数相同；任意两列之间各种不同水平的所有可能组合都出现，且出现的次数相同。

由正交表的正交性可以看出如下内容。

① 正交表的各列之间可以相互置换，称为列间置换。

② 正交表的各行之间可以相互置换，称为行间置换。

③ 正交表中同一列的水平数字可以相互置换，称为水平置换。

上述 3 种置换为正交表的 3 种初等变换。经过初等变换得到的一切正交表，称为原正交表的同构表或等价表。实际应用时，可根据试验要求，把一个表变成与之等价的其他形式的表。

（2）代表性。按照正交表安排的部分试验，可以代表全面试验，这是由正交表的"均衡搭配"原则得到的。

（3）综合可比性。经过简单的数字处理，可以单独比较一个因素对试验指标的影响大小，这种综合可比性是正交试验设计进行结果分析的理论基础。

# 2.2 正交表的使用和极差分析

正交试验设计的基本程序是设计试验方案和处理试验结果两大步。设计试验方案时，主要步骤可归纳如下。

（1）明确试验目的，确定试验指标。

（2）确定需要考察的因素，选取适当水平。

（3）选用合适的正交表。

（4）进行表头设计。

（5）编制试验方案，组织实施。

处理试验结果的方法有多种，这里先介绍极差分析法，即直观分析法。

下面用实例介绍正交表的使用和极差分析法。

【例2-2】 轴承圈退火试验，试验目的为消除工件内应力，降低硬度，增加韧性。

## 2.2.1 试验方案设计

### 1. 确定指标

试验指标由试验目的确定。本例的指标是退火后的硬度合格率，是一个定量指标，且越大越好。

### 2. 确定因素并选出水平

根据理论分析和经验确定考查指标的因素及每一因素的变化水平。这是合理设计试验的重要环节，应慎重考虑。当因素较多时，选取因素不宜过多，以2~4为宜，经过试验，分析出主要的影响因素后，可再考查这些因素，水平可适当多一些。

本例中的因素选择加热温度、保温时间和出炉温度3个因素，每个因素考查两个水平。因素和水平变化情况见表2-2。

表2-2　　　　　　　　　　　　　因素水平表

| 水平＼因素 | （A）加热温度 | （B）保温时间 | （C）出炉温度 |
|---|---|---|---|
| 1 | 800℃ | 6 h | 400℃ |
| 2 | 820℃ | 8 h | 500℃ |

### 3. 选用正交表、排表头、编制试验方案

根据选取的因素和水平，选择一个合适的正交表，该表能容纳下所有的因素和水平。排表头就是确定哪个因素放在哪一列上，在简单的情况下表头很容易安排，问题复杂时，就比较麻烦。

本例选用 $L_4(2^3)$ 表，可安排 3 个因素，每一个因素有两个水平，见表 2-2。

具体做法是在 $L_4(2^3)$ 表头的第 1、2、3 列上分别写上加热温度、保温时间和出炉温度。表中各因素列中，分别在数字 1 和 2 的位置填上各因素的 1 水平、2 水平，得到一张试验计划表，见表 2-3。

表 2-3　　　　　　　　　　　　　　　　　正交试验结果

| 列号 试验号 | 1（A）加热温度（℃） | 2（B）保温时间（h） | 3（C）出炉温度（℃） | 结果（$y_a$） |
|---|---|---|---|---|
| 1 | 1（800） | 1（6） | 1（400） | 90 |
| 2 | 1（800） | 2（8） | 2（500） | 85 |
| 3 | 2（820） | 1（6） | 2（500） | 45 |
| 4 | 2（820） | 2（8） | 1（400） | 70 |
| $K_j$ | 175.0 | 135.0 | 160.0 | |
| $k_j$ | 115.0 | 155.0 | 130.0 | |
| $\overline{K}_j$ | 87.5 | 67.5 | 80.0 | $a$=1，2，3，4 |
| $\overline{k}_j$ | 57.5 | 77.5 | 65.5 | $j$=1，2，3 |
| 极差 $R_j$ | 30.0 | 10 | 15 | |

### 4. 试验

按照正交表中的 4 个试验方案进行试验，将试验结果填入表格的右端，每一结果与每一试验方案对应，本例中有 4 个试验，得到 4 个试验结果 $y_1 \sim y_4$。

## 2.2.2　试验结果处理——极差分析法

试验结果处理的目的在于确定试验因素的主次，各因素的最优水平及试验范围内的最优组合。

### 1. 直接比较

直接分析、对比部分试验的结果，求得较优组合。从表 2-3 可以看出，1 号试验的结果最好，其次是 2 号、4 号，3 号最差。这样比较的结果，虽然能求得较优组合，但却不能完满地达到试验结果处理的目的，因为能做的部分试验不能完全保证最优组合就在其中。

### 2. 综合比较（极差分析）

依据正交表的综合可比性，利用极差分析法（也简称 R 法），可以非常直观简便地分析试验结果，确定因素的主次和最优组合。

首先，比较每个因素的不同水平对试验结果的影响大小。计算每列中相同水平，对应两试

验的指标及其平均值。本例中，第一列（因素 $A$）的 1 水平 $A_1$ 出现在表 2-3 的第 1、2 号试验，这两个试验结果的和及平均值是

$$K_1 = y_1 + y_2 = 90 + 85 = 175$$

$$\overline{K}_1 = \frac{1}{2}(y_1 + y_2) = \frac{1}{2}(90 + 85) = 87.5$$

（$A$）的二水平 $A_2$ 出现在第 3、第 4 号试验中，这两个试验的平均结果是

$$k_1 = y_3 + y_4 = 45 + 70 = 115$$

$$\overline{k}_1 = \frac{1}{2}(y_3 + y_4) = \frac{1}{2}(45 + 70) = 57.5$$

现在在 $A_1$ 和 $A_2$ 条件下的两次试验中，$B$ 和 $C$ 的变化是"平等"的，所以，$\overline{K}_1$ 和 $\overline{K}_2$ 的差异反映了 $A$ 的两个水平间的差异，这就是正交设计中的综合可比性。

比较可以看出，$\overline{K}_1(\overline{A}_1) > \overline{K}_2(\overline{A}_2)$，因此因素 $A$ 的 $A_1$ 水平对结果有利。

同理可以比较其他两个因素 $B$、$C$，以每一因素的同一水平为一组，取平均值，有

$$K_2 = y_1 + y_3 = 90 + 45 = 135$$

$$\overline{K}_2 = \frac{1}{2}(y_1 + y_3) = \frac{1}{2}(90 + 45) = 67.5$$

$$k_2 = y_2 + y_4 = 85 + 70 = 155$$

$$\overline{K}_2 = \frac{1}{2}(y_2 + y_4) = \frac{1}{2}(85 + 70) = 77.5$$

$$K_3 = y_1 + y_4 = 90 + 70 = 160$$

$$\overline{K}_3 = \frac{1}{2}(y_1 + y_4) = \frac{1}{2}(90 + 70) = 80$$

$$k_3 = y_2 + y_3 = 85 + 45 = 130$$

$$\overline{k}_3 = \frac{1}{2}(y_2 + y_3) = \frac{1}{2}(85 + 45) = 65$$

为了便于比较，上述计算结果均列入表 2-3 中，其中，$K_j$ 是正交表中第 $j$ 列的一水平对应的指标和，$\overline{K}_j$ 是其平均值；$k_j$ 为第 $j$ 列的二水平对应的指标值之和，$\overline{k}_j$ 为其平均值。

按每一列中获得最大值的水平，选择 $A_1$、$B_2$、$C_1$ 为最优水平组合，即最优工艺条件为 $A_1B_2C_1$。该条件在 4 次试验中没有做过，通过综合比较，得出的该条件获得的指标应比直接比较的指标要高，这可以通过补充该条件试验加以验证。如果经试验表明仍不及已做过的 4 次试验的指标，而且差别很大，说明该试验问题复杂，有未列入的因素影响，需进一步研究。

现在，分析 $A$、$B$、$C$ 三个因素对指标的影响次序。直观上，一个因素的变化对试验结果的影响大，就是主要的，即这个因素的不同水平对应的指标之间的差异越大，说明这个因素对指标的影响越大。反之，一个因素的不同水平对应的指标的差异很小，就说明这个因素的影响小，可以用极差值的大小来判断影响因素的主次。极差值 $R_j$ 就是第 $j$ 列的因素水平变动时试验指标的变动幅度，具体计算是用该因素的水平对应的指标的平均值中最大值减去最小值，计算式为

$$R_j = \max\left[\overline{K}_j, \overline{k}_j \cdots\right] - \min\left[\overline{K}_j, \overline{k}_j \cdots\right] \tag{2-1}$$

本例中，$R_j$ 计算比较简单，结果列入表 2-3，$R_1 > R_2 > R_3$，因此影响因素中，加热温度（$A$）

最大，出炉温度（$C$）次之，保温时间（$B$）最小。

这样的分析结果可以帮助我们正确地确定工艺参数和控制影响因素。如本例中，在生产中，正严格控制主要因素 $A$，而对于保温时间，对指标影响是最小的，从节能和高效的原则出发，可以选择 $B_1$ 而不选 $B_2$。但这样的分析结果并不是固定的，当试验条件变化时，它们也要变化。如从理论上我们知道，如果保温时间水平选择不当，不能充分均热，这就有可能成为主要因素，因此，水平的选择在正交试验中是非常重要的。

【**例 2-3**】 40Cr 热处理试验。40Cr 是广泛采用的合金钢，其使用寿命在一定程度上决定着设备的工作效率和生产量。

1. 制定试验计划

（1）试验目的。提高 40Cr 的使用寿命，指标是热处理后硬度和冲击韧性。

（2）确定因素和水平。确定试验因素有 4 个：冷却方式、加热温度、回火温度和回火后的冷却方式，每个因素选取 3 个水平。因素、水平表见表 2-4。

表 2-4                                        因素水平表

| 因素<br>水平 | 冷却方式 | 淬火温度（℃） | 回火温度（℃） | 回火冷却 |
|---|---|---|---|---|
| 1 | 水 | 800 | 450 | 炉冷 |
| 2 | 等温 | 840 | 500 | 油冷 |
| 3 | 三硝液 | 880 | 550 | 水冷 |

（3）选用正交表、排表头、定出试验方案。选用 $L_9(3^4)$ 正交表，刚好容纳下 4 个因素，每个因素有 3 个水平，共安排 9 次试验，表头设计见表 2-5。

（4）做试验。试验方案和结果列入表 2-5。

2. 试验结果分析

本试验考查指标有两个，为多指标试验，在此先分析单个指标，多指标的问题后面讨论。

（1）从 9 次试验结果可直接看出，第 8 号试验硬度值最高，为 452.9 HV，试验条件为 $A_3B_2C_1D_3$。

（2）计算每一个因素在不同水平条件下的平均硬度值，可按照例 2-2 的计算方法，则

$$\overline{K}_1 = \frac{1}{3}(y_1 + y_2 + y_3) = 359.8$$

$$\overline{M}_1 = \frac{1}{3}(y_4 + y_5 + y_6) = 329.9$$

$$\overline{N}_1 = \frac{1}{3}(y_7 + y_8 + y_9) = 408.5$$

$$\overline{K}_2 = \frac{1}{3}(y_1 + y_4 + y_7) = 386.1$$

$$\cdots$$

$$\overline{N}_3 = \frac{1}{3}(y_3 + y_5 + y_7) = 299.7$$

表 2-5　　　　　　　　　　　　　试验结果

| 列号　　试验号 | A | B | C | D | 试验结果（$y_a$）硬度（HV） | 冲击韧性（$A_k$） |
|---|---|---|---|---|---|---|
| 1 | 1（水冷） | 1（800） | 1（450） | 1（炉） | 423.3 | 305 |
| 2 | 1 | 2（840） | 2（500） | 2（油） | 333.0 | 1 130 |
| 3 | 1 | 3（880） | 3（550） | 3（水） | 323.0 | 1 290 |
| 4 | 2（等温） | 1 | 2 | 3 | 378.5 | 655 |
| 5 | 2 | 2 | 3 | 1 | 219.5 | 570 |
| 6 | 2 | 3 | 1 | 2 | 391.6 | 380 |
| 7 | 3（三硝液） | 1 | 3 | 2 | 356.5 | 1 080 |
| 8 | 3 | 2 | 1 | 3 | 452.9 | 415 |
| 9 | 3 | 3 | 2 | 1 | 416.2 | 395 |

| | | A | B | C | D | |
|---|---|---|---|---|---|---|
| 硬度 | $\overline{K_j}$ | 359.8 | 386.1 | 422.6 | 353.0 | |
| | $\overline{M_j}$ | 329.9 | 335.1 | 375.9 | 360.4 | $a=1，2，\cdots，9$ |
| | $\overline{N_j}$ | 408.5 | 376.9 | 299.7 | 384.8 | $j=1，2，3，4$ |
| | $R_j$ | 78.7 | 51.0 | 122.9 | 31.8 | |
| 冲击韧性 | $\overline{K_j}$ | 908.3 | 680 | 366.7 | 423.3 | |
| | $\overline{M_j}$ | 535.0 | 705 | 726.7 | 863.3 | — |
| | $\overline{N_j}$ | 630 | 688.3 | 980 | 786.7 | |
| | $R_j$ | 373.3 | 25 | 613.3 | 440 | |

（3）计算各因素不同水平的极差值。

$$R_1 = \overline{N_1} - \overline{M_1} = 408.5 - 329.8 = 78.7$$

$$R_2 = \overline{K_2} - \overline{M_2} = 386.1 - 335.1 = 51.0$$

$$R_3 = \overline{K_3} - \overline{N_3} = 422.6 - 299.7 = 122.9$$

$$R_4 = \overline{N_4} - \overline{K_4} = 384.8 - 353.0 = 31.8$$

（4）综合分析。根据极差的大小，分析各因素的影响大小并选出最优水平。从极差值大小，可知因素影响大小依次为 $C \to A \to B \to D$。从极差值 $\overline{K_j}$、$\overline{M_j}$、$\overline{N_j}$ 结果得出，应选 $A_3$、$B_1$、$C_1$、$D_3$ 为各因素的最优水平，因此确定 $A_3B_1C_1D_3$ 为硬度指标的最优工艺条件。

用因素的水平级作为横坐标，用 $\overline{K_j}$、$\overline{M_j}$、$\overline{N_j}$ 值作为纵坐标，可以画出因素水平与指标的关系图，如图 2-2 所示。如果目标值是定量表示的，则将每个点用实线连接，如果目标是定性表示的，则用竖虚线表示其高低。

如图 2-2 所示，不仅可以看出各因素不同水平的目标的变化，而且能看出其变化趋势，这一点是计算分析中看不到的。对因素 C 而言，对硬度和冲击韧性的影响是主要因素，而且硬度和冲击韧性的变化呈相反的趋势，在 $C_1$ 和 $C_3$ 之间变化，二者的变化趋势程度不同，因而 C 的选值应

在 $C_1$ 和 $C_2$ 之间；对因素 $A$ 而言，对硬度各冲击韧性的影响仅次于因素 $C$，因而应先取 $A_3$ 值；对因素 $B$ 而言，对硬度影响较大，对冲击韧性的影响较小，所以取 $B_1$ 值；对因素 $D$ 而言，对冲击韧性的影响较大而对硬度的影响较小，所以取 $D_2$ 值。因此，适合于 40Cr 较优的热处理工艺为 $A_3$、$B_1$、$C$、$D_2$。

对于 $C$ 值的选择，如图 2-2 所示，可以看出，$C_1C_2C_3$ 的 $A_k$ 值几乎成一直线，而从 $C_2$ 到 $C_3$，HV 值下降趋势增大，因此 $C$ 因素的选择以不高于 $C_2$ 水平为宜，定为 490℃。以上分析兼顾了 HV 和 $A_k$ 两个指标，得出的工艺是较好的。从中也可以看出，在直观分析中，这一图解方法是比较有利的。

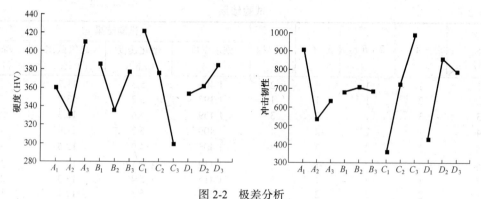

图 2-2　极差分析

### 2.2.3　多指标试验的极差分析法

对于类似例 2-3 的多指标试验，在分析因素影响时，必须兼顾多个指标的效果，有时甚至出现不同指标的相反结果，如例 2-3 中因素 $C_1$ 对 HV 和 $A_k$ 影响，即为相反的趋势。这里结合具体实例介绍应用比较方便的综合评分分析法。

【例 2-4】 提高冲天炉焦铁比的试验，目的在于提高 5t 冷风冲天炉的焦铁比和铁水出口温度。试验考核指标如下。

（1）铁水温度要求平均温度在 1 400℃以上。

（2）熔化速度要求 5t/h 左右，过高过低都不好。

（3）提高总焦铁化。

选择因素和水平，列入表 2-6。

表 2-6　　　　　　　　　　　　　　　因素水平表

| 水平＼因素 | 风口尺寸（$A$）排风口尺寸（mm） | 炉型（$B$）熔化带直径（mm） | 层焦比（$C$）（1：$x$） | 风压（$D$）（mmHg） |
|---|---|---|---|---|
| 1 | 40 | 760 | 1：14.5 | 160 |
| 2 | 30 | 740 | 1：13.5 | 150 |
| 3 | 20 | 720 | 1：12.5 | 140 |

根据本例中的因素有 3 个，每个因素取三水平，所以选取 $L_9(3^4)$ 来安排试验，单项指标的试验结果记录于表 2-7。

试验结果分析如下。

这里，考核的指标有 3 个，不能直接对比各因素对总的结果的影响，在此，应用综合评分法，具体办法如下。铁水温度（记作 $T_i$，$i$ 表示第 $i$ 号试验，本例中 $i=1$，2，…，9，下同）以

1 400℃为标准，每高 1℃就加 1 分，每低 1℃就减 1 分，熔化速度（记作 $V_i$）以每小时 5 吨为标准，每多 0.1 吨或少 0.1 吨都减 1 分；总焦铁比（记作 $F_i$）以 1：12 为标准，每高 0.1 就加 1 分，每低 0.1 就减 1 分。最后将各号试验的 3 个结果合并起来就是各号试验的综合分数（记作 $M_i$）。把以上规定写成数学公式如下。

$$M_i = (T_i - 1\,400) - 101V_i - 51 + 10(F_i - 12) \tag{2-2}$$

评分结果记录在表 2-7 最右方一栏。

表 2-7　　　　　　　　　　试验结果

| 列号　　　试验号 | 1（A） | 2（B） | 3（C） | 4（D） | 试验结果 $y_a$ | | | |
|---|---|---|---|---|---|---|---|---|
| | | | | | 铁水温度（℃） | 熔化速度（t/h） | 总焦铁比（1：x） | 综合得分 |
| 1 | 1 | 1 | 3 | 2 | 1 408 | 5.3 | 11.7 | 2 |
| 2 | 2 | 1 | 1 | 1 | 1 397 | 5.2 | 13.2 | 7 |
| 3 | 3 | 1 | 2 | 3 | 1 409 | 5.6 | 12.3 | 6 |
| 4 | 1 | 2 | 2 | 1 | 1 409 | 5.2 | 11.9 | 6 |
| 5 | 2 | 2 | 3 | 3 | 1 405 | 4.9 | 12.5 | 9 |
| 6 | 3 | 2 | 1 | 2 | 1 412 | 5.1 | 13.0 | 21 |
| 7 | 1 | 3 | 1 | 3 | 1 415 | 5.4 | 13.3 | 24 |
| 8 | 2 | 3 | 2 | 2 | 1 413 | 5.3 | 12.2 | 12 |
| 9 | 3 | 3 | 3 | 1 | 1 419 | 5.1 | 13.5 | 33 |
| $K_j$ | 32 | 15 | 52 | 46 | $a$=1，2，3…，9 | | | |
| $M_j$ | 28 | 36 | 24 | 35 | | | | |
| $N_j$ | 60 | 69 | 44 | 39 | | | | |
| $\overline{K}_j$ | 10.7 | 5.0 | 17.3 | 15.3 | $j$=1，2，3，4 | | | |
| $\overline{M}_j$ | 9.3 | 12.0 | 8.0 | 11.7 | | | | |
| $\overline{N}_j$ | 20 | 23.0 | 14.7 | 13.0 | $K_j+M_j+N_j$=120 | | | |
| $R$ | 10.7 | 18.0 | 9.3 | 3.6 | | | | |

按照每号试验的综合得分计算极差值，列入表 2-7 下面。从表 2-7 可以得出下列结论。从直观分析看，9 个试验中以第 9 号试验得分最高，其较优水平配合为 $A_3B_3C_3D_1$。4 个因素的主次关系依次为 $B \to A \to C \to D$，最重要的是炉型 $B$，其次是风口尺寸 $A$，风压影响最小。极差计算分析结果，最优条件是 $A_3B_3C_1D_1$，这是 9 次试验中没有做过的。将 $A_3B_3C_1D_1$ 和 $A_3B_3C_3D_1$ 这两个条件进行试验，结果是 $A_3B_3C_1D_1$ 比 $A_3B_3C_3D_1$ 铁水温度稍低，熔化速度稍快，焦铁比则提高较多。具体使用哪种工艺，要按生产条件而定。

在计算多项指标的综合评分结果时，不同的试验条件和结果评分计算方法是不同的，总的原则是评分需使几项指标的加权硬度均衡，不能使某一指标得分值太高，而某一指标得分值太低，以免影响综合结果的分析。

# 2.3 正交试验的方差分析

在前文中介绍了正交试验设计的极差分析法（直观分析法），这个方法比较简单易懂，只要对试验结果做简单处理，通过综合比较，便可得出更优的生产条件或试验结果，但直观分析不能估计试验过程及试验结果测定中必定存在的误差的大小。无法区分某因素各水平所对应的试验目标平均值间的差异，究竟有多少是由因素水平不同引起的，又有多少是由试验误差引起的，因此，极差分析方法不能知道分析的精度，对于误差较大或精度要求较高的试验，若用极差法分析试验结果而不考虑试验误差的影响，就会给正确的分析带来困难，影响正确结论的获得。

## 1．方差分析

设有一组相互独立的试验数据

$$y_1，y_2，\cdots，y_n$$

其均值为 $\bar{y}$。则差值 $y_i-\bar{y}$（$i=1，2，\cdots，n$）称为这组数据的偏差（也称离差或变差），偏差的大小通常用样本方差（或均分和、均方）$\sigma^2$ 来量度。

在数理统计中，样本方差被定义为

$$\sigma^2 = D(y) = \sum \left\{ \left[ y - \sum (y) \right]^2 \right\} \tag{2-3}$$

其估计值可由下式计算。

$$\hat{\sigma}^2 = S / f$$

式中：$y=(y_1，y_2，\cdots，y_n)$；$E(y)$ 为 $y$ 的数学期望；$S = \sum_{i=1}^{N} (y_i - \bar{y})^2$，称为这组数据 $y_i$ 的偏差平方和；$f$ 为 $S$ 的自由度。

方差 $\sigma^2$ 就是某偏差的平方和的均值。它的大小反映了数据的离散程度，是衡量试验条件稳定性的一个重要标尺。不同的方差具有不同的意义，不同方差间存在一定关系，反映数据间的某些统计规律。如果能从条件因素和试验因素影响所形成的总的方差中，将属于试验误差范畴的方差与试验因素引起的方差分解开来，并将两类方差在一定条件下进行比较，就可以了解每个试验因素对试验指标的影响大小，从而为有针对性地控制各种试验因素与进一步改善试验条件指明方向。

根据 Fisher 偏差平方和加和性原理，在偏差平方和分解的基础上，借助于 $F$ 检验法，对影响总偏差平方和的各因素效应进行分析，这种分析方法就称为方差分析，它是处理试验数据的一种常用方法，有着广泛的应用。

方差分析的一般程序如下。

（1）由试验数据计算各项偏差平方和 $S$ 及其相应的自由度 $f$，并算出各项方差估计值。

（2）计算并确定试验误差方差估计值 $\hat{\sigma}_e^2$。

（3）计算检验统计量 $F$ 值，给定显著性水平 $\alpha$，将 $F$ 值与临界 $F_\alpha$ 值比较。

方差分析应用于正交设计主要解决如下问题。

（1）估计试验误差并分析其影响。

（2）判断试验因素及其交互作用的主次与显著性。

（3）给出所做结论的置信度（置信区间）。

（4）确定最优组合及其置信区间。

## 2．正交设计方差分析的基本方法

将方差分析用于正交试验设计数据处理是数理统计分析方法的基本应用，这里介绍其基本应用方法与主要特点，有关的数理统计原理请参阅有关文献。本部分主要针对无重复试验时的方差分析，有重复试验的方差分析可参阅有关文献。

方差分析主要计算总偏差平方和 $S$，列偏差平方和 $S_j$（$j = 1, 2, \cdots, C$）及其相应的自由度 $f$、$f_j$。具体计算时，根据方差分析中的有关公式，按照试验方案表中所列的项目，分向按序进行，行向计算 $S$，列向计算 $S_j$。

无重复试验时，方差分析的一般公式为

$$S = \sum_{i=1}^{a} (y_i - \overline{y})^2 = \sum_{i=1}^{a} y_i^2 - \frac{1}{a}\left(\sum_{i=1}^{a} y_1\right)^2 \tag{2-4}$$

总偏差平方和 $S$，是所有试验数据下其总平均的偏差平方和，它表明试验数据的总波动。

这里，$\overline{y} = \frac{1}{a}\sum_{i=1}^{a} y_i (i = 1, 2, \cdots, a)$。

$$S_j = \frac{a}{b}\sum_{k=1}^{b}(\overline{y}_{ik} - \overline{y})^2 = \frac{b}{a}\sum_{k=1}^{b} y_{2jk} - \frac{1}{a}\left(\sum_{k=1}^{a} y_i\right)^2 \tag{2-5}$$

列偏差平方和 $S_j$ 是第 $j$ 列中各水平对应试验指标平均值与总平均的偏差平方和，它表明该列水平变动所引起的试验数据的波动。若该列安排的是因素，就称 $S_j$ 为该因素的偏差平方和；若该列安排的是交互作用，就称 $S_j$ 为该交互作用的偏差平方和（交互作用是指几个因素同时存在时产生的共同作用）；若该列为空列，$S_j$ 表示由于试验误差和未被考查的某交互作用或某条件因素所引起的波动。在正交设计的方差分析中，通常把空列的偏差平方和作为试验误差的偏差平方和，虽然它属于模型误差，一般比试验误差大，但用它作为试验误差进行显著性检验时，可使检验结果更可靠一些。

当 $b = 2$ 时，公式（2-5）可简化为

$$S_j = \frac{1}{a}(y_{i1} - y_{i2})^2 = \frac{1}{a}\Delta_j^2 \tag{2-6}$$

总偏差平方和的自由度 $f$ 等于正交表的试验号减1，即

$$f = a - 1 \tag{2-7}$$

第 $j$ 列偏差平方和的自由度等于该列水平数减1，此即该列安排的因素或交互作用的自由度，即

$$f_j = b - 1 \tag{2-8}$$

此外，总偏差平方和 $S$ 及其自由度还满足下列关系式

$$S = \sum_{j=1}^{C} S_j = \sum_{C_{因}} S_j + \sum_{C_{交}} S_j + \sum_{C_{空}} S_j \tag{2-9}$$

$$f = \sum_{j=1}^{C} f_j = \sum_{C_{因}} f_j + \sum_{C_{交}} f_j + \sum_{C_{空}} f_j \tag{2-10}$$

式中，$C_{因}$、$C_{交}$、$C_{空}$ 分别为试验因素、试验考查的交互作用、空列在正交表中所占的列数，且

$$C = C_{因} + C_{交} + C_{空} \tag{2-11}$$

在因素的显著性检验时，采用 $F$ 检验法。例如，对 $K$ 水平因素 $A$ 进行 $F$ 检验。

按照统计分布 $\chi^2$ 分布的原理，首先计算统计量

$$F_A \frac{(S_A / f_A)\sigma^2}{(S_e / f_e)\sigma^2} = \frac{\hat{\sigma}A^2}{\hat{\sigma}e^2} \tag{2-12}$$

$F_A$是一个自由度为$(f_A, f_e)$的$F$分布随机变量，称为$A$因素的$F$比。然后，选取显著性水平$\alpha$，由$F$分布表查得临界值$F_\alpha(f_A, f_e)$。应有$F_A \leqslant F_\alpha(f_A, f_e)$，即$P[F_A \leqslant F_\alpha(f_A, f_e)] = 1 - \alpha$。如果在一次试验中，发生$F_A \leqslant F_\alpha(f_A, f_e)$，则认为在显著性水平$\alpha$下，$A$因素的水平变动对试验指标有显著影响，而作这一结论的置信度为$100(1-\alpha)\%$，犯错误的可能为$100\alpha\%$。

不同的$\alpha$表示犯错误的不同程度。$\alpha$的选择视问题的重要程度而定。当问题很重要即要求置信度高或要求犯错误的可能小时，则$\alpha$可选小些；反之，当问题的重要程度低时，$\alpha$可选大些。一般工程问题，$\alpha$通常选$0.1 \sim 0.01$。

进行$F$检验，还需要计算误差偏差平方和$S_e$及其自由度$f_e$。试验误差的偏差平方和等于正交表中所列空列偏差平方和之和，其自由度也等于所列空列的自由度之和，即

$$S_e = \sum_{C_空} S_j \qquad (2\text{-}13)$$

$$f_e = \sum_{C_空} f_j \qquad (2\text{-}14)$$

有时，某因素所在列的偏差平方和很小，表明其对试验指标的影响也很小，因而可将该列偏差平方和作为试验误差偏差平方和的一部分。通常把显著性水平$\alpha > 0.25$的那些因素的偏差平方和归入试验误差的偏差平方和，其自由度也一并归入。试验误差的自由度$f_e$，一般不应小于2。$f_e$很小时，$F$检验的灵敏度很低。从$F$分布表可以看出，当$f_e \leqslant 2$时，$F_\alpha$很大，有时即使因素对试验指标有影响，用$F$检验法也无法测定。为提高灵敏度，可将数值较小的$S_j$并入$S_e$，或者选用较大的正交表，或者进行重复试验，以增大$f_e$。

【例2-5】 寻求合理的钢材热处理条件。试验目的是提高钢材的强度，指标是(kgf/mm²)。因素与水平：考查3个因素，即淬火温度、回火温度、回火时间，见表2-8。

表2-8　　　　　　　　　　　　　　因素水平表

| 水平 \ 因素 | 淬火温度（$A$）（℃） | 回火温度（$C$）（℃） | 回火时间（$B$）（分） |
|---|---|---|---|
| 1 | 840 | 410 | 40 |
| 2 | 850 | 430 | 60 |
| 3 | 860 | 450 | 80 |

选正交表，排表头，列出试验计划，选用$L_9(3^4)$表，表头设计及试验结果见表2-9。该表的第二列未安排因素，填入"空"，作为误差列。

1. 计算总偏差平方和

$$\bar{y} = \sum_{i=1}^{9} y_i = 187$$

根据式（2-4）可计算$S_总$

$$S_总 = \sum_{i=1}^{9} (y_i - \bar{y})^2 = \sum_{i=1}^{9} y_i^2 - \frac{1}{9}\left(\sum_{i=1}^{9} y_i\right)^2$$

$$= 317\,452 - 315\,844 = 1\,608$$

根据式（2-7）计算总偏差自由度$f$

$$f = a - 1 = 9 - 1 = 8$$

**表 2-9** 　　　　　　　　　　　　　　　试验结果分析

| 试验号 ＼ 列号 | $A$ 1 | 空 2 | $B$ 3 | $C$ 4 | 试验结果（kgf/mm$^2$） （$y_i$-185） |
|---|---|---|---|---|---|
| 1 | 1(840) | 1 | 1(40) | 1(410) | 190(5) |
| 2 | 1 | 2 | 2(60) | 2(430) | 200(15) |
| 3 | 1 | 3 | 3(80) | 3(450) | 175(-10) |
| 4 | 2(850) | 1 | 2 | 3 | 165(-20) |
| 5 | 2 | 2 | 3 | 1 | 183(-2) |
| 6 | 2 | 3 | 1 | 2 | 212(27) |
| 7 | 3(860) | 1 | 3 | 2 | 196(11) |
| 8 | 3 | 2 | 1 | 3 | 178(-7) |
| 9 | 3 | 3 | 2 | 1 | 187(2) |
| $K_j$ | 10 | -4 | 25 | 5 | |
| $M_j$ | 5 | 6 | -3 | 53 | |
| $N_j$ | 6 | 19 | -1 | -37 | |
| $K_j^2$ | 100 | 16 | 625 | 25 | $i=1, 2, \cdots, 9$ |
| $M_j^2$ | 25 | 36 | 9 | 2 809 | $j=1, 2, 3, 4$ |
| $N_j^2$ | 36 | 361 | 1 | 1 369 | |
| $K_j^2 + M_j^2 + N_j^2$ | 161 | 413 | 635 | 4 203 | |
| $(K_j^2 + M_j^2 + N_j^2)/3$ | 53.67 | 137.67 | 211.67 | 1 401 | |
| $S_j$ | 14/3 | 266/3 | 488/3 | 4 056/3 | — |

　　为了便于计算，可对试验结果的数据进行线性处理，将 $y_i$ 都减去或加上同一个数，不影响偏差平方和的计算结果。将表 2-9 中的 $y_i$ 减去 185，经简化的计算结果如下。

$$\overline{y} = \frac{21}{9}$$

$$S_{总} = \sum y_i^2 - \frac{1}{9}\left(\sum y_i\right)^2 = 1657 - \frac{441}{9} = 1608$$

2. 计算因素偏差平方和 $S_j$

根据式（2-5），有

$$S_j = \frac{9}{3}\sum_{k=1}^{3}\left(\overline{y}_{jk} - \overline{y}\right)^2 = \frac{1}{3}\sum_{k=1}^{3} y_{jk}^2 - \frac{1}{9}\left(\sum_{i=1}^{9} y_i\right)^2$$

用表 2-9 中的数据代入后得

$$S_A = 3\left(\frac{K_1}{3} - \overline{y}\right)^2 + 3\left(\frac{M_1}{3} - \overline{y}\right)^2 + 3\left(\frac{N_1}{3} - \overline{y}\right)^2$$

或

$$S_A = \frac{1}{3}(K_1^2 + M_1^2 + N_1^2) - \frac{1}{9}\left(\sum_{i=1}^{9} y_i\right)^2$$

自由度 $f_A =$ 因素水平数-1=3-1=2

代入数值后得

$$S_A = \frac{14}{3}$$

同样可求出 $S_B$、$S_C$、$f_B$、$f_C$，见表 2-9。

3. 计算误差偏差平方和 $S_e$

计算空列的偏差平方和 $S_空$，计算方法同 $S_A$

$$S_空 = \frac{266}{3}$$

$$f_空 = 3-1 = 2$$

因为该列中没有安排因素，所以计算 $S_空$ 的偏差平方和中，也没有因素水平的差异所造成的偏差，该列仅仅反映了试验误差的大小，因此

$$S_e = S_空 = \frac{266}{3}$$

同理

$$f_e = f_空 = 2$$

4. 显著性检验

根据 $S_A$、$S_B$、$S_C$ 及 $S_e$ 和 $f_A$、$f_B$、$f_C$、$f_e$ 可分别计算

$$\hat{\sigma}_A^2 = \frac{S_A}{f_A} = \frac{7}{3} \qquad\qquad \hat{\sigma}_B^2 = \frac{S_B}{f_B} = \frac{244}{3}$$

$$\hat{\sigma}_C^2 = \frac{S_C}{f_C} = \frac{2028}{f_C} \qquad\qquad \hat{\sigma}_e^2 = \frac{S_e}{f_e} = \frac{133}{3}$$

由计算结果可知，$\hat{\sigma}_A^2 < \hat{\sigma}_e^2$，而 $\hat{\sigma}_B^2$ 与 $\hat{\sigma}_e^2$ 相差不大，因此，在 $\hat{\sigma}_A^2$ 和 $\hat{\sigma}_B^2$ 的偏差中，由因素水平变化的影响部分很小，将 $S_A$、$S_B$ 与 $S_e$ 合并成

$$S_e^\Delta = S_A + S_B + S_e = \frac{763}{3}$$

$$f_e^\Delta = f_A + f_B + f_e = 6$$

合并后的方差为

$$\left(\hat{\sigma}_e^\Delta\right)^2 = \frac{S_e^\Delta}{f_e^\Delta} = \frac{128}{3}$$

用合并后的方差及自由度检验余下的因素 $C$ 的显著性。

$$F_C = \frac{\hat{\sigma}_e^\Delta}{(\hat{\sigma}_e^\Delta)^2} = \frac{2\,028/3}{128/3} = 15.84$$

因素 $C$ 的自由度 $f_C = 2$，$\left(\hat{\sigma}_e^\Delta\right)^2$ 的自由度 $f_e^\Delta = 6$，查 $\alpha = 0.01$，显著性水平的 $F$ 分布表，$F_{0.01}(2，6) = 10.9$，则

$$F_C = 15.84 > F_{0.01}(2, 6) = 10.9$$

所以，因素 $C$ 是高度显著的。

通过本例的方差分析可知以下几点。

（1）在影响强度的因素中，回火温度对强度有高度显著的影响，根据 $K$、$M$、$N$ 的大小可以看出，选取 2 水平最好。

（2）淬火温度和回火时间的改变对强度无显著影响，考虑到节约能源，一般选取一水平为

好，因此选取的工艺条件为 $A_1B_1C_2$，即淬火温度 840℃，回火温度 430℃，回火时间 40min 为最佳工艺条件。

# 2.4 试验误差分析与数据处理

## 2.4.1 误差的基本概念

在人们的科学实践活动中，由于试验方法和试验设备的不完善，周围环境的影响及人们的认识能力不足，试验和测量所得数据和事物本身的真值之间必然存在误差。误差的产生是必然的，科学技术水平的提高和人们的能力的发展，虽然可使误差减小但不能使误差降为零。为了充分认识并进而减小或消除误差，必须对实际存在的误差进行研究。

### 1. 误差的定义及表示法

所谓误差就是测得值与被测量的真值之间的差，可用下式表示

$$误差=测得值-真值 \tag{2-15}$$

误差可用绝对误差和相对误差表示。

（1）绝对误差。某量值的测得值和真值之差为绝对误差，通常简称为误差。

$$绝对误差=测得值-真值 \tag{2-16}$$

由式（2-16）可知，绝对误差可正可负。

所谓真值是指在观测一个量时，该量本身所具有的真实大小。有些真值是可知的，如三角形内角之和为 $\pi$；一个整圆周角为 $2\pi$；按定义规定的国际千克基准的值等。有些真值是不可知的，实际上常用实际值代替真值，如用高一级精度的仪表所测得的值或高精度的标准等。

（2）相对误差。绝对误差与被测量的真值之比值称为相对误差。因测得值与真值接近，故也可近似地用绝对误差与测得值之比值作为相对误差，即

$$相对误差=\frac{绝对误差}{真值}\approx\frac{绝对误差}{测得值} \tag{2-17}$$

相对误差是无名数，通常以百分数（％）来表示。例如，一个 20 的真值，测得其值为 20.1，则其绝对误差为 20.1-20 = 0.1。而其相对误差为

$$\frac{0.1}{20}=0.5\%$$

对于相同的被测量，绝对误差可以评定其测量精度的高低，但对于不同的被测量以及不同的物理量，绝对误差就难以评定其测量精度的高低，而采用相对误差评定较为确切。

例如，用两种方法测 100 mm，误差分别为 ±10μm 和 ±8μm，用第三种方法测 80 mm，误差为 ±7μm，这 3 种方法哪种精度高呢？

3 种方法的相对误差为

第一种

$$\frac{\pm10\mu m}{100mm} = \pm0.01\%$$

第二种

$$\frac{\pm8\mu m}{100mm} = \pm0.008\%$$

第三种

$$\frac{\pm7\mu m}{80mm} = \pm0.009\%$$

显然，第二种方法比第三种方法精度高。

（3）引用误差。所谓引用误差指的是一种简化和实用方便的仪器仪表表示值的相对误差，它是以仪器仪表某一刻度点的示值误差为分子，以测量范围上限值或全量程为分母，所得的比值称为引用误差，即

$$引用误差 = \frac{示值误差}{测量范围上限} \tag{2-18}$$

例如，测量范围上限为 19 600N 的工作测力计（拉力表），在标定示值为 14 700N 处的实际作用力为 14 778.4 N，则此测力计在该刻度点的引用误差为

$$\frac{14\,700 - 14\,778.4}{19\,600} = \frac{-78.4}{19\,600} = -0.4\%$$

## 2. 误差来源

误差来源即误差产生的原因，可归纳为如下几点。

（1）装置误差。

① 标准器误差。标准器是提供标准量值的器具。如标准量块、标准电阻、标准砝码等，它们本身体现出来的量值都有误差。

② 仪表（器）误差。凡是用来直接或间接将被测量和已知量进行比较的器具设备，称为仪表（器），如压力表、温度计等，它们的本身都具有误差。

③ 附件误差。仪器的附件及附属工具以及为完成测度创造条件的辅助装置，如电源、热源连接导线等都会引起误差。

（2）环境误差。由于各种环境因素与要求的标准状态不一致及其在空间上的梯度与随时间的变化引起的测试装置与被测试样本身的变化，机构失灵，相互位置改变等引起的误差。通常仪器仪表在规定的正常工作条件所具有的误差称为基本误差，而超出此条件时所增加的误差称为附加误差。如环境条件对电子显微镜测试精度的影响。

（3）方法误差。由于测试方法不完善所引起的误差，如采用近似方法而造成的误差，例如用钢卷尺测大轴的圆周长；如选用的计算公式的近似性导致的误差，例如用"混合律"推算铁素体和珠光体混合组织的硬度。

（4）人员误差。操作人员的能力、技巧以及固有习惯引起的误差。

以上几种误差的来源，有时是联合起来作用的。分析误差时，若几个误差来源是联合起作用的，可作为一个独立误差因素考虑。

## 3. 误差分类

按照误差的特点和性质，误差可分为 3 类。

（1）系统误差。在同一条件下，多次测试同一量值时，绝对值和符号值不变，或在条件改变时，按一定规律变化的误差称为系统误差。

例如，标准量值的不准确、仪器刻度的不准确而引起的误差。

（2）随机误差。在相同的条件下多次测试同一量值时，绝对值和符号以不可预定的方式变化的误差称为随机误差。

（3）粗大误差。超出在规定条件下预期的误差称为粗大误差。此类误差值较大，明显歪曲测试结果。如测试时对错了标志，读错或记错等。

上面虽将误差分为 3 类，但必须注意各类误差之间在一定条件下可以相互转化。对某项具体误差，在此条件下为系统误差，在另一条件下可能是随机误差，反之亦然。

### 4. 精度

反映测试结果与真值接近程度的量，称为精度，它与误差大小相对应，可用误差大小来表示精度的高低，误差小则精度高，误差大则精度低。

精度可分为以下 3 种。

（1）准确度，反映系统误差的影响程度。

（2）精密度，反映随机误差的影响程度。

（3）精确度，反映随机误差和系统误差综合的影响程度，其定量特征可用测量的不确定度（或极限误差）来表示。

对于具体的测试，精密度高的准确度不一定高，准确度高的精密度不一定高。但精确度高，则精密度与准确度都高。

精度在数量上有时可用相对误差来表示。如相对误差为 0.01%，可笼统地说其精度为 $10^{-4}$。

## 2.4.2　随机误差

### 1. 随机误差的产生原因

当对同一量值进行多次等精度的重复测量时，得到一系列不同的测量值（常称为测量列），每个测量值都含有误差。这些误差的出现没有确定的规律，不可预见，但就其总体而言，却具有统计规律性。

随机误差是由很多暂时未能掌握或不便掌握的微小因素构成，主要有以下几个方面。

（1）测试装置方面的因素。

（2）环境方面的因素。

（3）人员方面的因素。

### 2. 正态分布

若测量列中不含系统误差和粗大误差，则该测量列中的随机误差一般具有以下特征。

（1）绝对值相等的正误差和负误差出现的次数相等，称为误差的对称性。

（2）绝对值小的误差比绝对值大的误差出现的次数多，称为误差的单峰性。

（3）在一定条件下，随机误差的绝对值有界，称为误差的有界性。

（4）测量次数足够多时，随机误差的算术平均值趋向于零，称为误差的抵偿性。

服从正态分布的随机误差具有以上 4 个特征。多数随机误差都服从正态分布。

## 3．算术平均值

$n$ 个测量值的代数和除以 $n$ 而得到的值为算术平均值

$$\bar{x} = \frac{l_1 + l_2 + \cdots + l_n}{n} = \frac{\sum_{i=1}^{n} l_i}{n} \tag{2-19}$$

算术平均值与被测值的真值最为接近，当测试 $n \to \infty$ 时，$\bar{x}$ 必然趋向于真值。一系列测试值应以其算术平均值为最后测试结果，以减少误差的影响，测试越多，则精度越高。

从正态分布特征可知，当 $n \to \infty$ 时，有 $\dfrac{\sum_{i=1}^{n} \delta_i}{n} \to 0$，所以

$$\bar{x} = \frac{\sum_{i=1}^{n} l_i}{n} = L_0 + \frac{\sum_{i=1}^{n} \delta_i}{n} \to L_0$$

由此，在数学上，$\bar{x}_n \to \infty$ 被认为最接近于真值。实际上，$n \to \infty$ 是不可能的，算术平均值只能作为近似的真值，此时有

$$V_i = l_i - \bar{x} \tag{2-20}$$

式中，$V_i$ 为残余误差（简称残差）。

残余误差的代数和为

$$\sum_{i=1}^{n} v_i = \sum_{i=1}^{n} l_i - n\bar{x}$$

当 $\bar{x}$ 为未经凑整的准确数时，则有

$$\sum_{i=1}^{n} v_i = 0 \tag{2-21}$$

实际上计算 $\bar{x}$ 时常常凑整，此时应有换行

当 $n$ 为偶数时，$$\left| \sum_{i=1}^{n} v_i \right| \leqslant \frac{n}{2}$$

当 $n$ 为奇数时，$$\left| \sum_{i=1}^{n} v_i \right| \leqslant \left( \frac{n}{2} - 0.5 \right) A$$

式中，$A$ 为实际求得的算术平均值 $\bar{x}$ 末位数的一个单位。

用此来校核计算 $\bar{x}$ 是否正确。

【例 2-6】 测量某物理量 10 次，得到结果列于表 2-10，求算术平均值并进行校核。

表 2-10　　　　　　　　　　　　　　　测量结果

| 序号 | $l_i$ | $\Delta l_i$ | $v_i$ |
|------|-------|--------------|-------|
| 1 | 1 879.64 | −0.01 | 0 |
| 2 | 1 879.69 | +0.04 | +0.05 |
| 3 | 1 879.60 | −0.05 | −0.04 |
| 4 | 1 879.69 | +0.04 | +0.05 |
| 5 | 1 879.57 | −0.07 | −0.07 |
| 6 | 1 879.62 | −0.03 | −0.02 |
| 7 | 1 879.64 | −0.01 | 0 |
| 8 | 1 879.65 | 0 | +0.01 |
| 9 | 1 879.64 | −0.01 | 0 |
| 10 | 1 879.65 | 0 | +0.01 |
| | $\bar{x} = 1\,879.65 - 0.01$ $= 1\,879.64$ | $\Delta \bar{x}_0 = \dfrac{\sum\limits_{i=1}^{10} \Delta l_i}{10} - 0.01$ | $\sum\limits_{i=1}^{n} v_i = -0.01$ |

如果测量列中的测量次数和每个测量数据的位数较多，按式（2-19）计算比较麻烦，可以这样计算：任选一个方便的测量值 $l_0$，计算每个值的 $\Delta l_i = l_i - l_0$，$\Delta \bar{x}_0 = \dfrac{\sum\limits_{i=1}^{n} \Delta l_i}{n}$，则

$$\bar{x} = l_0 + \Delta \bar{x}_0$$

任选 $l_0 = 1\,879.65$，计算差值 $\Delta l_i$ 和 $\Delta \bar{x}_0$ 列入表中，很容易求得 $\bar{x} = 1879.65$。因 $n$ 是偶数，$\dfrac{n}{2} = \dfrac{10}{2} = 5$，$A = 0.01$，则有

$$\left| \sum_{i=1}^{10} v_i \right| = 0.01 < \frac{n}{2} \cdot A = 0.05$$

故计算结果正确。

## 2.4.3　系统误差

前述的随机误差处理方法，是以测量数据中不含有系统误差为前提。实际上，测量过程中往往存在系统误差，某些情况下其值还比较大。

### 1. 系统误差产生的原因

系统误差是由固定不变的或按确定规律变化的因素所造成，这些误差因素是可以掌握的。
（1）测试装置方面的因素。
（2）环境方面的因素。
（3）测试方法的因素。
（4）测试人员方面的因素。

### 2. 系统误差的特征

系统误差的特征是在同一条件下，多次测量同一量值时，误差的绝对值和符号保持不变或者在条件改变时，误差按一定的规律变化。

图 2-3 所示为各种系统误差 $\Delta$ 随测试过程的时间 $t$ 变化而表现出的不同特征。

（1）不变系统误差。在整个测试过程中，误差符号和大小固定不变的系统误差，称为不变系统误差，如图 2-3 中曲线 $a$ 所示。

（2）线性变化的系统误差。在整个测试过程中，随着测量值或时间的变化，误差值成比例地增大或减小，称为线性变化的系统误差，如图 2-3 中曲线 $b$ 所示。

（3）非线性变化的系统误差。在整个测试过程中，随着测量值或时间的变化，误差值不成比例地增大或减小，称为非线性变化的系统误差，如图 2-3 中曲线 $c$ 所示。

（4）周期性变化的系统误差。在整个测试过程中，随着测量值或时间的变化，误差按周期性规律变化，称为周期性变化的系统误差，如图 2-3 中曲线 $d$ 所示。

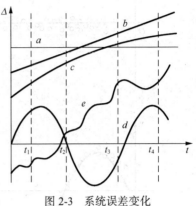

图 2-3　系统误差变化

（5）复杂规律变化的系统误差。在整个测量过程中，若误差是按确定的且复杂的规律变化，称为复杂规律变化的系统误差，如图 2-3 中曲线 $e$ 所示。

## 3．系统误差的发现

发现系统误差是为了消除或减小系统误差，必须根据具体测试过程和测试仪器进行全面分析，这是一件困难而又复杂的工作，下面仅介绍适用于发现某些系统误差的几种常用方法。

（1）试验对比法。通过改变产生系统误差的条件进行不同条件的测量，以发现系统误差，这种方法适用于发现不变的系统误差。如量块按公称尺寸使用时，测量结果中就存在由于量块尺寸偏差而产生的不变的系统误差，换一块高一级精度的量块进行对比时才能发现它。

（2）残余误差观察法。根据测量列的各个残差大小和符号的变比规律，直接由误差数据或误差曲线图形来判断有无系统误差，主要适用于发现有规律变化的系统误差。

若有测量列 $l_1$，$l_2$，$\cdots$，$l_n$，它们的系统误差为 $\Delta l_1$，$\Delta l_2$，$\cdots$，$\Delta l_n$。残余误差为系统误差和不含系统误差部分之和

$$v_i = v_i' + (\Delta l_i - \overline{\Delta x}) \tag{2-22}$$

若系统误差显著大于随机误差，$v_i'$ 可忽略，$\overline{\Delta x} = \dfrac{\Delta l_1 + \Delta l_2 + \cdots + \Delta l_n}{n}$，则

$$v_i \approx \Delta l_i - \overline{\Delta x} \tag{2-23}$$

式（2-23）表示，显著含有系统误差的测量列，其任一测量值的残余误差为系统误差与测量列系统误差平均值之差。

按照测量先后顺序，将测量列的残余误差列表或作图进行观察，可以判断有无系统误差。

若残余误差大体上是正负相同，且无显著变化规律，则无根据怀疑存在系统误差，如图 2-4（a）所示。若残余误差数值有规律地递增或递减，且在测量开始与结束时误差符号相反，则存在线性系统误差，如图 2-4（b）所示。若残余误差符号有规律地逐渐由负变正、再由正变负，且循环交替重复变化，则存在周期性系统误差，如图 2-4（c）所示。若残差有图 2-4（d）所示的规

律变化，则应怀疑同时存在线性系统误差和周期性系统误差。由式（2-22）和图 2-4 可以看出，若测量列中含有不变的系统误差，用残差观察法则发现不了。

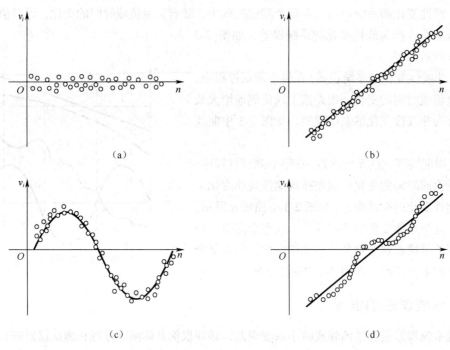

图 2-4　残差分布

（3）残余误差校核法。

① 用于发现线性系统误差。若将测量列中前 $K$ 个残余误差相加，后（$n-K$）个残余误差相加（当 $n$ 为偶数，取 $K = n/2$；$n$ 为奇数，取 $K = (n+1)/2$），两者相减得

$$\Delta = \sum_{i=1}^{K} v_i - \sum_{j=k+1}^{n} v_j$$

$$= \sum_{i=1}^{K} v_i' - \sum_{j=k+1}^{n} v_j' + \sum_{i=1}^{K} (\Delta l_i - \Delta \overline{x}) - \sum_{j=k+1}^{n} (\Delta l_i - \Delta \overline{x})$$

当测量次数足够多时，$\sum_{i=1}^{K} v_i' - \sum_{j=k+1}^{n} v_j' \approx 0$ 得

$$\Delta = \sum_{i=1}^{K} (\Delta l_i - \Delta \overline{x}) - \sum_{j=k+1}^{n} (\Delta l_i - \Delta \overline{x}) \tag{2-24}$$

若式（2-24）的两部分差值 $\Delta$ 显著不为零，则有理由认为测量列存在线性系统误差，该法又称为马利科夫准则，能有效地发现线性系统误差。但有时校核值 $\Delta = 0$，仍有可能存在误差，如果存在系统误差均值为零，则所得差值 $\Delta = 0$。

② 用于发现周期性系统误差。若有一等精度测量列，按测量先后顺序将残余误差排列为 $v_1$，$v_2$，…，$v_n$，如果存在着按此顺序呈周期性变化的系统误差，则相邻两个残余误差的差值（$v_i - v_{i+1}$）符号也将出现周期性的正负号变化。应用统计准则进行判断，令

$$u = \left| \sum_{i=1}^{n=1} v_i v_{i+1} \right| = \left| v_1 v_2 + v_2 v_3 + \cdots + v_{n-1} v_n \right|$$

若

$$u > \sqrt{n-1} \cdot \sigma^2 \tag{2-25}$$

则认为该测量列中含有周期性系统误差。该法又叫阿卑 – 赫梅特准则，能有效地发现周期性系统误差。

（4）不同公式计算标准差比较法。

按贝塞尔（Bessel）公式

$$\sigma_1 = \sqrt{\frac{\sum_{i=1}^{n} v_i'}{n-1}}$$

按别捷尔斯公式

$$\sigma_1 = 1.253 \frac{\sum_{i=1}^{n} |v_i|}{\sqrt{n(n-1)}}$$

令

$$\frac{\sigma_1}{\sigma_2} = 1 + u$$

若

$$|u| \geqslant \frac{2}{\sqrt{n-1}} \tag{2-26}$$

则怀疑测量列中存在系统误差。

（5）计算数据比较法。

若对同一量独立测得 $m$ 组结果，并知它们的算术平均值和标准差为

$$\bar{x}_1, \ \sigma_1, \ \bar{x}_2, \ \sigma_2, \ \cdots, \bar{x}_m, \ \sigma_m$$

而任意两组结果之差为

$$\Delta = \bar{x}_i - \bar{x}_j$$

其标准差为

$$\sigma = \sqrt{\sigma_i^2 + \sigma_j^2}$$

则任意两组结果 $\bar{x}_i$ 与 $\bar{x}_j$ 间存在系统误差的标准是

$$\left| \bar{x}_i - \bar{x}_j \right| < 2\sqrt{\sigma_i^2 + \sigma_j^2} \tag{2-27}$$

【例 2-7】 雷莱用不同方法制取氮，测得氮气密度平均值及其标准差如下。

由化学法制取氮：$\bar{x}_1 = 2.29971$，$\sigma_1 = 0.00041$

由大气中提取氮：$\bar{x}_2 = 2.31022$，$\sigma_2 = 0.00019$

两者差值：$\Delta = \bar{x}_2 - \bar{x}_1 = 0.01051$

而标准差

$$\sigma = \sqrt{\sigma_1^2 + \sigma_2^2} = \sqrt{0.00041^2 + 0.00019^2} = 0.00045$$

$$\Delta \gg 2\sqrt{\sigma_1^2 + \sigma_2^2} = 2 \times 0.00\,45 = 0.000\,9$$

因为两种方法所得结果的差值远远大于两倍标准差，故两种方法间存在系统误差，且经过分析认为由于操作技术引起系统误差的可能性很小，因而雷莱没有设法去改进制取氮的操作技术使两者结果之差变小，相反，他强调了两种方法的实质差别，从而导致后来由雷塞姆进行深入的研究，终于发现了空气中存在惰性气体。这一新发现，深刻揭示了两种方法差别的原因。这一实例也向我们展示了试验数据处理的重要意义。

（6）t 检验法。

当两组测得值服从正态分布时，可用 t 检验法判断两组间是否存在系统误差。

若独立测得的两组数据为

$$x_i, \quad i=1, \ 2, \ \cdots, \ n$$
$$y_j, \quad j=1, \ 2, \ \cdots, \ n$$

令

$$t=(\bar{x}-\bar{y})\sqrt{\frac{n_x n_y(n_x + n_{y-2})}{(n_x + n_y)(n_x \sigma_x^2 + n_y \sigma_y^2)}} \tag{2-28}$$

此变量为服从自由度为 $n_x-n_{y-2}$ 的 t 分布变量。

式中

$$\begin{cases} \sigma_x^2 = \dfrac{1}{n_x} \sum (x_i + \bar{x})^2 \\ \sigma_y^2 = \dfrac{1}{n_y} \sum (y_j + \bar{y})^2 \end{cases}$$

取显著度，由 t 分布表查 $P\,(|t|>t_2) = \alpha$ 中的 $t_\alpha$，若实测数列中算出 $|t|<t_2$，则无根据怀疑两组间有系统误差。

## 2.4.4  粗大误差及其剔除

如果一系列测量值中混有"坏值"（粗大误差），必然会歪曲试验的结果，这时若能将该值剔除不用，就一定会使结果更符合客观情况。在另一种情况下，一组正确测量值的分散性，本来是客观地反映了测试条件下测量的随机波动性，但若为了得到精度更高的结果，而人为地丢掉了一些误差大一点，但不属于粗大误差的测量值，则这样得到的所谓分散很小，精度提高的结果，实质上是虚估的。在以后的同条件下再次试验时，超过该精度指标的测值必然会再次出现，有时甚至出现很多，所以怎样正确剔除粗大误差，是实践中常常遇到的问题。

在试验过程中，读错、记错，仪器突然跳动，突然震动产生的测量值，随时发现，就随时剔除，直到重新进行试验，这就是所谓物理判别法。有时，整个实验完成后也不能确知哪一个值含粗大误差，这时可用统计法判别。统计法的基本思想在于，给定一置信概率（如 0.99），并确定一个置信限，凡超过这个限的误差，就认为它不属随机误差范畴，而是粗差，并予以剔除。

## 1.  拉依达准则

设对某量等精度独立测量得值 $x_1, x_2, \cdots, x_n$，算术平均值 $\bar{x}$ 及残差 $v_i=x_i-\bar{x}$（$i=1, 2, \cdots, n$），

按 Bessel 公式求出单个测量值标准差

$$\sigma_i = \sqrt{\frac{\sum v_i^2}{n-1}} = \sqrt{\frac{\sum x_i^2 - \frac{1}{n}\left(\sum x_i\right)^2}{n-1}}$$

如果某个测量值 $x_d$ 的残差 $v_d$（$1 \leqslant d \leqslant n$）满足

$$|v_d| > 3\sigma \qquad\qquad (2\text{-}29)$$

则认为 $x_d$ 含有粗大误差，须剔除。

【例 2-8】 测某一温度 15 次，得 $l_i$ 值见表 2-11。

表 2-11                    测量结果

| $i$ | 1 | 2 | 3 | 4 | 5 | 6 | 7 | 8 | 9 | 10 | 11 | 12 | 13 | 14 | 15 |
|---|---|---|---|---|---|---|---|---|---|---|---|---|---|---|---|
| $l_i$ | 20.42 | 20.43 | 20.40 | 20.43 | 20.42 | 20.43 | 20.39 | 20.40 | 20.43 | 20.42 | 20.41 | 20.39 | 20.39 | 20.40 | |
| $y_i = l_i - 20.40$ | 0.02 | 0.03 | 0 | 0.03 | 0.02 | 0.03 | −0.01 | −0.1 | 0 | 0.03 | 0.02 | 0.01 | −0.01 | −0.01 | 0 |
| $y_i^2 \times 10^{-4}$ | 4 | 9 | 0 | 9 | 4 | 9 | 1 | 100 | 0 | 9 | 4 | 1 | 1 | 1 | 0 |

计算 1：　　　　$\sum y_i = 0.06$　　　　$\overline{y}_i = 0.004$　　　　$\sum y_i^2 = 0.015\,2$

计算 2：　　　　$\sum y_i = 0.06$　　　　$\overline{y}_i = 0.011$　　　　$\sum y_i^2 = 0.005\,2$

（1）　　　　$3\sigma = 3\left[1/(15-1) \times \left\{0.015\,2 - (0.06)^2/15\right\}^{1/2}\right] = 3 \times 0.033 = 0.099$

$$|N_8| = |1 - 0.10 - 0.004| > 0.099$$

故剔去 $l_8$ 不要，重算

（2）　　　　$3\sigma = 3\left[1/(14-1) \times \left\{0.005\,2 - (0.16)^2/14\right\}^{1/2}\right] = 3 \times 0.016 = 0.048$

无一超过，故最后结果

$$\overline{l} = 20.40 + 0.011，\quad \sigma_l = 0.016/\sqrt{14} = 4.276 \times 10^{-3}$$

拉依达准则又称 $3\sigma$ 准则，是最常用也是最简单的判别粗大误差的准则，它以测量次数充分大为前提。本例计算所用 $\sigma$ 计算方法比较方便。

## 2. 肖维勒（Chauvenet）准则

同上，当

$$|v_d| > w_n \sigma \qquad\qquad (2\text{-}30)$$

时剔除粗大误差值 $x_d$，式中 $w_n$ 由表 2-12 查取。

表 2-12                    $w_n$ 值

| $n$ | $w_n$ | $n$ | $w_n$ | $n$ | $w_n$ | $n$ | $w_n$ | $n$ | $w_n$ |
|---|---|---|---|---|---|---|---|---|---|
| 3 | 1.38 | 9 | 1.92 | 15 | 2.13 | 21 | 2.26 | 40 | 2.49 |
| 4 | 1.53 | 10 | 1.96 | 16 | 2.15 | 22 | 2.28 | 50 | 2.58 |
| 5 | 1.65 | 11 | 2.00 | 17 | 2.17 | 23 | 2.30 | 75 | 2.71 |
| 6 | 1.73 | 12 | 2.03 | 18 | 2.20 | 24 | 2.31 | 100 | 2.81 |
| 7 | 1.80 | 13 | 2.07 | 19 | 2.22 | 25 | 2.33 | 200 | 3.02 |
| 8 | 1.86 | 14 | 2.10 | 20 | 2.24 | 30 | 2.39 | 500 | 3.20 |

【例 2-9】 同例 2-8。

$w_{15} \cdot \sigma = 2.13 \times 0.033 = 0.07$，$|v_8| > 0.07$，剔去 $l_8$，重新计算。

$w_{14} \cdot \sigma = 2.10 \times 0.16 = 0.034$，剔除 $l_8$ 后残差无一超过，故再无粗大误差。

肖维勒准则的判别精度较拉依达准则高，但需查表，计算较麻烦。

## 3. 格拉布斯（Grubbs）准则

同上，当

$$|v_d| > \lambda(\alpha, n) \cdot \sigma \tag{2-31}$$

则认为 $x_d$ 为粗大误差值，应剔除。$\lambda(\alpha, n)$ 值列于表 2-13 中。

【例 2-10】 同例 2-8。

见表 2-11 中，$\lambda(0.01, 15)\sigma = 2.70 \times 0.033 = 0.089$，$|v_8| = 0.104 > 0.089$，故 $l_8$ 含粗大误差，应剔除。再算，$\lambda(0.01, 14)\sigma = 2.66 \times 0.016 = 0.043$，无一超过，故再无粗差。

## 4. $t$ 检验准则

又称罗曼诺夫斯基准则，其特点是首先剔除一个可疑的测得值，然后按 $t$ 分布检验，特别适合于测量次数较少的情况。

同上，若认为 $x_d$ 为可疑数据，将其剔除后计算平均值 $\bar{x}$ 和标准差 $\sigma$（计算时均不包括 $x_d$），则当

$$|x_d - \bar{x}| > K(\alpha, n)\bar{\sigma} \tag{2-32}$$

时，认为 $x_d$ 为粗大误差值，剔除不用。

式中：$K(\alpha, n)$ 为 $t$ 分布的置信系数，可查表 2-13。

表 2-13　　　　　　　　　　　　　　$t$ 分布的置信系数

| $\alpha$ \ $n$ | 0.01 | 0.05 | $\alpha$ \ $n$ | 0.01 | 0.05 | $\alpha$ \ $n$ | 0.01 | 0.05 |
|---|---|---|---|---|---|---|---|---|
| 4 | 11.46 | 4.97 | 13 | 3.23 | 2.29 | 22 | 2.91 | 2.14 |
| 5 | 6.53 | 3.56 | 14 | 3.17 | 2.26 | 23 | 2.90 | 2.13 |
| 6 | 5.04 | 3.04 | 15 | 3.12 | 2.24 | 24 | 2.88 | 2.12 |
| 7 | 4.36 | 2.78 | 16 | 3.08 | 2.22 | 25 | 2.86 | 2.11 |
| 8 | 3.96 | 2.62 | 17 | 3.04 | 2.20 | 26 | 2.85 | 2.10 |
| 9 | 3.71 | 2.51 | 18 | 3.01 | 2.18 | 27 | 2.84 | 2.10 |
| 10 | 3.54 | 2.43 | 19 | 3.00 | 2.17 | 28 | 2.83 | 2.09 |
| 11 | 3.41 | 2.37 | 20 | 2.95 | 2.16 | 29 | 2.82 | 2.09 |
| 12 | 3.31 | 2.33 | 21 | 2.93 | 2.15 | 30 | 2.81 | 2.08 |

【例 2-11】 同上，由表 2-11 除去可疑测量值 $l_8$ 后算得，$\bar{l} = 20.411$，则

$$\bar{\sigma} = \left[ \left\{ 0.005\,2 - 1/41 \times (0.16)^2 \right\} / (14-1) \right]^{1/2} = 0.016$$

查表 2-13，$K(0.01, 15) = 3.12$，$|l_8 - \bar{l}| = 0.111$；$k(\alpha, n)\bar{\sigma} = 3.12 \times 0.016 = 0.05$，$0.111 > 0.05$。故剔去 $l_8$ 不用。

## 5. 狄克逊（Dixon）准则

这一准则应用极差比的准则，不必计算 $\sigma$，即可得到简化而严密的结果。为了判断的效率

高，不同的测量次数应用不同的极差比计算。在 $n$ 次测量中将测量列按数值大小排列为

$$x_{(1)} \leqslant x_{(2)} \leqslant x_{(3)} \leqslant \cdots \leqslant x(n) \qquad (2\text{-}33)$$

则可计算 $f_0$ 值，若

$$f_0 > f(\alpha, n) \qquad (2\text{-}34)$$

则应剔除 $x_{(1)}$ 或 $x_{(n)}$。

【例 2-12】 由表 2-12，将数值大小按序排列 $x_{(1)}=20.30$，$x_{(2)}=20.39$，$x_{(3)}=20.39$，$\cdots$，$x_{(13)}=20.43$，$x_{(14)}=20.43$，$x_{(15)}=20.43$。

$$f_0 = \frac{x_{(3)} - x_{(1)}}{x_{(13)} - x_{(1)}} = \frac{0.009}{0.13} = 0.69$$

$$f(\alpha, n) = f(0.01, 15) = 0.616$$

0.69>0.616，故 $x_{(1)}$ 即 $l_8$ 含粗大误差，剔除不用。

怀疑最大值 $x_{(15)}$

$$f_0 = \frac{x_{15} - x_{13}}{x_{15} - x_3} = 0$$

显然 $x_{15}$ 不含粗大误差。

以上几种方法，拉依达方法简单，无须查表，用起来方便，测量次数较多或要求不高时用，10 次以内的测量无法判断。肖维勒准则是经典方法，过去用得较多，现在已不常用。其他 3 种方法比较严密，在精密试验中，可以选用两三种方法计算加以判别，以便剔除粗大误差。剔除的粗大误差值应是个别和少量的，否则应从物理意义上找原因。

## 2.4.5 有效数字计算与结果的表示

### 1. 数字舍入规则

数据应该怎样取舍，四舍五入吗？若某仪器只能读到 $30'' = 0.5'$，若见 5 就入，就容易使所得数据系统偏高，无法消除。最简单的办法是，规定 5 的前一位数字是奇数就入，是偶数时就舍，使 5 本身引起的误差有相消的机会。规则：若以保留数字的末位为单位，它后面的数大于 0.5 者，末位进 1；小于 0.5 者，末位不变；恰为 0.5 者，则使末位凑成整数，即末位为奇数时进 1，末位为偶数时舍去。这一舍入规则也称为数字修约规则。

### 2. 有效数字

用一个毫米刻度的尺去测量某一物体的长度，除了毫米值还可以估读，如长为 $8.243_6$ 米（这里暂时把估读数字写成小体字），但舍入误差已在估读位"6"上产生，这一位是不可靠的，一般地说以直读位末位为 1，则估读误差不会超过 $\pm 0.5$。这就得到有效数的重要概念：凡误差的绝对值小于或等于 $0.5 \times 10^{m-n}$ 时，则该数的全部数字就可称为有效数字。

即设有一个数 $a$，其近似值 $a*$ 的规格化形式

$$a* = \pm 0.a_1 a_2 \cdots a_n \cdots \times 10^m$$

$a_1$，$a_2$，$\cdots$，$a_n$ 都是 0，1，$\cdots$，9 中的一个数字，$a_1 \neq 0$，$n$ 是整数，$m$ 是整数。

若 $a*$ 的绝对误差限为

$$|e| = |a*-a| \leq 0.5 \times 10^{m-n}$$

则称 $a*$ 为具有 $n$ 位有效数字，或称它精确到 $10^{m-n}$，其中每一个数字 $a_1$，$a_2$，$\cdots$，$a_n$ 都是 $a*$ 的有效数字。$n$ 称为 $a*$ 的有效位数，故其相对误差满足

$$\frac{0.5}{(a_1+1) \times 10^{n-1}} \leq \frac{|a*-a|}{a} \leq \frac{0.5}{a_1 \times 10^{n-1}} \tag{2-35}$$

以上可见，有效位数 $n$ 可以描述近似值 $a*$ 的精确度。

举例如下。

$8.243_6$　舍入误差 $\leq 0.000\,5$　为四位有效数字

$3.1416$　舍入误差 $\leq 0.000\,05$　为五位有效数字

它们的最大舍入相对误差分别是

$$0.5 / 8\,243.6 = 0.006\%$$

$$0.5 / 31\,416 = 0.001\,6\%$$

在实际测量中，最末一位有效数字取到哪一位，是由测量精度决定的，即最末一位有效数字应与测量精度是同一量级的。如用千分尺测量时，其测量精度只能达到 0.01mm，若测出长度 $l = 20.531$mm，显然小数点后第二位数字已不可靠，第三位更不可靠，此时只应保留小数点后二位，即 $l = 20.53$，为四位有效数字，由此，测量结果应保留的位数原则是：其最后一位是不可靠的，而倒数第二位应是可靠的，测量误差一般取 1 ~ 2 位有效数字。

需注意，三角形面积 = 底×高 / 2，公式中的 2 没有舍入误差，因它是准确值，亦即它是无穷多位有效数。摄氏温标 = 国际实用温标-273.15，这里的 273.15 是国际定义的值，故也认为是准确值。

### 3. 有效数字运算规则

在近似数运算中，为使误差不迅速累积，参加运算的近似值，其安全数字要多取几位。

（1）加和减舍入规则。加减运算中，最后结果的有效数字，自左起不超过参加运算的数字中第一个出现的安全数字即不超过小数位数最少的数据小数位。

例如　　$643.0+987.7+4.187+0.235\,4 = 1635.1_2$

而　　$643.00+987.70+4.187+0.235\,4 = 1635.12_2$

（2）乘和除的舍入规则。乘除运算中，最后结果的有效数字不超过参加运算的数字中的最少的有效数字。例如

$$15.13 \times 4.12 = 62.335\,6 \approx 62.34$$

（3）函数的舍入误差。

① 在近似数平方或开方运算时，可按乘除运算处理。

② 在对数运算时，$n$ 位有效数字的数据应该用 $n$ 位对数表，或用 $(n+1)$ 位对数表，多取一位安全数字，以免损失精度。

③ 三角函数运算中，所取函数值的位数应随角度误差的减小而增多，其对应关系见表 2-14。

以上所述是几个最基本的原则，对于大量运算的情况，尤其是计算机运算，数字取舍问题相当复杂，除按上述一般原则考虑外，还要根据实际计算经验作出决定。参与运算的中间运算

数据，函数关系中的常数、系数应尽可能多取几位以保证最后结果不失精度。

表 2-14                函数值的位数与角度误差对应关系

| 角度误差 | 10″ | 1″ | 0.1″ | 0.01″ |
|---|---|---|---|---|
| 函数值位数 | 5 | 6 | 7 | 8 |

# 2.5 回归分析

回归分析是研究随机现象中变量之间关系的一种数理统计方法。表达变量之间关系的方法有散点图、表格、曲线、数学表达式等。其中数学表达式能较客观地反映事物的内在规律性，形式紧凑，且便于从理论上作进一步分析研究，而数学表达式的获得，是通过回归分析等方法完成的。

## 2.5.1  一元线性回归

一元线性回归是处理具有线性关系的两个变量之间的关系的分析方法，也就是在工程上和科研中常遇到的直线拟合问题。

### 1．一元线性回归方程求法

下面通过具体实例说明这个问题。

【例 2-13】 测量某导线在一定温度 $x$ 下的电阻值 $y$ 得结果如下。

表 2-15                测量结果

| $x$（℃） | 19.1 | 25.0 | 30.1 | 36.0 | 40.0 | 46.5 | 50.0 |
|---|---|---|---|---|---|---|---|
| $y$（Ω） | 76.30 | 77.80 | 79.75 | 80.80 | 82.35 | 83.90 | 85.10 |

试找出它们之间的内在关系。

为了研究电阻 $y$ 与温度 $x$ 间的关系，把测量结果标在坐标纸上，如图 2-5 所示，称为散点图。从图 2-5 可以看出，电阻 $y$ 与温度 $x$ 大致呈线性关系。因此，假设 $x$ 与 $y$ 间的内在关系是一条直线，这些点与直线的偏离是试验过程中其他一些随机因素的影响而引起的。假设这组测试数据有如下结构形式。

$$y_t = \beta_0 + \beta x_t + \varepsilon_t, \quad t = 1, 2, \cdots, N \tag{2-36}$$

式中 $\varepsilon_1$，$\varepsilon_2$，$\cdots$，$\varepsilon_N$ 分别表示其他随机因素对电阻 $y_1$，$y_2$，$\cdots$，$y_N$ 影响的总和，并假设其是一组相互独立并服从正态分布 $N(0, \sigma)$ 的随机变量。变量 $x$ 可以是随机变量，也可以是一般变量，一般作一般变量处理，即它是可以精确或严格控制的变量。式（2-36）就是一元线性回归的数学模型，本例中 $N = 7$。

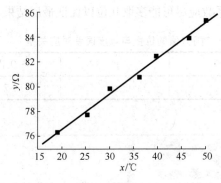

图 2-5　散点图

式（2-36）中的参数 $\beta_0$ 和 $\beta$ 需要用最小二乘法来估计。设 $b_0$ 和 $b$ 分别是参数 $\beta_0$ 和 $\beta$ 的最小二乘法估计，于是得到一元线性回归的回归方程

$$\hat{y} = b_0 + bx \tag{2-37}$$

经过最小二乘法计算，解得

$$b = \frac{N\sum\limits_{t=1}^{N}x_t y_t - \left(\sum\limits_{t=1}^{N}x_t\right)\left(\sum\limits_{t=1}^{N}y_t\right)}{N\sum\limits_{t=1}^{N}x_t^2 - \left(\sum\limits_{t=1}^{N}x_t\right)^2} \tag{2-38}$$

$$b_0 = \frac{\left(\sum\limits_{t=1}^{N}x_t^2\right)\left(\sum\limits_{t=1}^{N}y_t\right) - \left(\sum\limits_{t=1}^{N}x_t\right)\left(\sum\limits_{t=1}^{N}x_t y_t\right)}{N\sum\limits_{t=1}^{N}x_t^2 - \left(\sum\limits_{t=1}^{N}x_t\right)^2} = \overline{y} - b\overline{x} \tag{2-39}$$

式中，

$$\overline{x} = \frac{1}{N}\sum\limits_{t=1}^{N}x_t \tag{2-40}$$

$$\overline{y} = \frac{1}{N}\sum\limits_{t=1}^{N}y_t \tag{2-41}$$

$$l_{xx} = \sum\limits_{t=1}^{N}(x_t - \overline{x})^2 = \sum\limits_{t=1}^{N}x_t^2 - \frac{1}{N}\left(\sum\limits_{t=1}^{N}x_t\right)^2 \tag{2-42}$$

$$l_{xy} = \sum\limits_{t=1}^{N}(x_t - \overline{x})(y_t - \overline{y}) = \sum\limits_{t=1}^{N}x_t y_t - \frac{1}{N}\left(\sum\limits_{t=1}^{N}x_t\right)\left(\sum\limits_{t=1}^{N}y_t\right) \tag{2-43}$$

$$l_{yy} = \sum\limits_{t=1}^{N}(y_t - \overline{y})^2 = \sum\limits_{t=1}^{N}y_t^2 - \frac{1}{N}\left(\sum\limits_{t=1}^{N}y_t\right)^2 \tag{2-44}$$

其中，$l_{yy}$ 是为了以后作进一步分析需要，这里一并写出。

将式（2-39）代入回归式（2-38），可得回归直线的另一种形式

$$\hat{y} - \overline{y} = b(x - \overline{x}) \tag{2-45}$$

由此可见，回归式（2-37）通过点（$\overline{x}$，$\overline{y}$），明确这一点对回归直线的作图是有帮助的。

由式（2-39）或式（2-38）求回归方程的具体计算，通常是列表进行的。例 2-13 的计算见表 2-16 和表 2-17，由此可得回归方程

$$\bar{y} = 70.90\Omega + (0.282\,4\Omega/℃)x \qquad (2\text{-}46)$$

根据式（2-46）作图，画在图 2-5 上。本例中回归系数 $b$ 的物理意义是温度上升 1℃，电阻平均增加 $0.282\,4\Omega$。

表 2-16 回归方程的计算结果

| 序号 | $x$（℃） | $y$（$\Omega$） | $x^2$（℃）$^2$ | $y^2$（$\Omega$）$^2$ | $xy$（$\Omega \cdot$℃） |
|---|---|---|---|---|---|
| 1 | 19.1 | 76.30 | 364.81 | 1 457.330 | 1 457.330 |
| 2 | 25.0 | 77.80 | 625.00 | 6 052.840 | 1 945.000 |
| 3 | 30.1 | 79.75 | 906.01 | 6 360.062 | 2 400.475 |
| 4 | 36.0 | 80.80 | 1 296.00 | 6 528.840 | 2 908.800 |
| 5 | 40.0 | 82.35 | 1 600.00 | 9 781.522 | 3 294.000 |
| 6 | 46.5 | 83.90 | 2 162.25 | 7 039.210 | 3 901.350 |
| 7 | 50.0 | 85.10 | 2 500.00 | 7 242.010 | 4 255.000 |
| $\Sigma$ | 246.7 | 566.00 | 9 454.07 | 45 825.974 | 20 161.955 |

表 2-17 回归方程的计算结果

| | | |
|---|---|---|
| $\sum\limits_{t=1}^{N} x_t = 246.7℃$ | $\sum\limits_{t=1}^{N} y_t = 566.44\Omega$ | $N = 7$ |
| $\bar{x} = 35.243℃$ | $\bar{y} = 80.857\Omega$ | |
| $\sum\limits_{t=1}^{N} x_t^2 = 9\,454.07(℃)^2$ | $\sum\limits_{t=1}^{N} y_t^2 = 45\,825.974\Omega^2$ | $\sum\limits_{t=1}^{N} x_t y_t = 20\,161.955\Omega \cdot ℃$ |
| $\left(\sum\limits_{t=1}^{N} x_t\right)^2 / N = 8\,694.413$ | $\left(\sum\limits_{t=1}^{N} y_t\right)^2 / N = 45\,765.143$ | $\left(\sum\limits_{t=1}^{N} x_t\right)\left(\sum\limits_{t=1}^{N} y_t\right) / N = 19\,947.457$ |
| $l_{xx} = \sum\limits_{t=1}^{N} x_t^2 - \left(\sum\limits_{t=1}^{N} x_t\right)^2 / N = 759.657$ | | |
| $l_{yy} = \sum\limits_{t=1}^{N} y_t^2 - \left(\sum\limits_{t=1}^{N} y_t\right)^2 / N = 60.831$ | | |
| $l_{xy} = \sum\limits_{t=1}^{N} x_t y_t - \left(\sum\limits_{t=1}^{N} x_t\right)\left(\sum\limits_{t=1}^{N} y_t\right) / N = 214.498$ | | |
| $b = \dfrac{l_{xy}}{l_{xx}} = 0.282\,4\Omega℃$ | | |
| $b_0 = \bar{y} - b\bar{x} = 70.79\Omega$ | | |
| $\hat{y} = 70.90 + 0.28 \cdot x(\Omega)$ | | |

## 2. 回归方程的方差分析及显著性检验

回归方程（2-46）求出后，它的实际意义如何？这里有两个问题需要解决。其一，经过最

小二乘法拟合的回归直线是否基本上符合 $y$ 与 $x$ 之间的客观规律，这就是回归方程的显著性检验要解决的问题；其二，用回归方程能否有效地根据自变量 $x$ 值预报或控制因变量 $y$ 值，这就是回归直线的预报精度问题。下面介绍分析这个问题常用的一种方差分析法。

（1）回归问题的方差分析。观测值 $y_1$，$y_2$，$\cdots$，$y_n$ 之间的差异（称变差），是由如下两个方面的原因引起的。

① 自变量 $x$ 取值的不同。

② 其他因素（包括试验误差）的影响。

$N$ 个观测值之间的变差，用观测值 $y$ 与其算术平均值 $\bar{y}$ 的离差平方和来表示，称为总离差平方和，记作

$$S = \sum_{t=1}^{N}(y_t - \bar{y})^2 = l_{yy} \tag{2-47}$$

可以证明，总离差平方和可以分为两部分，即

$$\sum_{t=1}^{N}(y_t - \bar{y})^2 = \sum_{t=1}^{N}(\hat{y} - \bar{y})^2 + \sum_{t=1}^{N}(y_t - \hat{y})^2 \tag{2-48}$$

或者写成

$$S = u + Q \tag{2-49}$$

以上两式中，右边第一项，即

$$u = \sum_{t=1}^{N}(\hat{y}_t - \bar{y}) \tag{2-50}$$

式（2-50）称为回归平方和，它反映了在 $y$ 总的变差中由于 $x$ 和 $y$ 的线性关系而引起 $y$ 变化的部分。因此回归平方和也就是考虑了 $x$ 与 $y$ 的线性关系部分在总的离差平方和 $S$ 中能占的成分，以便从数量上与 $Q$ 值相区分。

式（2-49）中右边第二项，即

$$Q = \sum_{t=1}^{N}(y_t - \hat{y})^2 \tag{2-51}$$

式（2-51）称为残余平方和，即所有观测点距回归直线的残余误差 $y_t - \hat{y}$ 的平方和。它是由试验差及其他因素对试验结果的影响产生的。

这样，通过平方分解式（2-48）就把对 $N$ 个观测值的两种影响从数量上区分开来。$S$、$u$ 和 $Q$ 的具体计算式为

$$\begin{cases} S = \sum_{t=1}^{N}(\hat{y}_t - \bar{y})^2 = \sum_{t=1}^{N}y_t^2 - \dfrac{1}{N}\left(\sum_{t=1}^{N}y_t\right)^2 = l_{yy} \\ u = b^2 l_{xx} = b l_{xy} \\ Q = l_{yy} - b l_{xy} \end{cases} \tag{2-52}$$

因此，对回归方程作显著性检验时，完全可以利用回归系数计算过程的一些结果。

对每个平方和都有一个相应的自由度。总离差平方和的自由度 $v_s = N-1$，回归平方和 $v_u$ 的自由度是自变量的个数，在一元线性回归中，$v_u = 1$，而 $v_s = v_u + v_Q$，因此，残余平方和自由度 $v_Q = N-2$。

（2）显著性检验。由回归平方和与残余平方和的意义可知，一个回归方程是否显著，取决

于 $u$ 及 $Q$ 的大小, $u$ 越大 $Q$ 越小说明 $y$ 和 $x$ 的线性关系越密切。回归方程显著性检验通常采用 $F$ 检验法, 因此要计算统计量

$$F = \frac{u/v_u}{Q/v_Q} \qquad (2-53)$$

对一元线性回归

$$F = \frac{u/1}{Q/(N-2)} \qquad (2-54)$$

查 $F$ 分布表, 将计算的 $F$ 与查得的 $F_2$ ( $v_1$、$v_2$ ) 对比。$F$ 分布表中的两个自由度 $v_1$、$v_2$ 分别对应于式 (2-53) 中的 $v_u$ 和 $v_Q$。如果 $F \geq F_{0.01}(1, N-2)$, 则认为回归是高度显著的 ( 或称在 0.01 水平显著 ), 如 $F_{0.05}(1, N-2) \leq F \leq F_{0.01}(1, N-2)$, 则称回归是显著的 ( 或称在 0.05 水平上显著 ); 如 $F_{0.10}(1, N-2) \leq F \leq F_{0.05}(1, N-2)$, 则称回归在 0.10 水平上显著, 若 $F \leq F_{0.10}(1, N-2)$, 一般认为回归不显著, 此时, $y$ 对 $x$ 的线性关系不密切。

对例 2-13 所得回归方程进行显著性检验, 具体检验可在方差分析表上进行, 见表 2-18。

表 2-18　　　　　　　　　　　　方差分析结果

| 来源 | 平方和 | 自由度 | 方差 | $F$ 比 | 显著性 |
|---|---|---|---|---|---|
| 回归 | 60.574 | 1 | 60.574 | $1.18 \times 10^3$ | $\alpha = 0.01$ |
| 残余 | 0.257 | 5 | 0.051 4 | — | — |
| 总计 | 60.831 | 6 | | | |

显著性一栏中的 $\alpha = 0.01$, 表明所得的回归方程式 (2-46) 在 $\alpha = 0.01$ 水平上显著, 即可信赖程度为 99%, 这是高度显著的。

利用回归方程, 可以在一定水平 $\alpha$ 上, 确定与 $x$ 相对应的 $y$ 的取值范围。反之, 若要求观测值 $y$ 在一定的范围内取值, 利用回归方程可以确定自变量 $x$ 的控制范围。

### 3. 回归直线的简便求法

回归分析是以最小二乘法为基础的, 计算一般比较复杂。为了减少计算, 在精度要求不太高或试验数据的线性程度好的情况下, 可采用几种简单计算方法。

（1）平均值法。用平均值法来求回归方程 $\hat{y} = b_0 + b_x$ 的系数 $b_0$ 和 $b$ 的具体求法是: 把所测得的数据代入预求的回归方程, 把得到的 $N$ 个方程分为两组( 分的组数等于预求未知数的个数 ), 把每组内的方程分别相加, 得到一个二元一次联立方程组, 解之得系数 $b$ 和 $b_0$。

【例 2-14】　对例 2-13 用分组法求回归方程。

把测得数据代入方程, 得到两组方程, 见表 2-19。

表 2-19　　　　　　　　　　　　方程表

| | |
|---|---|
| $76.30 = b_0 + 19.1b$ | $82.35 = b_0 + 40.0b$ |
| $77.80 = b_0 + 25.0b$ | $83.90 = b_0 + 46.5b$ |
| $79.75 = b_0 + 30.1b$ | $85.10 = b_0 + 50.0b$ |
| $80.80 = b_0 + 36.0b$ | — |
| $\Sigma: 314.65 = 4b_0 + 110.2b$ ① | $\Sigma: 251.35 = 3b_0 + 136.5b$ ② |

解联立方程组①、②，得 $b_0 = 70.80$，$b = 0.285\ 3$。

故所求的回归方程为

$$\hat{y} = 70.80 + 0.285\ 3x$$

（2）图释法。把试验数据描在坐标纸上，假如指出的点群形成一直线带，就在点群中画一条直线，使落在直线两边的点数大体相同，这条直线可近似作为回归直线，也可以在坐标纸上直接进行预报。

【例2-15】 用X光机检查镁合金焊接件及铸件内部缺陷时，为达到灵敏度，透照电压 $y$ 应随透照件厚度 $x$ 而改变。试验数据见表2-20。

表2-20 试验结果

| $x$ | 12 | 13 | 15 | 16 | 18 | 20 | 22 | 24 | 26 |
|---|---|---|---|---|---|---|---|---|---|
| $y$ | 52 | 55 | 60 | 65 | 70 | 75 | 80 | 85 | 90 |

把这组数据描在坐标纸上，然后作一直线，如图2-6所示。在直线上任取两点，解出回归方程得到

$$\hat{y} = 20.6 + 2.7x$$

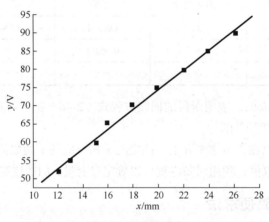

图2-6 试验结果图

图释法由于作图时完全凭经验画直线，主观性较大，精度较低，但此法简单。

现在有很多数值分析软件可进行回归分析，如Origin、Matlab软件。采用软件可直接分析得到回归方程和回归直线，精度高，计算速度快。

## 2.5.2 一元非线性回归

在实际问题中，有时两个变量之间的内在关系并不是线性关系，而是某种曲线关系，这时求回归方程，一般情况下通过变量代换把回归曲线转换为回归直线后求解。

### 1. 回归曲线函数类型的选取与检验

（1）直观判断法。根据专业知识，从理论上推算或者根据以往的经验，可以确定两个变量之间的函数类型。

（2）观察法。将试验数据作图，根据其曲线形状，比较确定曲线类型。常见的函数曲线有双曲线、抛物线等。

（3）直线检验法。当函数类型中所含参数不多，例如只有一个或两个时，用此法检验较好，其步骤如下。

① 将预选的回归曲线 $f(x, y, a, b)=0$ 写成

$$Z_1=A+BZ_2 \tag{2-55}$$

式中的 $Z_1$ 和 $Z_2$ 是只含一个变量的函数，$A$ 和 $B$ 是 $a$ 和 $b$ 的函数。

② 求出几对与 $x$、$y$ 相对应的 $Z_1$ 和 $Z_2$ 的值，利用这几对值加以选择 $x$、$y$ 值，相距较远为好。

③ 以 $Z_1$ 和 $Z_2$ 为变量画图，若所得图形为一直线，则证明原先所选定的回归曲线类型是合适的。

【例 2-16】 用此法说明下列一组数据是否可用 $y=ae^{bx}$ 表示。

表 2-21　　数据表

| $x$ | 1 | 2 | 3 | 4 | 5 | 6 | 7 | 8 | 9 |
|---|---|---|---|---|---|---|---|---|---|
| $y$ | 1.78 | 2.24 | 2.74 | 3.74 | 4.45 | 5.31 | 6.92 | 8.85 | 10.97 |

将 $y=ae^{bx}$ 写成式（2-55）形式，即

$$\log y=\log a+(b \log e) \cdot x$$

其中 $\log y$ 相当于 $Z_1$，$x$ 相当于 $Z_2$，$\log a$ 相当于 $A$，$b$ 相当于 $B$。以 $\log y$ 和 $x$ 画图，所得图形如图 2-7 所示，为一直线，故选用的函数类型 $y=ae^{bx}$ 是合适的。

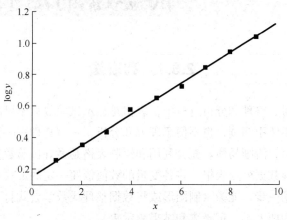

图 2-7　回归直线图

下列几种类型的曲线方程可用直线检验法。

$$t=a+b \log x$$

$$y=zb^x$$

$$y=ze^{bx}$$

$$y=e^{(a+bx)}$$

$$y=ax^b$$

$$y=\frac{x}{a+b^x}$$

### 2. 回归曲线方程的效果与精度

求曲线回归方程的目的是要使所提曲线与观测数据拟合得较好。因此在计算回归曲线的残余平方和 $Q$ 时，不能用 $y'_t$ 和 $\overline{y'_t}$ 以及式（2-52），而是要按照定义用 $y_t$，$\hat{y}_t$ 及式（2-51）计算。这里可用相关指数 $R^2$ 作为衡量配后曲线效果好坏的指标。

$$R^2 = 1 - \frac{\sum\limits_{t=1}^{N}(y_t - \hat{y}_t)^2}{\sum\limits_{t=1}^{N}(y_t - \overline{y})^2} \tag{2-56}$$

$R$ 也称相关指数。但要记住，它与经过变量变换后的 $x'$、$y'$ 的线性相关系数不是一回事，$R^2$（或 $R$）越大，越接近于 1，则表明所配曲线的效果越好。

与线性回归一样，$\sigma = \sqrt{Q/(N-2)}$ 称为残余标准差，它可以作为根据回归方程预报 $y$ 值的精度指标。

对变量代换后的直线方程与一般直线方程一样，也可作显著性检验。它可以反映变量代换后直线拟合情况。一般地说，它可以作为曲线拟合好坏的参考，但它并不能严格地表明原始变量 $x$ 与 $y$ 之间的拟合情况。

# 2.6
# 试验数据的表图表示法

## 2.6.1 列表法

在试验数据的获得、整理和分析过程中，表格是显示试验数据不可缺少的基本工具。许多杂乱无章的数据，既不便于阅读，也不便于理解和分析，一旦整理在一张表格内，就会使这些试验数据变得一目了然，清晰易懂。充分利用和绘制表格是做好试验数据处理的基本要求。

列表法就是将试验数据列成表格，将各变量的数值依照一定的形式和顺序一一对应起来，它通常是整理数据的第一步，能为绘制图形或将数据整理成数学公式打下基础。

试验数据表可分为两大类：记录表和结果表示表。

试验数据记录表是试验记录和试验数据初步整理的表格，它是根据试验内容设计的一种专门表格。表中数据可分为 3 类：原始数据、中间数据和最终计算结果，试验数据记录表必须在试验前列出，这样可使试验数据的记录更有计划性，而且也不容易遗漏数据，见表 2-22。

表 2-22　　　　　　　　　　　　电阻特性测定试验的数据记录表

| 序号 | 电流（A） | 电压（V） | 温度（℃） |
|---|---|---|---|
| 1 | | | |
| 2 | | | |
| 3 | | | |

注：测量限定于直流操作。

试验结果表示表是试验的结论，即变量之间的依从关系。结果表示表应该简明扼要，只需包括所研究变量关系的数据，并能从中反映出研究结果的完整概念，见表 2-23。

表 2-23　　　　　　　　　　　　　　　电阻特性结果表示表

| 序号 | 电阻（Ω） | 温度（℃） |
|------|-----------|-----------|
| 1 | | |
| 2 | | |
| 3 | | |

试验数据记录表和结果表示表之间的区别有时并不明显，如果试验数据不多，原始数据与试验结果之间的关系很明显，可以将上述两类表合二为一。

从表 2-22、表 2-23 两个表格可以看出，试验数据表一般由 3 部分组成，即表名、表头和数据资料，此外，必要时可以在表格的下方加上表外附加。表名应放在表的上方，主要用于说明表的主要内容，为了引用的方便，还应包含表号；表头通常放在第一行，也可以放在第一列，称为行标题或列标题，它主要是表示所研究问题的类别名称和指标名称；数据资料是表格的主要部分，应根据表头按一定的规律排列；表外附加通常放在表格的下方，主要是一些不便于列在表内的内容，如指标注释、资料来源、不变的试验数据等。

由于使用者的目的和试验数据的特点不同，试验数据表在形式和结构上会有较大的差异，但基本原则应该是一致的，见表 2-24。为了充分发挥试验数据表的作用，在拟定时应注意下列事项。

（1）表格设计应该简明合理、层次清晰，以便于阅读和使用。

（2）数据表的表头要列出变量的名称、符号和单位，如果表中的所有数据的单位都相同，这时单位可以在表的右上角标明。

（3）要注意有效数字位数，即记录的数字应与试验的精度相匹配。

（4）试验数据较大或较小时，要用科学记数法来表示，将 $10^{\pm n}$ 记入表头，注意表头中的 $10^{\pm n}$ 与表中的数据应服从：数据的实际值 $\times 10^{\pm n}$ = 表中数据。

（5）数据表格记录要正规，原始数据要书写得清楚整齐，不得潦草，要记录各种试验条件和现象，并妥为保管。

表 2-24　　　　　　　　　　　　　　　材料参数

| 杨氏模量<br>（$E$/GPa） | 泊松比<br>（$v$） | 屈服强度<br>（$\sigma_s$ /MPa） | 硬化指数<br>（$n$） | 硬化常数<br>（$K$ /MPa） | 厚度<br>（$t$/mm） |
|------|------|------|------|------|------|
| 292.95 | 0.3 | 287.4 | 0.492 3 | 1 560.3 | 0.8 |

## 2.6.2　图示法

试验数据图示法就是将试验数据用图形表示出来，使复杂的数据更加直观和形象。在数据分析中，一张好的数据图，往往胜过冗长的文字表述。通过数据图，可以直观地看出试验数据变化的特征和规律。它的优点在于形象直观，便于比较，容易看出数据中的极值点、转折点、周期性、变化率以及其他特性。试验结果的图示法还可为后一步数学模型的建立提供依据。

用于试验数据处理的图形种类很多，根据图形的形状可以分为线图、柱形图、条形图、饼图、环形图、散点图、直方图、面积图、圆环图、雷达图、气泡图、曲面图等。图形的选择取决于试验数据的性质，一般情况下，计量性数据可以采用直方图和折线图等，计数性和表示性状的数据可采用柱形图和饼图等，如果要表示动态变化情况，则使用线图比较合适。下面就介绍一些在试验数据处理中常用的图形及其绘制方法。

## 1. 线图

线图是试验数据处理中最常用的一类图形，它可以用来表示因变量随自变量的变化情况。线图可以分为单式和复式两种。

（1）单式线图。表示某一种事物或现象的动态变化情况。

（2）复式线图。在同一图中表示两种或两种以上事物或现象的动态变化情况，可用于不同事物或现象的比较。例如，图 2-8 所示为复式线图，表示的是厚度变化；图 2-9 所示也是一种复式线图，它与图 2-8 不同的是，这是一个双目标值（双 $y$ 轴）的复式线图，它表示了共同的 $x$ 轴下，不同的 $y$ 值的变化规律。

在绘制复式线图时，不同线上的数据点应该用不同符号表示，以示区别，而且还应在图上明显地注明。

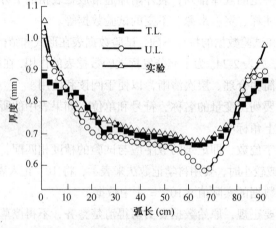

图 2-8　厚度变化

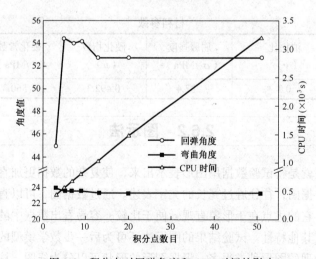

图 2-9　积分点对回弹角度和 CPU 时间的影响

## 2. *XY* 散点图

*XY* 散点图用于表示两个变量间的相互关系，从散点图可以看出变量关系的统计规律。如图 2-5 所示，表示的是变量 $x$ 和 $y$ 试验值的散点图，可以看出，图中的散点大致围绕一条直线散布，这就是变量间统计规律的一种表现。

## 3. 条形图和柱形图

条形图是用等宽长条的长短来表示数据的大小，以反映各数据点的差异，如图 2-10 所示。条形图纵置时称为柱形图，柱形图是用等宽长柱的高低表示数据的大小。值得注意的是，这类图形的两个坐标轴的性质不同，其中一条轴为数值轴，用于表示数量属性的因素或变量，另一条轴为分类轴，常表示的是属性因素或变量。此外，条形图和柱形图也有单式和复式两种形式，如果只涉及一项指标，则采用单式，如果涉及两个或两个以上的指标，则可采用复式。

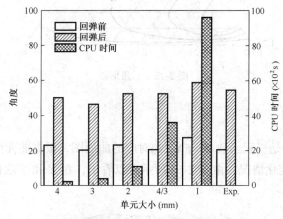

图 2-10　单元大小对回弹角度的影响

## 4. 圆形图

圆形图也称为饼图，它可以表示总体中各组成部分所占的比例。圆形图只适合于包含一个数据系列的情况，它在需要重点突出某个重要项时十分有用。将饼图的总面积看成 100%，按各项的构成比将圆面积分成若干份，每 3.6° 圆心角所对应的面积为 1%，以扇形面积的大小来分别表示各项的比例。如图 2-11 所示，表达了产品不同成分比例组成。

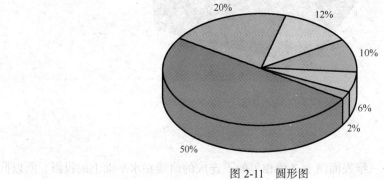

图 2-11　圆形图

## 5. 三角形图

三角形图通常用于表示三元混合物各组分含量或浓度之间的关系，常用于绘制三元相图，如图 2-12 所示，是某三元物系在不同温度时的平衡相图。三角形图中的三角形通常采用等边三角形或等腰直角三角形，也可以是直角三角形或等腰三角形等。在三角形坐标图中，常用质量分数、体积分数或摩尔分数来表示混合物中各组分的含量或浓度，所以每条坐标的刻度范围都是 0~1。

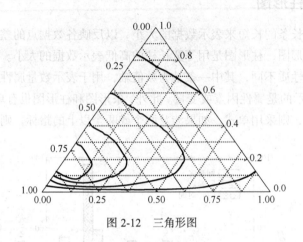

图 2-12　三角形图

## 6. 三维表面图

三维表面图实际上是三元函数 $Z = f(X, Y)$ 对应的曲面图，根据曲面图可以看出因变量 $Z$ 值随自变量 $X$ 和 $Y$ 值的变化情况。由图 2-13 所示可以看出，在 $X$ 和 $Y$ 取值范围内有一个极大值和多个峰值。

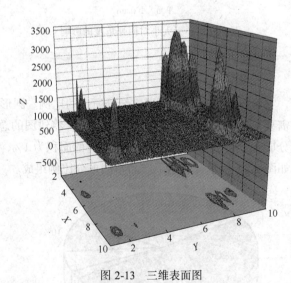

图 2-13　三维表面图

## 7. 三维等高线图

三维等高线图实际上是三维表面图上 $Z$ 值相等的点连成的曲线在水平面上的投影，所以同

条等高线上 $Z$ 值相等,两条等高线不可能相交。等高线图可以用不同的颜色表示不同的 $Z$ 值范围,如图 2-14 所示。

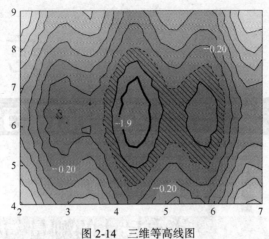

图 2-14　三维等高线图

两条相邻等高线之间的高度差称为等高距,等高距全图一致。等高线疏密可反映曲面坡度的缓陡情况,等高线稀疏的地方表示缓坡,密集的地方表示陡坡,间隔相等的地方表示均匀坡。如果在绘图范围内出现了封闭的曲线,则表示在该范围内曲面有"极大值"或"极小值"出现,所以等高线图可以为试验方案的优化提供依据。

可见,不同类型、不同使用要求的试验数据,可以选用合适的、不同类型的图形。在绘制时应注意以下几点。

（1）在绘制线图时,要求曲线光滑。可以利用曲线板等工具将各离散点连接成光滑曲线,并使曲线尽可能通过较多的实验点,或者使曲线以外的点尽可能位于曲线附近,并使曲线两侧的点数大致相等。

（2）定量的坐标轴,其分度不一定自零起,可用低于最小试验值的某一整数作起点,高于最大试验值的某一整数位终点。

（3）定量绘制的坐标图,其坐标轴上必须标明该坐标所代表的变量名称、符号及所用的单位,一般用纵轴代表因变量。若对应物理量的数值部分很大或很小,则可用科学记数法来表示。

（4）坐标轴的分度应与试验数据的有效数字位数相匹配,即坐标读数的有效数字位数与实验数据的位数相同。

（5）图必须有图号和图题（图名）,以便于引用,必要时还应有图注。

第一部分，列举和讲解零件尺寸测量的方法和检验零件尺寸的方法，如图3-5～3-16所示。

# 第3章
# 公差配合与测量试验

## 3.1 基本尺寸的测量与检验

### 3.1.1 长度尺寸的测量与检验

#### 1. 实验目的

（1）了解游标卡尺的作用、结构组成、测量范围及测量精度。

（2）掌握游标卡尺测量长（宽）度的方法和技能。

（3）掌握判断尺寸是否合格的方法和技能。

（4）加深对尺寸误差与公差定义的理解。

#### 2. 实验内容

（1）观察游标卡尺，了解其结构组成、测量范围及测量精度。

（2）零件长（宽）度的测量。

（3）判断实测尺寸是否合格。

#### 3. 测量工具——游标卡尺

（1）游标卡尺的组成。游标卡尺主要用于测量零件的长（宽）度、内（外）圆直径，孔深、键宽和槽深等。其结构组成如图3-1所示。

卡尺的结构主要由尺身、深度尺、游标、外测量爪、内测量爪、紧固螺钉等组成。

（2）游标卡尺的测量范围。游标卡尺的测量范围有0～125mm、0～150mm、0～200mm、0～300mm、0～500mm、0～1 000mm、0～1 500mm、0～2 000mm 几种。

（3）游标卡尺的读数值。游标卡尺的读数值有 0.01、0.02、0.05 三种。实际使用时常选用0.02。

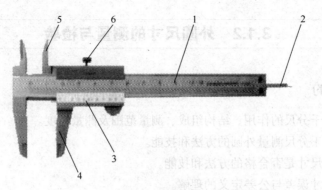

图 3-1　游标卡尺

1—尺身　2—深度尺　3—游标　4—外测量爪　5—内测量爪　6—紧固螺钉

（4）游标卡尺的使用注意事项。

① 了解作用，注意范围。

② 位置正确，用力恰当。

③ 看清刻度，正确读数。

④ 使用完毕，注意保养。

## 4．实验步骤

（1）观察游标卡尺并在表 3-1 中填入其作用、测量范围及测量精度。

表 3-1　　　　　　　　　　　　　　　　游标卡尺

| 工具名称 | 作　用 | 测量范围 | 测量精度 |
|---|---|---|---|
| 游标卡尺 | | | |

（2）根据图 3-2 所示的尺寸，用游标卡尺测量实际尺寸，填入表 3-2 中，并判断所测尺寸是否合格。

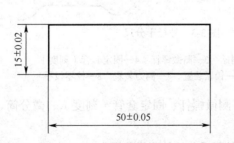
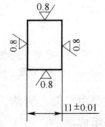

图 3-2　用游标卡尺测量的零件

表 3-2　　　　　　　　　　　　　　游标卡尺测量数据

| 测量项目 | 图纸 | 图纸尺寸 | 使用量具 | 实测尺寸 | 超差量 | 是否合格 |
|---|---|---|---|---|---|---|
| 长度 | 图 3-2 | 50 ± 0.05 | 游标卡尺 | | | |
| 宽度 | 图 3-2 | 15 ± 0.02 | 游标卡尺 | | | |
| 厚度 | 图 3-2 | 11 ± 0.01 | 游标卡尺 | | | |

## 3.1.2　外圆尺寸的测量与检验

### 1. 实验目的

（1）了解外径千分尺的作用、结构组成、测量范围及测量精度。

（2）掌握外径千分尺测量外圆的方法和技能。

（3）掌握判断尺寸是否合格的方法和技能。

（4）加深对尺寸误差与公差定义的理解。

### 2. 实验内容

（1）观察外径千分尺，了解其结构组成、测量范围及测量精度。

（2）零件外圆的测量。

（3）判断实测尺寸是否合格。

### 3. 测量工具——外径千分尺

（1）外径千分尺的组成。外径千分尺常用于测量长度、外径、厚度等，其结构组成如图 3-3 所示。

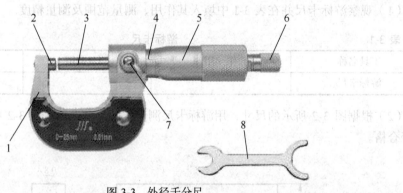

图 3-3　外径千分尺

1—尺架　2—测砧　3—测微螺杆　4—固定套管（刻度）
5—微分筒　6—锁紧装置　7—测力装置　8—校零扳手

外径千分尺主要由尺架、测砧、测微螺杆、固定套管（刻度）、微分筒、锁紧装置、测力装置、校零扳手等组成。

（2）外径千分尺的的测量范围。外径千分尺的测量范围有 0～25mm，25～50mm，…，275～300mm 等几种。

（3）外径千分尺的读数值。外径千分尺的读数值有 0.01、0.002、0.001 三种。实际使用时常选用 0.01。

（4）外径千分尺的使用注意事项。

① 了解作用，注意范围。

② 位置正确，用力恰当。

③ 看清刻度，正确读数。

④ 使用完毕，注意保养。

### 4. 实验步骤

（1）观察外径千分尺，并在表 3-3 中填入其作用、测量范围及测量精度。

表 3-3　　　　　　　　　　　　　　　　外径千分尺

| 工具名称 | 作　用 | 测量范围 | 测量精度 |
|---|---|---|---|
| 外径千分尺 | | | |

（2）根据图 3-4 中给出的尺寸，选择外径千分尺测量实际尺寸，填入表 3-4 中并判断所测尺寸是否合格。

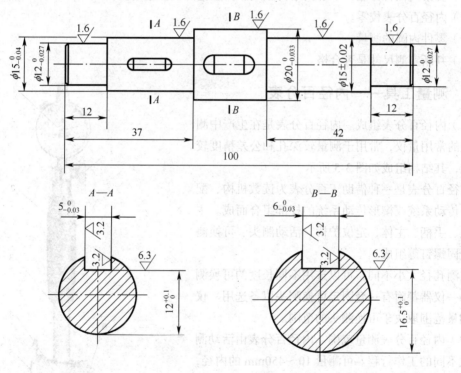

图 3-4　用外径千分尺测量的零件

表 3-4　　　　　　　　　　　　　　　外径千分尺测量数据

| 测量项目 | 图纸 | 图纸尺寸 | 使用量具 | 实测尺寸 | 超差量 | 是否合格 |
|---|---|---|---|---|---|---|
| 外圆 1 | 图 3-4 | $\phi 12_{-0.027}^{0}$ | 外径千分尺 | | | |
| 外圆 2 | 图 3-4 | $\phi 15_{-0.04}^{0}$ | 外径千分尺 | | | |
| 外圆 3 | 图 3-4 | $\phi 15 \pm 0.02$ | 外径千分尺 | | | |
| 外圆 4 | 图 3-4 | $\phi 20_{-0.033}^{0}$ | 外径千分尺 | | | |

### 3.1.3　内圆尺寸的测量与检验

#### 1. 实验目的

（1）了解内径百分表的作用、结构组成、测量范围及测量精度。
（2）掌握内径百分表校零方法和技能。
（3）掌握内径百分表测量内圆的方法和技能。
（4）掌握判断尺寸是否合格的方法和技能。
（5）加深对内圆尺寸测量特点的了解。

#### 2. 实验内容

（1）观察内径百分表，了解其结构组成、测量范围及测量精度。
（2）内径百分表校零。
（3）零件内圆的测量。
（4）判断实测尺寸是否合格。

#### 3. 测量工具——内径百分表

（1）内径百分表组成。内径百分表是在生产中测量孔径的常用量仪，常用于测量较深孔和公差精度较高的孔，其结构组成如图 3-5 所示。

内径百分表是一种借助于百分表为读数机构、配备杠杆传动系统或楔形传动系统的杆部组合而成。主要由表、手柄、主体、定位护桥、活动测头、可换测头、紧固螺钉等组成。

被测孔径大小不同，可以选用不同长度的可换测头。每一仪器都附有一套固定可换测头以备选用。仪器的测量范围取决于可换测头的范围。

（2）内径百分表测量范围。内径百分表由活动测头组成不同的工作行程。可测量 10～450mm 的内径，测量时应根据孔的内径大小选择不同的测头。

（3）内径百分表的读数值。内径百分表的读数值有 0.01、0.005、0.001 三种，实际使用时常选用 0.01。

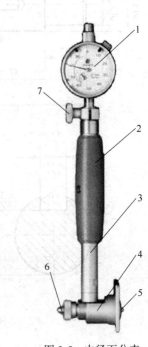

图 3-5　内径百分表

1—表　2—手柄　3—主体　4—定位护桥
5—活动测头　6—可换测头　7—紧固螺钉

#### 4. 实验步骤

（1）组装并观察内径百分表，并在表 3-5 中填入其作用、测量范围及测量精度。

表 3-5　　　　　　　　　　内径百分表

| 工具名称 | 作　用 | 测量范围 | 测量精度 |
|---|---|---|---|
| 内径百分表 | — | | |

（2）根据图3-6、图3-7中给出的尺寸，用内径百分表测量实际尺寸，填入表3-6中，并判断所测尺寸是否合格。

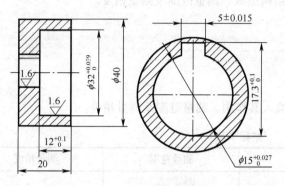

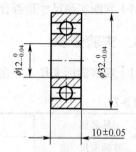

图3-6　用内径百分表测量的零件　　　　图3-7　用内径百分表测量内圆

表3-6　　　　　　　　　　　　　　内径百分表测量数据

| 测量项目 | 图纸 | 图纸尺寸 | 使用量具 | 实测尺寸 | 超差量 | 是否合格 |
|---|---|---|---|---|---|---|
| 内圆1 | 图3-6 | $\phi15^{+0.027}_{0}$ | 内径百分表 | | | |
| 内圆2 | 图3-7 | $\phi12^{+0}_{-0.04}$ | 内径百分表 | | | |

### 5.　测量步骤

（1）根据内孔基本尺寸，选择相应的测头，擦净并安装在定位护桥上；

（2）用外径千分尺（精确校零用量块或标准环）将内径百分表校零。将外径千分尺调节到被测内径公称尺寸刻度，用锁紧装置锁紧。将内径百分表放入外径千分尺中，轻轻摆动百分表找最小值。反复摆动几次，并相应地旋转表盘，使百分表的零刻度正好对准示值变化的最小值，内径百分表校零完成。

（3）将校零后的内径百分表插入被测孔中，沿被测孔的轴线方向测3个截面，每个截面在相互垂直的两个部位上各测一次，共6个点。测量时轻轻摆动百分表，如图3-8所示，记下示值变化的最小值。将测量结果与图纸尺寸比较，判断被测孔是否合格。

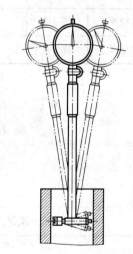

图3-8　内径百分表测量内孔

## 3.1.4　孔深及键槽深尺寸的测量与检验

### 1.　实验目的

（1）进一步了解游标卡尺的作用、结构组成、测量范围及测量精度。

（2）掌握游标卡尺测量孔深、键槽深的方法和技能。

（3）掌握判断尺寸是否合格的方法和技能。

## 2. 实验内容

（1）观察游标卡尺，了解其作用、结构组成、测量范围及测量精度。

（2）零件孔深、键槽深的测量。

（3）判断实测尺寸是否合格。

## 3. 实验步骤

（1）观察游标卡尺，并在表 3-7 中填入其作用、测量范围及测量精度。

表 3-7 游标卡尺

| 工具名称 | 作 用 | 测量范围 | 测量精度 |
|---|---|---|---|
| 游标卡尺 | | | |

（2）根据图 3-4、图 3-6 中给出的尺寸，选择合适量具测量其相应的实际尺寸，填入表 3-8 中，并判断所测尺寸是否合格。

表 3-8 游标卡尺测量数据

| 测量项目 | 图纸 | 图纸尺寸 | 使用量具 | 实测尺寸 | 超差量 | 是否合格 |
|---|---|---|---|---|---|---|
| 孔深 | 图 3-6 | $\phi 12^{+0.1}_{0}$ | | | | |
| 键槽深 1 | 图 3-4 | $\phi 12^{+0.1}_{0}$ | | | | |
| 键槽深 2 | 图 3-4 | $\phi 16.5^{+0.1}_{0}$ | | | | |

# 3.2

## 配合尺寸的测量与检验

### 3.2.1 轴与孔的配合尺寸的测量与检验

## 1. 实验目的

（1）进一步了解游标卡尺、内径百分表的作用。

（2）进一步掌握游标卡尺、内径百分表测量内外圆的方法和技能。

（3）依据内外圆误差值，能正确判断内外圆的实际配合性质。

（4）加深对内外圆配合公差定义的认识。

## 2. 实验内容

（1）用游标卡尺测量配合外圆尺寸。

（2）用内径百分表测量配合内圆尺寸。

（3）依据配合内外圆误差值，判断内外圆的配合性质。

### 3. 实验步骤

（1）根据图3-4、图3-6中给出的内外圆配合尺寸，画出配合公差带，确定其配合性质。

（2）选择合适量具测量其相应的实际尺寸，填入表3-9中，并依据内外圆槽误差值判断其是否符合配合性质。

表3-9　　　　　　　　　　　　　　　　　内外圆测量数据

| 测量项目 | 图纸 | 图纸尺寸 | 使用量具 | 实测尺寸 | 超差量 | 是否合格 |
|---|---|---|---|---|---|---|
| 内圆 | 图3-6 | $\phi15^{+0.027}_{0}$ | 内径百分表 | | | |
| 外圆 | 图3-4 | $\phi15^{0}_{-0.04}$ | 游标卡尺 | | | |

## 3.2.2　滚动轴承配合尺寸的测量与检验

### 1. 实验目的

（1）进一步了解游标卡尺、内径百分表的作用。

（2）进一步掌握游标卡尺、内径百分表测量内外圆的方法和技能。

（3）依据配合轴承与内外圆误差值，正确判断轴承与内外圆的配合性质。

（4）加深内外圆配合公差定义的认识。

### 2. 实验内容

（1）用游标卡尺测量配合外圆尺寸。

（2）用内径百分表测量配合内圆尺寸。

（3）依据配合内外圆误差值，判断内外圆的配合性质。

### 3. 实验步骤

（1）根据图3-4、图3-7中给出的内外圆配合尺寸，画出配合公差带，确定其配合性质。

（2）选择合适量具测量其相应的实际尺寸，填入表3-10中，并依据内外圆误差值判断其是否符合配合性质。

表3-10　　　　　　　　　　　　　　轴承内圆与外圆配合测量数据

| 测量项目 | 图纸 | 图纸尺寸 | 使用量具 | 实测尺寸 | 超差量 | 是否合格 |
|---|---|---|---|---|---|---|
| 轴承内圆 | 图3-7 | $\phi12^{0}_{-0.04}$ | 内径百分表 | | | |
| 外圆 | 图3-4 | $\phi12^{0}_{-0.027}$ | 游标卡尺 | | | |

（3）根据图3-6、图3-7中给出的内外圆配合尺寸，画出配合公差带，确定其配合性质。

（4）选择合适量具测量其相应的实际尺寸，填入表3-11中，并依据内外圆误差值判断其是否符合配合性质。

表 3-11　　　　　　　　　　　　　　　　　内圆与轴承外圆配合测量数据

| 测量项目 | 图纸 | 图纸尺寸 | 使用量具 | 实测尺寸 | 超差量 | 是否合格 |
|---|---|---|---|---|---|---|
| 内圆 | 图 3-6 | $\phi 32^{+0.039}_{0}$ | 内径百分表 | | | |
| 轴承外圆 | 图 3-7 | $\phi 32^{0}_{-0.04}$ | 游标卡尺 | | | |

# 3.3 零件形状误差的测量与检验

## 3.3.1　直线度测量与检验

### 1．实验目的

（1）通过测量与检验加深理解直线度误差与公差的定义。

（2）熟练掌握直线度误差的测量及数据处理方法和技能。

（3）掌握判断零件直线度误差是否合格的方法和技能。

### 2．实验内容

用百分表测量直线度误差。

### 3．测量工具及零件

平板、支承座、百分表（架）、测量块，如图 3-9 所示。

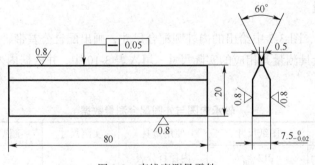

图 3-9　直线度测量零件

### 4．实验步骤

（1）将测量块 2 组装在支承块 3 上，并用调整座 4 支撑在平板上，再将测量块两端点调整到与平板等高的位置（百分表示值为零），如图 3-10 所示。

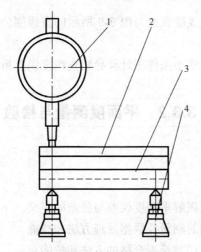

图 3-10  用百分表测量直线度误差

1—百分表  2—测量块  3—支承块  4—调整座

（2）在被测素线的全长范围内取 8 点测量（两端点为 0 和 7 点，示值为零），将测量数据填入表 3-12 中。

表 3-12                                直线度测量数据                                单位：μm

| 测点序号 | 0 | 1 | 2 | 3 | 4 | 5 | 6 | 7 | 计算值 | 图纸值 | 是否合格 |
|---|---|---|---|---|---|---|---|---|---|---|---|
| 示值 | 0 | | | | | | | 0 | 两端点连线法 | 0.05 | |
| | | | | | | | | | 最小条件法 | 0.05 | |

（3）按图 3-11 所示，将测量数据绘成坐标图线，分别用两端点连线法和最小条件法计算测量块直线度误差。

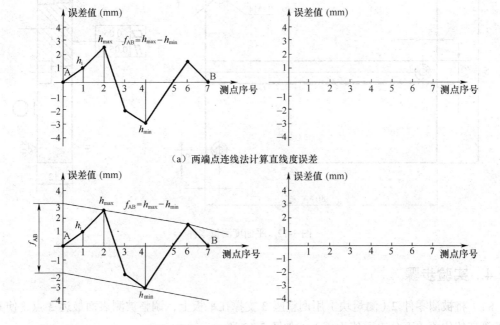

（a）两端点连线法计算直线度误差

（b）最小条件法计算直线度误差

图 3-11  直线度误差数据处理方法

（4）用计算出的测量块直线度误差与图 3-9 所示的直线度公差进行比较，判断该零件的直线度误差。

（5）分析两端点连线法与最小条件法计算导轨直线度误差精度的高低。

## 3.3.2 平面度测量与检验

### 1. 实验目的

（1）通过测量与检验加深理解平面度误差与公差的定义。

（2）熟练掌握平面度误差的测量及数据处理方法和技能。

（3）掌握判断零件平面度误差是否合格的方法和技能。

### 2. 实验内容

用百分表测量平面度误差。

### 3. 测量工具及零件

平板、支承座、百分表（架）、测量块，如图 3-12 所示。

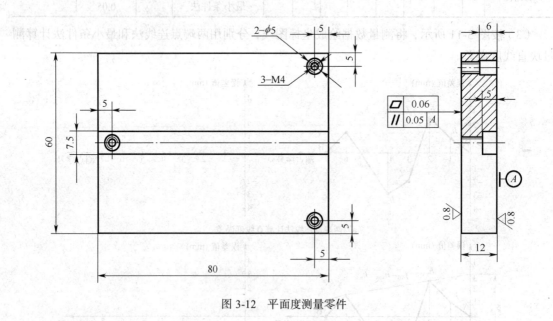

图 3-12　平面度测量零件

### 4. 实验步骤

（1）将被测零件 2（测量块）用调整座 3 支撑在平板上，调整被测表面最远 3 点，使其到平板等高的位置（百分表示值为零），如图 3-13 所示。

（2）如图 3-14 所示，布点测量被测表面，将测量数据填入图 3-14 中。

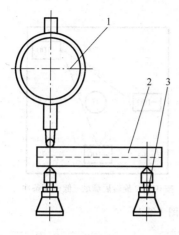

图 3-13  用百分表测量平面度误差

1—百分表  2—测量块  3—调整座

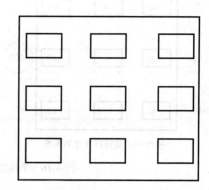

图 3-14  被测表面布点数据图

## 5. 数据处理

（1）近似法。在测量数据中取最大值与最小值的差值为所测量平面的近似平面度误差，并记录，与图 3-12 所示的平面度公差（0.06）比较，并判断测量数据是否合格。

（2）计算法。

① 最小条件法。三角形准则：三高一低或三低一高，如图 3-15 所示。

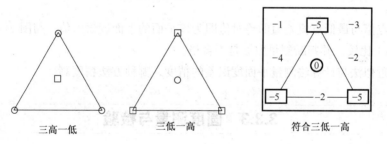

三高一低                     三低一高                    符合三低一高

图 3-15  三角形准则

② 数据处理。用平面旋转方法进行坐标变换，获得最小条件（三高一低或三低一高）。

a. 平面旋转方法示例，如图 3-16 所示。

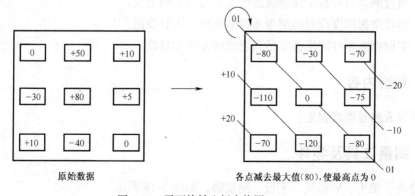

原始数据                           各点减去最大值（80），使最高点为0

图 3-16  平面旋转坐标变换图

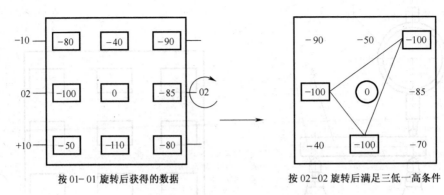

按 01- 01 旋转后获得的数据　　　　按 02-02 旋转后满足三低一高条件

图 3-16　平面旋转坐标变换图（续）

b. 将被测数据进行平面旋转，获得最小条件（三高一低或三低一高），如图 3-17 所示。

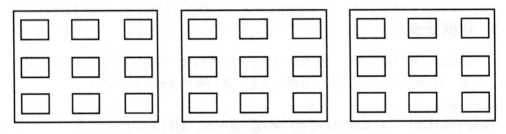

图 3-17　被测数据平面旋转坐标变换图

③ 最高点值与最低点值差值的绝对值即为该平面的平面度误差值，与图 3-12 所示的平面度误差（0.06）比较，并判断测量数据是否合格。

④ 比较近似法与计算法测量平面度误差的精度，哪种方法精度高。

### 3.3.3　圆度测量与检验

#### 1. 实验目的

（1）通过测量与检验加深理解圆度误差与公差的定义。

（2）熟练掌握圆度误差的测量及数据处理方法和技能。

（3）掌握判断零件圆度误差是否合格的方法和技能。

#### 2. 实验内容

用百分表测量圆度误差。

#### 3. 测量工具及零件

百分表（架）、V 形块、平板、测量轴，如图 3-18 所示。

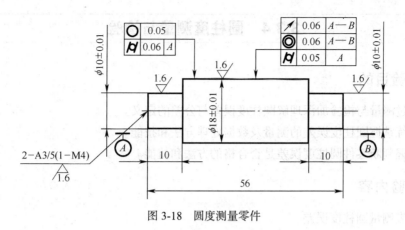

图 3-18　圆度测量零件

## 4．实验步骤

（1）将被测零件放在 V 形块 I 上，并用 V 形块 II 轴向定位，如图 3-19 所示。

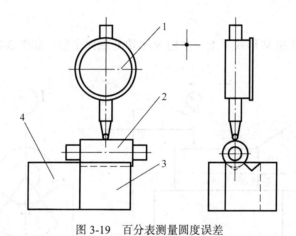

图 3-19　百分表测量圆度误差

1—百分表　2—测量轴　3—V 形块 I　4—V 形块 II

（2）将百分表（架）放在被测零件某一截面点上（百分表应有示值，并调零），零件回转一周过程中，百分表读数的最大差值的一半为该截面的圆度误差。

（3）按上述方法选择 5 个截面测量圆度误差值，将测量数据填入表 3-13 中，表中截面的最大误差值为该零件的圆度误差。

（4）将圆度误差值与图 3-18 所示的圆度公差（0.05）比较，将结果填入表 3-13 中。

表 3-13　　　　　　　　　　　　　　圆度测量数据　　　　　　　　　　　单位：μm

| 测量截面 | I | II | III | VI | V | 最大误差值 | 圆度公差 | 是否合格 |
|---|---|---|---|---|---|---|---|---|
| 最大值 | | | | | | | | |
| 最小值 | | | | | | | 0.05 | |
| 误差值 | | | | | | | | |

## 3.3.4　圆柱度测量与检验

### 1. 实验目的

（1）通过测量与检验加深理解圆柱度误差与公差的定义。

（2）熟练掌握圆柱度误差的测量及数据处理方法和技能。

（3）掌握判断零件圆柱度误差是否合格的方法和技能。

### 2. 实验内容

用百分表测量圆柱度误差。

### 3. 测量工具及零件

百分表（架）、V形块、平板、测量轴，如图3-18所示。

### 4. 实验步骤

（1）将被测零件放在V形块Ⅰ上，并用V形块Ⅱ轴向定位，如图3-20所示。

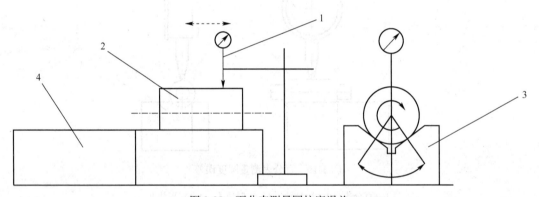

图 3-20　百分表测量圆柱度误差

1—百分表　2—测量轴　3—V形块Ⅰ　4—V形块Ⅱ

（2）将百分表（架）放在被测零件某一截面点上（百分表应有示值，并调零），零件回转一周过程中，测量截面上的最大与最小值。

（3）按上述方法选择5个截面测量圆柱度误差值，将测量数据填入表3-14中。

（4）用表3-14中所有数值中的最大值减最小值再除以2，即为该零件的圆柱度误差。

表3-14　　　　　　　　　　　　圆柱度测量数据　　　　　　　　　　单位：μm

| 测量截面 | Ⅰ | Ⅱ | Ⅲ | Ⅵ | Ⅴ | 圆柱度误差值 | 圆柱度公差 | 是否合格 |
|---|---|---|---|---|---|---|---|---|
| 最大值 | | | | | | | | |
| 最小值 | | | | | | | 0.06 | |
| 误差值 | | | | | | | | |

（5）将圆柱度误差值与图3-18所示的圆度公差（0.06）比较，将结果填入表3-14中。

# 3.4

## 零件位置误差的测量与检验

### 3.4.1 平行度测量与检验

#### 1. 实验目的

（1）通过测量与检验加深理解平行度误差与公差的定义。
（2）熟练掌握平行度误差的测量及数据处理方法和技能。
（3）掌握判断零件平行度误差是否合格的方法和技能。

#### 2. 实验内容

用百分表测量平行度误差。

#### 3. 测量工具及零件

百分表（架）、平板、测量块，如图3-12所示。

#### 4. 实验步骤

（1）将测量块放置在平板上，如图3-21所示。
（2）按图3-22所示线路测量被测表面，将测量数据填入表3-15中。表中的最大值减最小值，即为该零件的平行度误差。

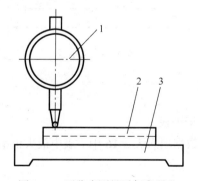

图 3-21　百分表测量平行度误差

1—百分表　2—测量块　3—平板

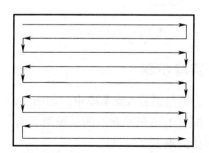

图 3-22　平行度误差测量线路图

表 3-15　　　　　　　平行度测量数据　　　　　　单位：μm

| 测量点 | 最大值 | 最小值 | 平行度误差 | 平行度公差 | 是否合格 |
| --- | --- | --- | --- | --- | --- |
| 示值 | | | | 0.06 | |

（3）将测量出的平行度误差与图 3-12 所示的平行度公差（0.06）进行对比，将结果填入表 3-15 中。

## 3.4.2　垂直度测量与检验

### 1.　实验目的

（1）通过测量与检验加深理解垂直度误差与公差的定义。
（2）熟练掌握垂直度误差的测量及数据处理方法和技能。
（3）掌握判断零件垂直度误差是否合格的方法和技能。

### 2.　实验内容

用百分表测量垂直度误差。

### 3.　测量工具及零件

百分表（架）、平板、测量轴，如图 3-23 所示、支承座，如图 3-24 所示。

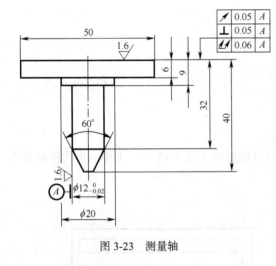

图 3-23　测量轴

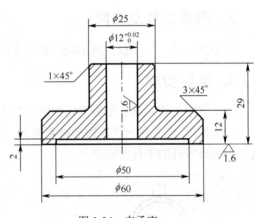

图 3-24　支承座

### 4.　实验步骤

（1）将测量轴装入支承座中，如图 3-25 所示置于平板上。
（2）按图 3-26 所示布点测量被测表面，将测量数据填入表 3-16 中。表中最大值减最小值，即为该零件的垂直度误差。

表 3-16　　　　　　　　　　　　　　垂直度测量数据　　　　　　　　　　　　单位：μm

| 测量点 | 最大值 | 最小值 | 垂直度误差 | 垂直度公差 | 是否合格 |
| --- | --- | --- | --- | --- | --- |
| 示值 | | | | 0.05 | |

（3）将测量出的垂直度误差与图 3-23 所示的垂直度公差（0.05）进行对比，将结果填入表 3-16 中。

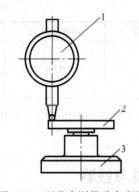 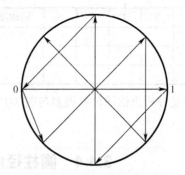

图 3-25　百分表测量垂直度误差　　　　图 3-26　垂直度误差测量线路

1—百分表　2—测量轴　3—支承座

### 3.4.3　同轴度测量与检验

#### 1. 实验目的

（1）通过测量与检验加深理解同轴度误差与公差的定义。

（2）熟练掌握同轴度误差的测量及数据处理方法和技能。

（3）掌握判断零件同轴度误差是否合格的方法和技能。

#### 2. 实验内容

用百分表测量同轴度误差。

#### 3. 测量工具及零件

百分表（架）、滑座、底座、测量轴，如图 3-27 所示。

#### 4. 实验步骤

（1）将百分表（架）、滑座、底座组装成测量仪，并将测量轴装在滑座的两个顶尖上，用微调螺丝定位，如图 3-27 所示。

（2）分别将百分表放在垂直基准轴线的径向截面均分的 1、2、3、4、5 的 5 个点位置上，旋转被测零件，并将测量数据填入表 3-17 中。表中各点的最大差值即为该零件的同轴度误差。

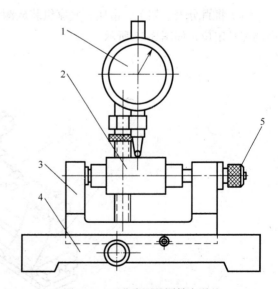

图 3-27　百分表测量同轴度误差

1—百分表　2—测量轴　3—滑座　4—底座　5—微调螺丝

| 测量点 | 1 | 2 | 3 | 4 | 5 | 同轴度误差（最大差值） | 同轴度公差 | 是否合格 |
|---|---|---|---|---|---|---|---|---|
| 表3-17 | | | 同轴度测量数据 | | | | 单位：μm | |
| 最大值 | | | | | | | | |
| 最小值 | | | | | | | 0.06 | |
| 差　值 | | | | | | | | |

（3）将测量分析出的同轴度误差与图3-18所示的同轴度公差（0.06）进行对比，将结果填入表3-17中。

# 3.4.4　圆柱径向跳动测量与检验

## 1. 实验目的

（1）通过测量与检验加深理解径向跳动误差与公差的定义。

（2）熟练掌握径向跳动误差的测量及数据处理方法和技能。

（3）掌握判断零件径向跳动误差是否合格的方法和技能。

## 2. 实验内容

用百分表测量径向跳动误差。

## 3. 测量工具及零件

百分表（架）、滑座、底座、测量轴，如图3-28所示。

## 4. 实验步骤

（1）将百分表（架）、滑座、底座组装成测量仪，并将测量轴装在滑座的两个顶尖上，用微调螺丝定位，如图3-28所示。

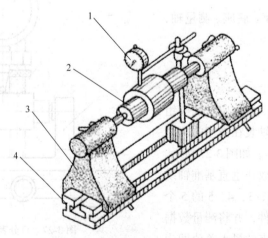

图3-28　百分表测量径向跳动误差

1—百分表　2—测量轴　3—滑座　4—底座

（2）在被测零件回转一周过程中百分表读数最大差值，即为单个测量平面上的径向跳动误差。

（3）沿轴向选择 5 个测量平面进行测量，并将测量数据填入表 3-18 中。表中各点的最大差值即为该零件的径向跳动误差。

**表 3-18** 　　　　　　　　　　径向跳动测量数据　　　　　　　　　　单位：μm

| 测量点 | 1 | 2 | 3 | 4 | 5 | 径向跳动误差（最大差值） | 径向跳动误差 | 是否合格 |
|---|---|---|---|---|---|---|---|---|
| 最大值 | | | | | | | | |
| 最小值 | | | | | | | 0.05 | |
| 差　值 | | | | | | | | |

（4）将测量分析出的径向跳动误差与图 3-18 所示的径向跳动误差（0.05）进行对比，将结果填入表 3-18 中。

## 3.4.5　端面圆跳动测量与检验

### 1．实验目的

（1）通过测量与检验加深理解端面圆跳动误差与公差的定义。

（2）熟练掌握端面圆跳动误差的测量及数据处理方法和技能。

（3）掌握判断零件端面圆跳动误差是否合格的方法和技能。

### 2．实验内容

用百分表测量端面圆跳动。

### 3．测量工具及零件

百分表（架）、平板、测量轴，如图 3-23 所示，支承座，如图 3-24 所示。

### 4．实验步骤

（1）将测量轴装入支承座中，置于平板上，如图 3-29 所示。

（2）被测零件在端面某一直径上绕基准轴线作无轴向移动的旋转，在回转一周过程中百分表的最大和最小读数之差，即为测量端面在该直径上的圆跳动。

（3）分别在端面选择 4 个测量点，如图 3-30 所示，将测量数据填入表 3-19 中。表中各点的最大差值即为该零件的端面圆跳动误差。

**表 3-19** 　　　　　　　　　　端面圆跳动测量数据　　　　　　　　　　单位：μm

| 测量点 | 1 | 2 | 3 | 4 | 端面圆跳动误差（最大差值） | 端面圆跳动公差 | 是否合格 |
|---|---|---|---|---|---|---|---|
| 最大值 | | | | | | | |
| 最小值 | | | | | | 0.05 | |
| 差　值 | | | | | | | |

（4）将测量分析出的端面圆跳动误差与图 3-23 所示的端面圆跳动公差（0.05）进行对比，将结果填入表 3-19 中。

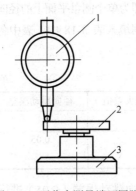

图 3-29　百分表测量端面圆跳动

1—百分表　2—测量轴　3—支承座

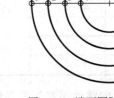

图 3-30　端面圆跳动误差测量点

## 3.4.6　对称度测量与检验

### 1. 实验目的

（1）通过测量与检验加深理解对称度误差与公差的定义。

（2）熟练掌握对称度误差的测量及数据处理方法和技能。

（3）掌握判断零件对称度误差是否合格的方法和技能。

### 2. 实验内容

用百分表测量对称度误差。

### 3. 测量工具及零件

百分表（架）、平板、V形块、定位块，如图 3-31 所示，测量轴，如图 3-32 所示。

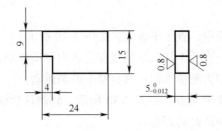

图 3-31　定位块

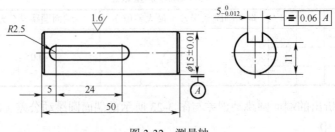

图 3-32　测量轴

#### 4. 实验步骤

（1）在测量轴键槽内装入定位块，并放置在 V 形块上，如图 3-33 所示。

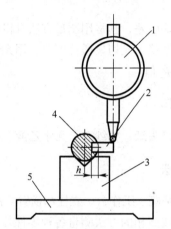

图 3-33　百分表测量对称度误差

1—百分表　2—定位块　3—V 形块　4—测量轴　5—平板

（2）截面测量。在键中点位置调整定位块 2，使其沿径向与平板平行，使百分表示值为零；将测量轴旋转 180°，再调整定位块 2 沿径向与平板平行，百分表示值为 $a$，该截面的对称度误差为

$$F_{截}=(h \times a) \div (d-h)$$

（3）长度测量。

① 在键一端点位置调整定位块 2，使其沿径向与平板平行，使百分表示值为零；将测量轴旋转 180°，再调整定位块 2 沿径向与平板平行，百分表示值为 $a_1$。

② 在键另一端点位置调整定位块 2，使其沿径向与平板平行，使百分表示值为零；将测量轴旋转 180°，再调整定位块 2 沿径向与平板平行，百分表示值为 $a_2$。

③ 长度方向对称度误差为

$$F_{长}=|a_1-a_2|$$

④ 取 $F_{截}$ 与 $F_{长}$ 最大值为键槽的对称度误差。

⑤ 与图纸对称度公差（0.06）对比，判断对称度误差是否合格。

# 3.5

# 表面粗糙度测量

#### 1. 实验目的

（1）了解表面粗糙度常用的测量方法。

（2）了解双管显微镜测量的工作原理。

（3）熟悉用光切法测量表面粗糙度的操作方法，加深对评定参数 $R_z$ 的理解。

（4）掌握测量结果的计算和数据处理。

### 2. 实验内容

表面粗糙度属于微观几何形状误差，其常用测量方法有粗糙度样块比较法、干涉法、针描法及印模法等。本实验在双管显微镜（光切显微镜）上，用光切测量法对工件表面粗糙度进行测量，评定微观不平度十点高度 $R_z$ 值。

### 3. 主要测量工具与材料

双管显微镜、方铁块样块、镜头纸、棉纱布、无水乙醇。

### 4. 实验基本原理与方法

双管显微镜主要是由镜管、基座、工作台、立柱和横臂等部分组成，如图 3-34 所示。双管显微镜是以光切法原理，用目镜或照相的方法测量各种零件外表面粗糙度，故又名光切法显微镜。这类仪器一般按 $R_z$（也可按 $R_y$）评定。需要时，也可通过测出轮廓图形上各点的坐标值或使用照相装置拍摄被测轮廓图形，然后找出中线，计算其轮廓算术平均偏差 $R_a$ 值。

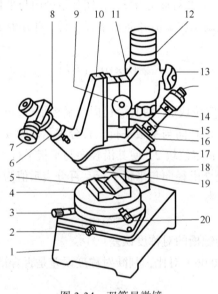

图 3-34　双管显微镜

1—底座　2—工作台紧固螺丝　3、20—工作台纵、横工作台　4—作台　5—V 形块　6—观擦管
7—目镜测微计　8—紧固螺钉　9—物镜工作距离调节手轮　10—镜管支架　11—支臂
12—立柱　13—支臂紧锁手柄　14—支臂升、降螺母　15—照明管　16—物镜焦距调节环
17—光线投射位置调节环　18、19—可换物镜

光切法的基本原理如下。

光切显微镜由两个镜管组成，如图 3-35（a）所示，一个是投射照明镜管，另一个为观察镜管，两镜管轴线互呈 90°。从光源发出的光线经聚光镜、狭缝及物镜后，在被测表面形成一束平行的光带，这束光带以 45° 的倾斜角投射到具有微小峰谷的被测表面上。波峰在 S 点、波

谷则在 $S'$ 点产生反射，通过观察镜管的物镜，分别成像在分划板上的 $a$ 与 $a'$ 点，在目镜中就可以观察到一条与被测表面相似的弯曲亮带。由测微目镜鼓轮可测得 $a$ 至 $a'$ 点影像（峰到谷）之间的距离 $h'$，如图 3-35（b）所示，而被测表面实际微观不平度峰谷间的高度 $h$ 为

$$h = \frac{h'}{N}\cos 45° = \frac{h'}{\sqrt{2}N}$$

式中，$h'$ 为 45° 方向上的影像高度；$N$ 为物镜放大倍数。

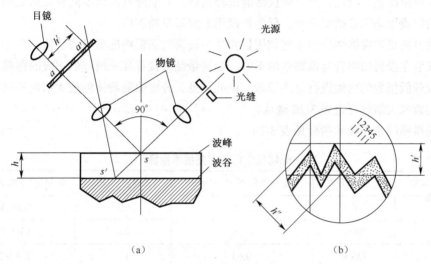

（a）　　　　　　　　　　　（b）

图 3-35　双管显微镜工作原理

微目镜头是本仪器重要结构之一。它的固定分划板玻璃片上有 8 条等分刻线的标尺；活动分划板玻璃片上刻有一双刻线和相互垂直的十字线。当转动测微鼓轮来移动活动分划板时，移动量可由测微鼓轮上读出。当测微鼓轮转动一圈时（100 格），十字线和双刻线便相对固定的标尺正好移动一个刻度间距。测量时转动测微鼓轮，使测微目镜中十字线的横线与波峰对准，记下第一个读数，然后移动十字线对准波谷（虚线位置），记下第二个读数，取二次读数之差（测微鼓轮转过的格数）即 $h''$ 值。

影像高度 $h'$ 是用测微目镜头来测量的，由于测微目镜视场中的十字线与测微读数方向呈 45°，当十字线中的任一直线与影像峰、谷相切来测量波高时，波高 $h' = h''$ 45cos45°，所以被测表面凸凹不平的高度为

$$h = \frac{h''\cos^2 45°}{M} = \frac{h''}{2M}$$

测微鼓轮每转一格，十字线在目镜视场内沿移动方向移动的距离为 17.5μm，习惯上把这个移动距离称为格值。每台仪器的格值不一定都是 17.5μm，测量前先要仔细阅读仪器说明书（本仪器格值为 17.5μm），或者按标准刻度尺在不同放大倍数下测定仪器的格值，再算出不同放大倍数下的分度值 $c$。

当 $N = 7 \times$ 时，$c = \dfrac{1}{2N} \times 17.5 = 1.25$μm

当 $N = 14 \times$ 时，$c = \dfrac{1}{2N} \times 17.5 = 0.63$μm

当 $N=30\times$ 时，$c = \dfrac{1}{2N} \times 17.5 = 0.292\mu m$

当 $N=60\times$ 时，$c = \dfrac{1}{2N} \times 17.5 = 0.146\mu m$

光切法显微镜测量表面粗糙度的范围，一方面决定于物镜的分辨能力，另一方面决定于它的成像深度和人眼的调节范围。物镜的分辨能力和成像深度受其放大倍数的影响，物镜选择不当，会产生焦距误差，因此，为了使仪器能选择测量，一般配有四组不同放大倍数的物镜。高放大倍数的物镜用来测量精细表面，低倍物镜用来测量粗糙表面。

选择的方法是先根据估计的（例如用目测法）被测表面粗糙度等级或数值，选用相应的成对物镜，安装在投射照明管与观察管的下方。当测量结果接近高一级或低一级的粗糙度时，再选用较高或较低倍数的物镜进行复测校核。由此可见，分度值随物镜的放大倍数不同而不同。测量时，物镜放大倍数可查表3-20确认。

光切显微镜的主要技术指标见表3-20。

表 3-20　　　　　　　　　　　　光切显微镜的主要技术指标

| 物镜放大倍数 | 总放大倍数 | 目镜套筒分度值 $c$（μm） | 视场直径（mm） | 测量范围 $R_z$ 值（μm） |
|---|---|---|---|---|
| 60× | 510× | 0.145 | 0.3 | 0.8～1.6 |
| 30× | 260× | 0.294 | 0.6 | 1.6～6.3 |
| 14× | 120× | 0.63 | 1.3 | 6.3～20 |
| 7× | 60× | 1.26 | 2.5 | 20～80 |

由上述可知，零件表面不平度的高 $h$ 等于测微器两次读数差乘以分度值 $c$，即

$$h = c \cdot h''$$

## 5. 实验步骤

（1）准备工作。按图纸要求或目测初步估计被测表面 $R_z$ 值范围，选择适当放大倍数物镜并安装在仪器上。将擦净的被测工件确定取样长度 $L$，安放在工作台上进行初步调整，使被测工件表面的加工纹路方向，与镜管轴线夹角的平分线垂直。

（2）接通电源。

（3）调整仪器。

① 松开锁紧手柄13，转动支臂11及螺母14，使镜头准对被测表面上方，然后锁紧螺母13。

② 调节手轮9，上下移动支架10，使目镜视场中出现切削痕纹。

③ 转动螺钉17让照明光管摆动，使光带与切削痕纹重合。

④ 旋转调节环16，上下微动照明光管，使其物镜聚焦于工件表面。

⑤ 转动工作台（或支臂），使加工痕纹与投射在工件表面上的光带垂直，然后交错调整手轮9、调节环16与螺钉17，直到获得具有最大弯曲的清晰光带为止。

⑥ 松开螺钉8，转动目镜，使目镜中的十字线的水平线与光带大致平行。

（4）开始测量。转动目镜测微计，在取样长度 $L$ 范围内，使十字线的水平线分别与5个峰

顶和 5 个谷底相切，如图 3-36 所示。从目镜测微计上分别读取各峰、谷的读数 $h_1$，$h_2$，…，$h_{10}$，记载在实验记录中。

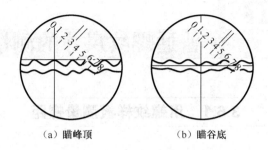

（a）瞄峰顶　　　　　　　（b）瞄谷底

图 3-36　目镜视场的图像

（5）数据处理。

根据测量数据，按下式算出微观不平度十点高度 $R_z$

$$R_z = \frac{(h_1 + h_3 + h_5 + h_7 + h_9) - (h_2 + h_4 + h_6 + h_8 + h_{10})}{5}$$

式中，$h$ 的单位为格数。

由于零件加工表面均匀性要求，在评定长度范围内，测出 $n$ 个取样长度的 $R_z$ 值，取其平均值作为测量结果（进行数据处理时，应考虑测微鼓轮实际分度值）。

（6）按表面粗糙度国家标准，确定工件表面粗糙度是否符合要求。

按表 3-21 填写实验记录。

表 3-21　　　　　　　　　　表面粗糙度的检测实验报告

| 仪器 | 名称 | 测量范围（μm） | | | 物镜放大倍数 | | 鼓轮化度值 $c$（μm） | |
|---|---|---|---|---|---|---|---|---|
| | | | | | | | | |
| 被测工件 | | 微观不平度十点高度的允许值（μm） | | | | | | |
| 仪器编号 | | | | | | | | |
| 测量位置 | 测点序号 / 测量读数 | 1 | 2 | 3 | 4 | 5 | $\displaystyle\sum_{i=1}^{5}$ | $h = \dfrac{\left|\displaystyle\sum_{i=1}^{5} h_{峰} - \displaystyle\sum_{i=1}^{5} h_{谷}\right|}{2} \times c$ |
| I | $h_峰$ | | | | | | | |
| | $h_谷$ | | | | | | | |
| II | $h_峰$ | | | | | | | |
| | $h_谷$ | | | | | | | |
| 测试结果 | | $R_z = \dfrac{R_{z1} + R_{z2}}{2} =$　　　　μm | | | | | | |
| 合理性结论和理由 | | | | | | | | |

# 3.6 普通螺纹尺寸的测量与检验

## 3.6.1 用螺纹样板测量螺距

### 1. 实验目的

（1）了解螺纹样板的作用、类型、结构组成和测量范围。

（2）掌握螺纹样板检验内（外）螺纹螺距的方法和技能。

### 2. 实验内容

（1）观察螺纹样板，了解其作用、类型和测量范围。

（2）螺纹样板检验外螺纹螺距。

（3）螺纹样板检验内螺纹螺距。

### 3. 测量工具——螺纹样板

图 3-37 所示为 60° 和 55° 螺纹样板。

图 3-37　60° 和 55° 螺纹样板

螺纹样板是检验螺距的专用工具。常用于测量内外螺纹，规格有 60° 和 55° 螺纹样板两种。60° 螺纹样板用于检验普通螺纹，55° 螺纹样板用于检验英制螺纹。

### 4. 实验步骤

（1）观察 60° 和 55° 螺纹样板，并在表 3-22 中填入其作用、测量范围。

表 3-22　　　　　　　　　　　　螺纹样板

| 工具名称 | 作　用 | 测量范围规格 |
| --- | --- | --- |
| 60° 螺纹样板 |  |  |
| 55° 螺纹样板 |  |  |

（2）根据图 3-38 所示的外螺纹，选择螺纹样板检测螺距，并将检测结果填入表 3-23 中。

表 3-23 　　　　　　　　　　　　　　螺纹测量数据

| 测量项目 | 图纸 | 图纸尺寸 | 使用量具 | 螺距（$P$） |
|---|---|---|---|---|
| 外螺纹 1 | 图 3-38 | M10 | | |
| 外螺纹 2 | 图 3-38 | M10 | | |
| 外螺纹 3 | 图 3-38 | $M16-6g\binom{-0.038}{-0.160}$ | | |
| 外螺纹 4 | 图 3-38 | $M16-7g\binom{-0.038}{-0.200}$ | | |

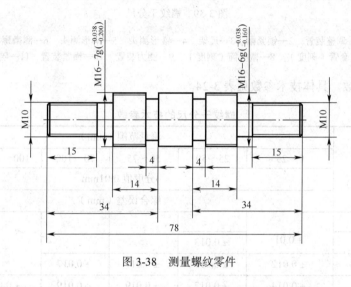

图 3-38　测量螺纹零件

## 3.6.2　外螺纹中径尺寸的测量与检验

### 1. 实验目的

（1）了解螺纹千分尺的作用、结构组成、测量范围及测量精度。

（2）掌握螺纹千分尺测量外螺纹的方法和技能。

（3）掌握判断尺寸是否合格的方法和技能。

### 2. 实验内容

（1）观察螺纹千分尺，了解其作用、测量范围及测量精度。

（2）零件外螺纹中径的测量。

（3）判断实测尺寸是否合格。

### 3. 测量工具——螺纹千分尺

（1）结构组成。螺纹千分尺是测量普通精度外螺纹中径尺寸的专用千分尺。其结构组成如图 3-39 所示。主要有调整装置、锁紧帽、尺架、锥形测头、V 形测头、测微螺杆、固定套管（刻度）、微分筒（刻度）、测力装置、锁紧装置、隔热装置等组成。测量原理与外径千分尺相同。

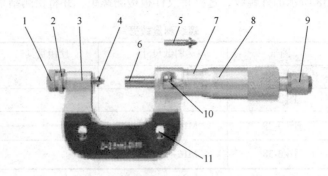

图 3-39　螺纹千分尺

1—调整装置　2—锁紧帽　3—尺架　4—锥形测头　5—V 形测头　6—测微螺杆
7—固定套管（刻度）　8—微分筒（刻度）　9—测力装置　10—锁紧装置　11—隔热装置

（2）技术参数。具体技术参数见表 3-24。

表 3-24　　　　　　　　　　　　　　螺纹千分尺的技术参数

| 测头代号 | 测量螺距范围（mm） | 测量范围（mm） | | | | | |
|---|---|---|---|---|---|---|---|
| | | 0～25 | 25～50 | 50～75 | 70～100 | 100～125 | 125～150 |
| | | 分度值 0.01mm | | | | | |
| | | 综合误差（mm） | | | | | |
| 1 | 0.4～0.5 | ± 0.01 | ± 0.013 | | | | |
| 2 | 0.6～0.8 | | | | | | |
| 3 | 1.0～1.25 | ± 0.012 | ± 0.015 | ± 0.017 | ± 0.017 | | |
| 4 | 1.5～2.0 | ± 0.014 | ± 0.017 | ± 0.019 | ± 0.019 | ± 0.02 | ± 0.023 |
| 5 | 2.5～3.5 | ± 0.016 | ± 0.019 | ± 0.021 | ± 0.021 | ± 0.023 | ± 0.025 |
| 6 | 4.0～6.0 | | ± 0.021 | ± 0.023 | ± 0.023 | ± 0.025 | ± 0.028 |

## 4.　实验步骤

（1）观察螺纹千分尺，并在表 3-25 中填入其作用、测量范围及测量精度。

表 3-25　　　　　　　　　　　　　　　螺纹千分尺

| 工具名称 | 作　用 | 测量范围 | 测量精度 |
|---|---|---|---|
| 螺纹千分尺 | | | |

（2）根据图 3-38 所示的尺寸，选择合适量具，测量实际尺寸，填入表 3-26 中，并判断所测尺寸是否合格。

表 3-26　　　　　　　　　　　　　　中径测量数值

| 测量项目 | 图纸 | 图纸尺寸 | 使用量具 | 实测尺寸 | 超差量 | 是否合格 |
|---|---|---|---|---|---|---|
| 中径 1 | 图 3-38 | $M16-6g\left(^{-0.038}_{-0.160}\right)$ | 螺纹千分尺 | | | |
| 中径 2 | 图 3-38 | $M16-7g\left(^{-0.038}_{-0.200}\right)$ | 螺纹千分尺 | | | |

### 5. 测量原理与步骤

图 3-40 所示为螺纹千分尺的外形图。它的构造与外径千分尺基本相同，只是在测量砧和测量头上装有特殊的测量头 1 和 2，用它来直接测量外螺纹的中径。螺纹千分尺的分度值为 0.01mm。测量前，用尺寸样板 3 来调整零位。每对测量头只能测量一定螺距范围内的螺纹，使用时根据被测螺纹的螺距大小，按螺纹千分尺附表来选择，测量时由螺纹千分尺直接读出螺纹中径的实际尺寸。

（1）螺纹千分尺的测头标有代号，代号相同的为一副。使用时按被测螺纹的螺距选取一对测量头。

（2）螺纹千分尺零位的调整。

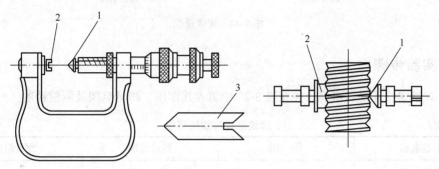

图 3-40　螺纹千分尺测量中径原理图

1、2—测量头　3—尺寸样板

（3）将被测螺纹放入两测量头之间，找正中径部位，如图 3-40 所示。分别在同一截面相互垂直的两个方向上测量，取它们的平均值作为螺纹的实际中径，然后判断被测螺纹是否合格。

## 3.6.3　用螺纹环规和塞规检验内、外螺纹

### 1. 实验目的

（1）了解螺纹环规和塞规的作用、结构组成、测量范围及测量精度。

（2）掌握螺纹环规检验外螺纹的方法和技能。

（3）掌握螺纹塞规检验内螺纹的方法和技能。

（4）掌握判断内（外）螺纹是否合格的方法和技能。

### 2. 实验内容

（1）观察螺纹环规和塞规，了解其作用、测量范围及测量精度。

（2）螺纹环规检验外螺纹。

（3）螺纹塞规检验内螺纹。

（4）判断内（外）螺纹是否合格。

### 3. 测量工具

在成批量生产中，常用螺纹量规检验螺纹。外螺纹用螺纹环规检验，内螺纹用螺纹塞规检

验。螺纹量规如图3-41所示。

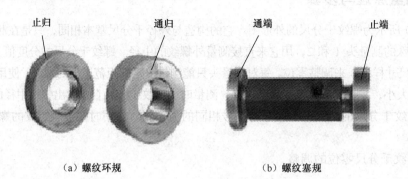

（a）螺纹环规      （b）螺纹塞规

图 3-41　螺纹量规

## 4.　实验步骤

（1）观察螺纹环规和塞规，并在表 3-27 中填入其作用、测量范围及测量精度。

表 3-27　　　　　　　　　　　　　螺纹塞规与螺纹环规

| 工具名称 | 作　用 | 测量范围 | 测量精度 |
|---|---|---|---|
| 螺纹塞规 | | | |
| 螺纹环规 | | | |

（2）根据图 3-42 所示的内螺纹，用螺纹塞规进行检验，将检验结果填入表 3-28 中，并判断所检验内螺纹是否合格。

表 3-28　　　　　　　　　　　　　　内螺纹测量数据

| 测量项目 | 图纸 | 图纸尺寸 | 使用量具 | 实测尺寸 | 超差量 | 是否合格 |
|---|---|---|---|---|---|---|
| 内螺纹 1 | 图 3-42 | M10 | M10 螺纹塞规 | | | |
| 内螺纹 2 | 图 3-42 | M10 | M10 螺纹塞规 | | | |
| 内螺纹 3 | 图 3-42 | M10 | M10 螺纹塞规 | | | |

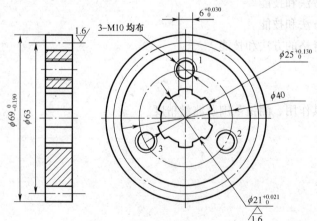

| 模数 | $m$ | 3 |
|---|---|---|
| 齿数 | $z$ | 21 |
| 压力角 | $\alpha$ | 20° |
| 齿厚极限偏差 | 上偏差 $E_{ss}$ | −0.056 |
| | 下偏差 $E_{si}$ | −0.140 |
| 公法线平均长度 | $W$ | 23.022 |
| 夸齿数 | $K$ | 3 |
| 公法线平均长度上偏差 | $E_{Wms}$ | −0.064 |
| 公法线平均长度下偏差 | $E_{Wmi}$ | −0.121 |
| 公法线变动公差 | $F_{W}$ | 0.040 |

图 3-42　用螺纹塞规测量内螺纹

（3）根据图 3-38 中给出的外螺纹，用螺纹环规进行检验，将检验结果填入表 3-29 中，并判断所检验外螺纹是否合格。

表 3-29　　　　　　　　　　　　　　外螺纹测量数据

| 测量项目 | 图纸 | 图纸尺寸 | 使用量具 | 实测尺寸 | 超差量 | 是否合格 |
|---|---|---|---|---|---|---|
| 外螺纹 1 | 图 3-38 | M10 | N10 螺纹环规 | | | |
| 外螺纹 2 | 图 3-38 | M10 | M10 螺纹环规 | | | |

# 3.7 键与花键尺寸的测量与检验

## 3.7.1　单键配合尺寸的测量与检验

### 1. 实验目的

（1）进一步了解游标卡尺的作用。
（2）掌握游标卡尺测量键槽尺寸的方法和技能。
（3）依据键槽尺寸误差值，正确判断键槽的配合性质。
（4）加深对配合公差定义的认识。

### 2. 实验内容

（1）用游标卡尺测量键槽尺寸配合尺寸。
（2）依据键槽误差值，判断键槽配合性质。

### 3. 实验步骤

（1）根据图 3-43、图 3-6 所示的键与内孔键槽配合尺寸，画出配合公差带，确定其配合性质。

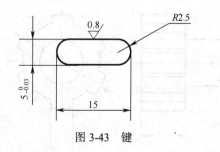

图 3-43　键

（2）选择合适量具测量其相应的实际尺寸，填入表 3-30 中，并依据键与孔误差值判断其是否符合配合性质。

表 3-30 配合尺寸测量数据

| 测量项目 | 图纸 | 图纸尺寸 | 使用量具 | 实测尺寸 | 配合误差 | 符合配合性质 |
|---|---|---|---|---|---|---|
| 内孔键槽 | 图 3-6 | $5 \pm 0.015$ | 游标卡尺 | | | |
| 键 | 图 3-43 | $5_{-0.03}^{0}$ | 游标卡尺 | | | |

（3）根据图 3-43、图 3-4 所示的键与轴槽配合尺寸，画出配合公差带，确定其配合性质。

（4）选择合适量具测量其相应的实际尺寸，填入表 3-31 中，并依据键与轴槽误差值判断其是否符合配合性质。

表 3-31 配合尺寸测量数据

| 测量项目 | 图纸 | 图纸尺寸 | 使用量具 | 实测尺寸 | 配合误差 | 符合配合性质 |
|---|---|---|---|---|---|---|
| 轴键槽 | 图 3-4 | $5_{-0.03}^{0}$ | 游标卡尺 | | | |
| 键 | 图 3-43 | $5_{-0.03}^{0}$ | 游标卡尺 | | | |

## 3.7.2　花键配合尺寸的测量与检验

### 1.　实验目的

（1）进一步了解游标卡尺的作用。

（2）掌握游标卡尺测量花键尺寸的方法和技能。

（3）依据花键尺寸误差值，正确判断花键的配合性质。

（4）加深对配合公差定义的认识。

### 2.　实验内容

（1）用游标卡尺测量花键大径配合尺寸；依据误差值，判断大径配合性质。

（2）用游标卡尺测量花键小径配合尺寸；依据误差值，判断小径配合性质。

（3）用游标卡尺测量花键键槽配合尺寸；依据误差值，判断键槽配合性质。

### 3.　实验步骤

（1）根据图 3-42、图 3-44 所示的花键大径配合尺寸，画出配合公差带，确定其配合性质。

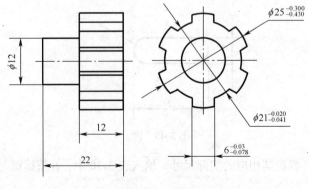

图 3-44　花键

（2）选择合适量具测量其相应的实际尺寸，填入表 3-32 中，并依据误差值判断其是否符合配合性质。

表 3-32 内外花键大径测量数据

| 测量项目 | 图纸 | 图纸尺寸 | 使用量具 | 实测尺寸 | 配合误差 | 符合配合性质 |
|---|---|---|---|---|---|---|
| 内花键大径 | 图 3-42 | $\phi 25^{+0.130}_{0}$ | 游标卡尺 | | | |
| 外花键大径 | 图 3-44 | $\phi 25^{-0.300}_{-0.430}$ | 游标卡尺 | | | |

（3）根据图 3-42、图 3-44 所示的花键小径配合尺寸，画出配合公差带，确定其配合性质。

（4）选择合适量具测量其相应的实际尺寸，填入表 3-33 中，并依据误差值判断其是否符合配合性质。

表 3-33 内外花键小径测量数据

| 测量项目 | 图纸 | 图纸尺寸 | 使用量具 | 实测尺寸 | 配合误差 | 符合配合性质 |
|---|---|---|---|---|---|---|
| 内花键小径 | 图 3-42 | $\phi 21^{+0.021}_{0}$ | 游标卡尺 | | | |
| 外花键小径 | 图 3-44 | $\phi 21^{-0.020}_{-0.041}$ | 游标卡尺 | | | |

（5）根据图 3-42、图 3-44 所示给出的花键槽配合尺寸，画出配合公差带，确定其配合性质。

（6）选择合适量具测量其相应的实际尺寸，填入表 3-34 中，并依据误差值判断其是否符合配合性质。

表 3-34 内外花键键宽测量数据

| 测量项目 | 图纸 | 图纸尺寸 | 使用量具 | 实测尺寸 | 配合误差 | 符合配合性质 |
|---|---|---|---|---|---|---|
| 内花键宽 | 图 3-42 | $6^{+0.03}_{0}$ | 游标卡尺 | | | |
| 外花键宽 | 图 3-44 | $6^{-0.030}_{-0.078}$ | 游标卡尺 | | | |

# 3.8 | 齿轮尺寸的测量与检验

## 3.8.1 齿轮齿厚偏差的测量与检验

### 1. 实验目的

（1）了解齿厚卡尺的作用、结构组成、测量范围及测量读数值。

（2）掌握齿厚偏差的测量方法和技能。

（3）正确判断实测尺寸是否合格。

（4）加深对齿厚偏差定义的理解。

### 2. 实验内容

（1）观察齿厚卡尺，了解其作用、测量范围及测量读数值。

（2）齿厚偏差的测量。

（3）判断实测尺寸是否合格。

### 3. 测量工具——齿厚卡尺

（1）结构组成。

齿厚游标卡尺用于测量直齿和斜齿圆柱齿轮的固定弦齿厚和分度圆弦齿厚。其结构组成如图 3-45 所示。主要由水平游标尺、水平微动螺母、垂直游标尺、垂直微动螺母、齿高定位尺、外测量爪等组成。

（2）测量范围。

一般有模数 $m=1\sim8$，$m=1\sim6$ 等。

（3）测量读数值。

齿厚游标卡尺的读数值有 0.02、0.05 两种。实际使用时常选用 0.02。

（4）使用注意事项。

① 使用前，先检查零位和各部分的作用是否准确和灵活可靠。

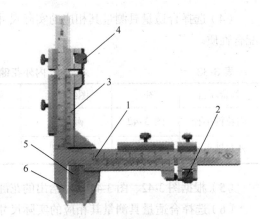

图 3-45　齿厚游标卡尺

1—水平游标尺　2—水平微动螺母　3—垂直游标尺
4—垂直微动螺母　5—齿高定位尺　6—外测量爪

② 使用时，先按固定弦或分度圆弦齿高的公式计算出齿高的理论值，调整垂直主尺的读数，使高度尺的端面按垂直方向轻轻地与齿轮的齿顶圆接触。在测量齿厚时，应注意使活动量爪和固定量爪按垂直方向与齿面接触，无间隙后，进行读数，同时还应注意测量压力不能太大，以免影响测量精度。

③ 测量时，可在每隔 120° 的齿圈上测量一个齿，取其偏差最大者作为该齿轮的齿厚实际尺寸，将测得的齿厚实际尺寸与按固定弦或分度圆弦齿厚公式计算出的理论值之差即为齿厚偏差。

### 4. 实验步骤

（1）观察齿厚卡尺，并在表 3-35 中填入其作用、测量范围及测量精度。

表 3-35　　　　　　　　　　　　　　　齿厚游标卡尺

| 工具名称 | 作　用 | 测量范围 | 测量精度 |
| --- | --- | --- | --- |
| 齿厚卡尺 | | | |

（2）根据图 3-42 所示的尺寸，测量齿厚的实际尺寸，并填入表 3-36 中，判断所测尺寸是否合格。

表 3-36　　　　　　　　　　　　　　尺厚测量数据

| 测量项目 | 图纸 | 图纸尺寸 | | 使用量具 | 实测尺寸 | 配合误差 | 符合配合性质 |
|---|---|---|---|---|---|---|---|
| 齿厚偏差 | 图 3-42 | 上偏差 $E_{ss}$=-0.056 | | 齿厚卡尺 | | | |
| | | 下偏差 $E_{si}$= 0.140 | | | | | |

## 5. 测量步骤

（1）用游标卡尺（精确测量时用外径千分尺）测量齿顶圆的实际直径 $D_a'$（半径 $R_a'$）。

（2）从表 3-37 中查出 $m=1$ 时的分度圆处弦齿高 $h_{fl}$ 和弦齿厚 $s_{f1}$。

表 3-37　　　　　　　　　$m=1$ 时的分度圆处弦齿高 $h_{fl}$ 和弦齿厚 $s_{f1}$

| 齿数 $z$ | $h_{fl}$ | $S_{fl}$ | 齿数 $z$ | $h_{fl}$ | $S_{fl}$ | 齿数 $z$ | $h_{fl}$ | $S_{fl}$ |
|---|---|---|---|---|---|---|---|---|
| 16 | 1.568 3 | 1.038 5 | 18 | 1.568 8 | 1.034 2 | 20 | 1.569 2 | 1.030 8 |
| 17 | 1.568 6 | 1.036 3 | 19 | 1.569 0 | 1.032 4 | 21 | 1.569 3 | 1.029 4 |

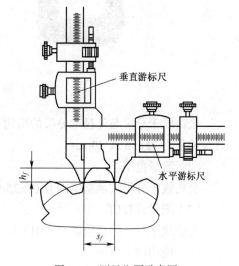

图 3-46　测量齿厚示意图

（3）计算 $m=3$ 时的分度圆处弦齿高 $h_f$ 和弦齿厚 $s_f$。

$$h_f = 3 \times h_{f1} - (R_a - R_{a'}) （R_a 为齿顶圆理论半径）$$

$$s_f = 3 \times h_{f1}$$

（4）按 $h_f$ 值调整齿厚卡尺的垂直游标尺。

（5）把齿厚卡尺置于被测齿轮上，如图 3-46 所示。使垂直游标尺的高度尺与齿顶圆接触。然后，移动水平游标尺的卡脚，使两卡脚接触齿廓。从水平游标尺上读出弦齿厚的实际尺寸。

（6）分别在圆周上相隔相同的几个轮齿上进行测量。根据图纸给出的齿厚上、下偏差，判断被测齿厚是否合格。

## 3.8.2　齿轮公法线长度偏差的测量与检验

### 1. 实验目的

（1）了解公法线千分尺的作用、结构组成、测量范围及测量精度。

（2）掌握公法线长度偏差的测量方法和技能。

（3）正确判断实测尺寸是否合格。

（4）加深对齿轮公法线长度偏差定义的理解。

## 2. 实验内容

（1）观察公法线千分尺，了解其作用、测量范围及测量精度。

（2）公法线长度偏差的测量。

（3）判断实测尺寸是否合格。

## 3. 测量工具——公法线千分尺

（1）结构组成。

公法线千分尺可测量模数在 0.5mm 以上外啮合圆柱齿轮的公法线长度，主要用来直接测量直齿、斜齿圆柱齿轮和变位直齿、斜齿圆柱齿轮的公法线长度，公法线长度变动量以及公法线平均长度偏差。其结构组成如图 3-47 所示。

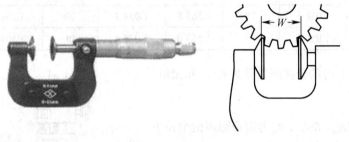

图 3-47　公法线千分尺

公法线千分尺与外径千分尺的结构基本相同，不同处是测砧与活动测砧为圆盘形。圆盘的直径通常为 25mm 或 30mm。

（2）测量范围。

公法线千分尺的测量范围有 0～25mm，25～50mm，…，275～300mm 等几种。

（3）测量读数值。

公法线千分尺的读数值有 0.01、0.002、0.001 三种。实际使用时常选用 0.01。

（4）使用注意事项。

① 公法线千分尺的测砧为圆盘状，测量面的平面度、平行度和表面粗糙度要求较高，使用或清洗时应特别注意。测量时，使用测力装置，则可避免由于测力过大或不均而使圆盘变形，增大测量误差。

② 测量时不要使公法线千分尺测量面在其边缘 0.5mm 处与齿面接触，尽可能接触在里面一些，因为测量面 0.5mm 允许有塌边，同时由于测力影响。如在边缘接触，测量面变形就较大，易使测量误差增大。

③ 测量公法线长度时，若用量块为标准以比较法测量，则可提高测量精度。

## 4. 实验步骤

（1）观察公法线长度千分尺，并在表 3-38 中填入其作用、测量范围及测量精度。

表 3-38                                     公法线千分尺

| 工具名称 | 作  用 | 测量范围 | 测量精度 |
|---|---|---|---|
| 公法线千分尺 | | | |

（2）根据图 3-42 所示的尺寸，测量公法线长度实际尺寸，并填入表 3-39 中，判断所测尺寸是否合格。

表 3-39                                     公法线测量数据

| 读数值 | 偏差 | 平均偏差 $\Delta E_w$ | 图纸上下偏差 | 是否合格 | 偏差变动量 $\Delta F_w$ | 图纸变动公差 $F_w$ | 是否合格 |
|---|---|---|---|---|---|---|---|
| | | | 上偏差 $E_{wms}$ | | | | |
| | | | −0.064 | | | 0.040 | |
| | | | 下偏差 $E_{wmt}$ | | | | |
| | | | −0.121 | | | | |

## 5. 测量步骤

（1）从表 3-40 中查出 $m=1$、$\alpha=20°$ 的标准直齿圆柱齿轮的公法线公称长度 $W_1$。

表 3-40              $m=1$、$\alpha=20°$ 的标准直齿圆柱齿轮的公法线公称长度

| 齿数 $z$ | 跨齿数 | 公法线公称长度 $W$ | 齿数 $z$ | 跨齿数 | 公法线公称长度 $W$ | 齿数 $z$ | 跨齿数 | 公法线公称长度 $W$ |
|---|---|---|---|---|---|---|---|---|
| 16 | 2 | 4.652 3 | 18 | 3 | 7.632 4 | 20 | 3 | 7.660 4 |
| 17 | 2 | 4.666 3 | 19 | 3 | 7.646 4 | 21 | 3 | 7.674 4 |

（2）计算 $m=3$ 时的公法线公称长度 $W$：$W=3 \times W_1$。

（3）用公法线千分尺沿齿圈的不同方位测量 4.5（实验时取 4）以上的值，如图 3-48 所示。测量时应轻轻摆动公法线千分尺，使千分尺读数最小。并把读数填入表中。

（4）计算公法线长度偏差、平均偏差 $\Delta E_w$ 和偏差变动量 $\Delta F_w$，并判断被测齿轮的适用性。

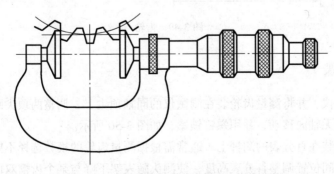

图 3-48　用公法线千分尺测量公法线长度

# 3.9 齿轮形位误差的测量与检验

## 3.9.1 齿圈径向跳动测量与检验

### 1. 实验目的

（1）通过测量与检验加深理解齿圈径向跳动误差与公差的定义。
（2）熟练掌握齿圈径向跳动误差的测量及数据处理方法和技能。
（3）掌握判断齿圈径向跳动误差是否合格的方法和技能。

### 2. 实验内容

用测微仪测量齿圈径向跳动。

### 3. 测量工具及零件

测微仪（百分表）、平板、测量齿轮，如图 3-49 所示。

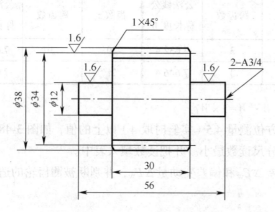

| 模数 | $m$ | 2 |
|---|---|---|
| 齿数 | $z$ | 17 |
| 齿圈径向跳动公差 | $F_r$ | 0.08 |
| 齿向公差 | $F_\beta$ | 0.06 |

图 3-49　齿轮

### 4. 实验步骤

（1）组装测微仪，并将测量齿轮装在测微仪的同轴顶尖上，调整两顶尖距离，使其能转动自如，使测量齿轮无轴向移动，并用螺钉锁紧，如图 3-50 所示。
（2）把测头安装在百分表的测杆上（通常需根据测量齿轮的模数选择不同的测头）。
（3）在齿宽中间位置调整百分表高度，使测头随表架下降与某个齿槽双面接触，把百分表指针压缩 1～2 圈后紧固百分表，转动表盘对零。并在齿轮上做好标记。

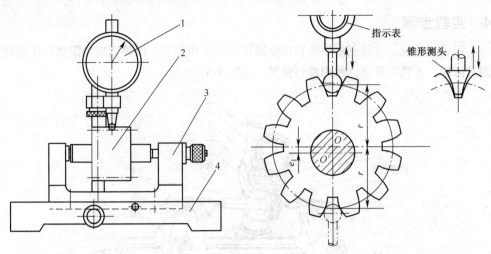

（a）齿圈径向跳动误差测量组合图　　　（b）齿圈径向跳动误差测量原理图

图 3-50　测微仪测量齿圈径向跳动

1—百分表　2—测量齿轮　3—滑座　4—底座

（4）提起测杆，转动一齿，并将每齿测量数据填入表 3-41 中。表中最大值与最小值的差值为齿圈径向跳动误差 $\Delta F_r$。

表 3-41　　　　　　　　　　　　　齿圈径向跳动测量数据　　　　　　　　　　　单位：μm

| 测量点 | 1 | 2 | 3 | 4 | 5 | 6 | 7 | 8 | 齿圈径向跳动误差 $\Delta F_r$ | 径向跳动公差 $\Delta F_r$ | 是否合格 |
|---|---|---|---|---|---|---|---|---|---|---|---|
| 测量值 | | | | | | | | | | | |
| 测量点 | 9 | 10 | 11 | 12 | 13 | 14 | 15 | 16 | | 0.08 | |
| 测量值 | | | | | | | | | | | |

（5）将齿圈径向跳动误差 $\Delta F_r$、齿圈径向跳动公差 $F_r$ 与图 3-49 对比，判断齿轮是否合格。并将结果填入表 3-41 中。

## 3.9.2　齿轮齿向误差测量与检验

### 1.　实验目的

（1）通过测量与检验加深理解齿轮齿向误差与公差的定义。

（2）熟练掌握齿轮齿向误差的测量及数据处理方法和技能。

（3）掌握判断齿轮齿向误差是否合格的方法和技能。

### 2.　实验内容

用测微仪测量齿轮齿向误差。

### 3.　测量工具及零件

测微仪（杠杆百分表）、平板、测量齿轮（见图 3-49）。

### 4. 实验步骤

（1）组装测微仪，并将测量齿轮装在测微仪的同轴顶尖上，调整两顶尖距离，使用轻力可转动测量齿轮，无轴向移动，并用螺钉锁紧，如图 3-51 所示。

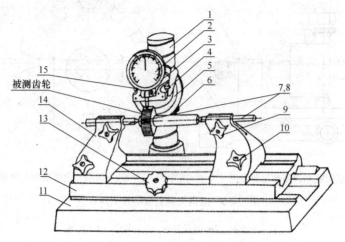

图 3-51　测微仪测量齿向误差

1—立柱　2—百分表　3—微调手轮　4—提起百分表扳手　5—百分表支架　6—调节螺母　7、8—左右顶针
9—顶针锁紧螺钉　10—顶针架锁紧螺钉　11—底座　12—滑座　13—转动手轮　14—顶针架　15—提升小旋扭

（2）调整杠杆百分表高度，使杠杆百分表测头随表架下降并与实际被测齿面在齿高中部接触（在调整过程中需适量转动齿轮轴），并将杠杆百分表指针压缩约半圈，转动表盘对零。同时在齿轮上做好标记。

（3）旋松螺钉 10，转动手轮 13，使滑座 12 移动，在齿宽有效部分范围内进行测量，杠杆百分表的最大与最小示值之差即为该齿面的齿向误差 $\Delta F_{\beta}$ 的值。

（4）间隔均匀地选择 4 个齿面进行测量（左、右齿面都需测量），并将每齿测量数据填入表 3-42 中。表中最大值即为齿向误差 $\Delta F_{\beta}$ 的值。

表 3-42　　　　　　　　　　齿轮齿向误差测量数据

| 测量齿面 | 1 | | 2 | | 3 | | 4 | | 齿轮齿向公差 1∶6 | 是否合格 |
|---|---|---|---|---|---|---|---|---|---|---|
| | 左 | 右 | 左 | 右 | 左 | 右 | 左 | 右 | | |
| 齿向误差 $\Delta F_{\beta}$ | | | | | | | | | 0.06 | |

（5）根据齿向误差 $\Delta F_{\beta}$ 的值与齿轮齿向公差 $F_{\beta}$ 判断齿轮是否合格，并将结果填入表 3-42 中。

# 3.10 用三坐标机测量轮廓度误差

### 1. 实验目的

（1）了解三坐标测量机的测量原理、方法以及计算机采集测量数据和处理测量数据的过程。

（2）加深对轮廓度误差定义的理解。

（3）了解三坐标测量机的使用。

（4）掌握先进测量工具和方法，提高综合实验能力。

## 2. 实验内容

用 P604 型三坐标测量机测量一曲面零件的轮廓度误差。

## 3. 测量工具及零件

P604 型三坐标测量机、曲面零件。

## 4. 测量原理

三坐标测量机是用计算机采集处理测量数据的新型高精度自动测量仪器，如图 3-52 所示。它有 3 个互相垂直的运动导轨，上面分别装有光栅作为测量基准，并有高精度测量头，可测空间各点的坐标位置。任何复杂的几何表面与几何形状，只要测量机的测头能够瞄准（或感受）到的地方。均可测得它们的空间坐标值，然后借助计算机经数学运算可求得待测的几何尺寸和相互位置尺寸，并由打印机或绘图仪清晰直观地显示出测量结果。由于三坐标测量机配有丰富的计量软件，因此其测量功能很多，而且可按要求任意建立工件坐标系，测量时不需找正，故可大大减少测量时间。三坐标测量机测量范围大，效率高。具有"测量中心"之称。

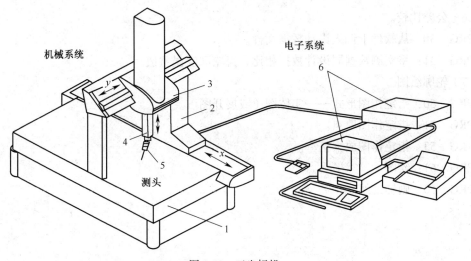

图 3-52　三坐标机

1—工作台　2—移动桥架　3—中央滑架　4—Z 轴　5—测头　6—电子系统

用三坐标测量机测量轮廓度误差时，应先按图纸要求，建立与理论基准一致的工件坐标系，以便实测数据同理论设计数据进行比较。然后用测头连续跟踪扫描被测表面，计算机按给定节距采样，记录表面轮廓坐标数据。由于记录的是测头中心的坐标轨迹，需由计算机补偿一个测头半径值，才能得到实际表面轮廓坐标数据。最后同计算机内事先存入的设计数据比较，便得轮廓度误差值。

## 5. 实验步骤

（1）按图 3-53 所示安装工件和测头。

（2）接通电源、气源，打开计算机，打印机和绘图仪。

（3）建立工件坐标系和指定测量条件。

（4）数据采样。

（5）数据处理。

PRG 41：定节距指定——给定所要求的数据格式和范围。

PRG 42：打印处理后的数据。

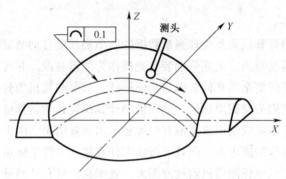

图 3-53　三坐机使用示意图

（6）公差比较。

PRG 30：从软件上调入设计数据文件。

PRG 31：将实测数据同设计数据相比，得轮廓度误差值。

（7）轮廓绘图。

PRG 50：指定作图形式——实体图（或展开图）。

PRG 51：指定作图原点。

PRG 53：指定作图放大倍率。

PRG 61：绘图。

PRG 60：画辅助线。

第4章

# 液压与气动实验

## 4.1 液压实验

### 4.1.1 概述

#### 1. 实验教学目的

理论的基础是实践，实践是检验真理的唯一标准。尤其是自然科学的发展，更离不开科学实验。实验教学与理论教学相辅相成，共同担负培养学生能力、提高人才质量的任务。液压传动实验教学的目的在于使学生掌握基本的实验方法及实验技能，学习科学研究的方法，同时实验也是帮助学生学习和运用理论处理实际问题，验证、消化和巩固基础理论的重要教学环节。

#### 2. 实验操作规程

（1）按实验项目液压原理图，将实验所需液压元件用快装底板安装布置在铝合金面板 T 型槽上。

（2）按液压原理图用快换接头和尼龙软管连接实验用液压元件，并检验连接正确性。

（3）按控制面板说明和回路电磁阀动作要求连接液压元器件和电器插座。

（4）将溢流阀旋钮旋松，使液压系统置于零压状态，由泵站、油泵出口压力表观测系统压力。

（5）按下电源启动开关。

（6）按下油泵启动开关。

（7）缓慢旋紧溢流阀旋钮，调整到所需压力，由泵站油泵出口压力表观测。注意溢流阀最高调整压力小于 1MPa，以防尼龙软管破裂。

（8）如旋紧溢流阀旋钮，由泵出口压力表观察，液压系统无压力，应改变三相电源相序，使油泵电机按正确方向旋转。

（9）打开油缸放气阀，使油缸往复空载运动数次，排出油中空气。

（10）进行液压回路实验。

（11）实验间歇和实验结束，应使油泵处于卸荷状态，减少液压系统发热。

（12）实验结束关闭油泵电机及总电源。

## 3. 实验注意事项

（1）漏油：检查接头是否拧紧，快速接头是否插好，O形密封圈是否损坏或变形。

（2）油缸爬行：油中混入空气，可将油缸上腔的放气阀打开（逆时针旋转），然后将油缸来回运转数次，待爬行现象消除后，将放气阀关闭（顺时针旋转），如图4-1所示。

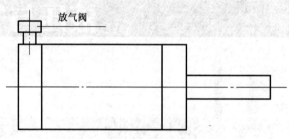

图 4-1　油缸放气

（3）管路不通油：第一，管路接错，将其纠正；第二，油不清洁，更换油；第三，管接头堵塞，特别是快速接头两端挡圈处堵塞，必须清洗接头。

（4）滑阀卡死：第一，油温过高，待油温降低后再开启，第二，油液不清洁，污物卡住阀芯，必须更换油液，并将阀拆开清洗。

（5）压力表冲坏后应及时更换。

（6）电气控制部分的注意事项如下

① 如果输出直流电压低于20V，可能使液压阀不动作，应检查负载是否超过5个阀，市电电压是否太低。

② 如果某一阀不动作，应检查直流电源驱动线插头接线是否松脱，并及时焊好。

③ 行程开关组合电路中如果无直流电压输出，应检查电磁阀插座插头连线是否松脱，行程开关动作是否闭合或断开。

④ 如果所有插孔无直流电压输出，应检查控制箱内直流电源保险是否熔断。

⑤ 维护及维修时，应先断开三相电源，注意安全。

## 4. 实验设备

如图4-2所示，可视液压回路创新设计实验台实验项目是根据全国高等院校机械大类各专业方向的液压传动课程的教学大纲中的实验大纲编制而成，并结合职业学校特点及创新设计实验要求进行了扩充，适合高等专科院校与创新设计实验，也适用职业学校技术与技能培训。

可视液压回路创新设计实验台主要技术参数如下。

最高压力：7MPa。

流　　量：12L/min（0.35MPa，1 800r/min）。

转　　速：1390r/min。

实验压力：≤1MPa。

驱动功率：0.75kW。

外形尺寸：1 490mm×550mm×1 620mm。

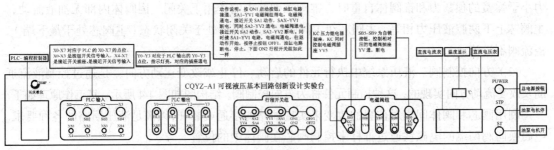

图 4-2 控制面板说明

## 4.1.2 液压元件拆装实验

### 1. 实验目的

熟悉和掌握液压系统中各元件的结构、工作原理及元件性能，能熟练完成各种泵、阀的拆卸和组装。

### 2. 实验工具

各种液压控制阀、内六角扳手、改锥、纱布等。

### 3. 实验内容

（1）压力控制阀。压力控制元件的作用是使系统实现调压、稳压、减压和安全操作，使执行元件顺序动作等。主要有溢流阀、减压阀、顺序阀、压力继电器等。它们的共同点是利用液压力与弹簧力相平衡的原理工作。

Y 型溢流阀（板式）结构图如图 4-3 所示，其工作原理如下。

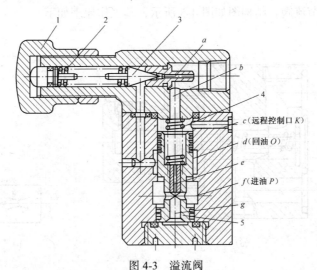

图 4-3 溢流阀

1—调压手柄　2—调压弹簧　3—先导阀芯　4—主阀弹簧　5—主阀芯

溢流阀进口的压力油除经轴向孔 $a$ 进入主阀芯的下端 $A$ 腔外，还经轴向小孔 $b$ 进入主阀芯的上腔 $B$，并经锥阀座上的小孔 $d$ 作用在先导阀锥阀体 $g$ 上。当作用在先导阀锥阀体上的液压力小于弹簧的预紧力和锥阀体自重时，锥阀在弹簧力的作用下关闭。因阀体内部无油液流动，主阀芯上下两腔液压力相等，主阀芯在主阀弹簧的作用下处于关闭状态（主阀芯处于最下端），溢流阀不溢流。

（2）方向控制阀。液压系统中执行元件的启动、停止或改变运动方向，是通过控制液流通断及改变流动方向实现的，这种控制元件称为方向控制阀。结构图如图4-4所示，其工作原理如下。

利用阀芯和阀体间相对位置的改变来实现油路的接通或断开，以满足液压回路的各种要求。电磁换向阀两端的电磁铁通过推杆来控制阀芯在阀体中的位置。

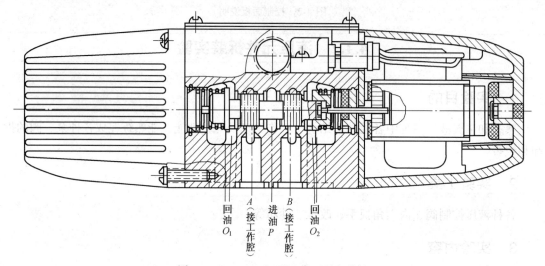

回油 $O_1$　$A$（接工作腔）　进油 $P$　$B$（接工作腔）　回油 $O_2$

图4-4　34D0-BIOH型三位四通电磁阀

（3）流量控制阀。液压系统流量控制的目的是控制执行元件的运动速度。因此液压系统流量控制回路又常称为速度控制回路或调速回路。

常用的速度控制回路有3类：节流调速、容积调速、容积节流调速。

型号：L-10B型节流阀，结构图如图4-5所示，其工作原理如下。

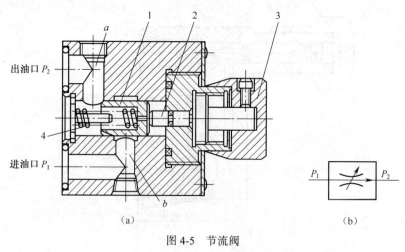

出油口 $P_2$　进油口 $P_1$

（a）　　　　　　　　　（b）

图4-5　节流阀

1—阀芯　2—推杆　3—导轮　4—弹簧

转动手柄 3，通过推杆 2 使阀芯 1 做轴向移动，从而调节节流阀的通流截面积，使流经节流阀的流量发生变化。

将实验中给出的液压元件分别拆开，观察各元件的组成零件、结构特征、工作原理，并记录拆装顺序以便于正确组装。

### 4. 实验步骤

使用工具将方向阀、溢流阀、减压阀、流量阀等拆开，观察其结构和工作原理，工作状态及各类阀易发生故障的部位，将其重新装配。

### 5. 思考题

（1）比较直动式溢流阀和先导式溢流阀的结构特点，分析其优缺点。

（2）分析调速阀与溢流节流阀的区别。

（3）分析三位四通换向阀的中位机能，举例说明 3 种机能的特点与作用。

（4）说明单向阀的阀芯的结构，各有何特点？

## 4.1.3　二位四通电磁阀控制连续往复换向回路实验

液压执行元件除了在输出速度或转速、输出力或转矩方面有要求外，对其运动方向、停止及其停止后的定位等性能也有不同的要求。通过控制进入执行元件液流的通断或变向来实现液压系统执行元件的启动、停止或改变运动方向的回路称为方向控制回路。常用的方向控制回路有换向回路、锁紧回路和制动回路。

### 1. 采用换向阀的换向回路

采用不同操作形式的二位四通（五通）、三位四通（五通）换向阀都可以使执行元件直接实现换向。二位换向阀只能使执行元件实现正、反向换向运动；三位阀除了能够实现正、反向换向运动，还有中位机能，不同的滑阀中位机能可使系统获得不同的控制特性，如锁紧、卸荷、浮动等。对于利用重力或弹簧力回程的单作用液压缸，用二位三通阀就可使其换向，如图 4-6 所示；采用电磁阀换向最为方便，但电磁阀动作快、换向有冲击、换向定位精度低、换向操作力较小、可靠性相对较低，且交流电磁铁不宜作频繁切换，以免线圈烧坏；采用电液换向阀，可通过调节单向节流阀（阻尼器）来控制换

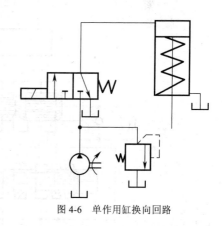

图 4-6　单作用缸换向回路

向时间，其换向冲击较小，换向控制力较大，但换向定位精度低、换向时间长、不宜频繁切换；采用机动阀换向，可以通过工作机构的挡块和杠杆，直接控制换向阀换向，这样既省去了电磁阀换向的行程开关、继电器等中间环节，换向频率也不会受电磁铁的限制，换向过程平稳、准确、可靠，但机动阀必须安装在工作机构附近，且当工作机构运动速度很低时、行程挡块推动杠杆带动换向阀阀芯移至中间位置时，工作机构可能因失去动力而停止运动，出现换向死点，

使执行机构停止不动，而当工作机构运动速度较高时，又可能因换向阀芯移动过快而引起换向冲击。由此可见，采用任何单一换向阀控制的换向回路，都很难实现高性能、高精度、准确的换向控制。

### 2. 采用机—液复合换向阀的换向回路

对一些需要频繁连续往复运动、且对换向过程又有很多要求的工作机构（如磨床工作台），必须采用复合换向控制的方式，常用机动滑阀作先导阀，由它控制一个可调式液动换向阀实现换向。图 4-7 所示为采用机—液复合换向阀的换向回路，按照运动部件制动原理不同，机液换向阀的换向回路分为时间控制制动式换向和行程控制制动式换向两种控制方式。

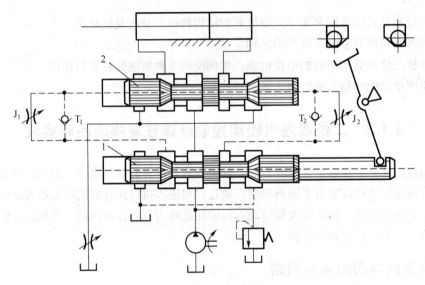

（a）时间控制制动式换向回路

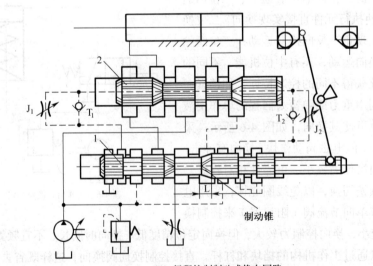

（b）行程控制制动式换向回路

图 4-7　采用机—液换向阀的换向回路

它们的主要区别在于时间控制制动式换向的主油路只受主换向阀 3 的控制，液压缸的回油只经过主换向阀2（液动换向阀），不经过先导阀1（机动阀），换向过程中没有先导换向阀的预制动作用；而行程控制制动式换向的主油路不仅要经过主换向阀，其回油还受先导阀2的控制，换向时在挡铁和杠杆的作用下，先导阀阀芯上的制动锥可逐渐将液压缸的回油通道关小，使工作部件实现预制动，使工作台运动的速度变得很小的时候，主油路才开始换向。当节流器 $J_1$、$J_2$ 的开口调定后，不论工作台原来的速度快慢如何，前者工作台制动的时间基本不变，而后者工作台预先制动的行程基本不变。采用时间控制制动式换向的换向冲击小、换向冲出量大、换向精度低，这种回路主要用于工作部件运动速度大、换向频率高、换向精度要求不高的场合，如平面磨床中的液压系统。采用行程控制制动式换向的高速换向冲击大、换向冲出量小、换向精度高，这种回路适用于工作部件运动速度不大，但对换向精度要求很高的场合，如内、外圆磨床中的液压系统。

### 3. 采用双向变量泵的换向回路

在闭式回路中可用双向变量泵变更供油方向来直接实现液压缸（马达）换向。如图4-8所示，执行元件是单杆双作用液压缸5，活塞向右运动时，其进油流量大于排油流量，双向变量泵1吸油侧流量不足，可用辅助泵2通过单向阀3来补充；变更双向变量泵1的供油方向，活塞向左运动时，排油流量大于进油流量，泵1吸油侧多余的油液通过液压缸5进油侧压力控制的二位二通阀4和溢流阀6排回油箱；溢流阀6和8即使活塞向左或向右运动时泵吸油侧有一定的吸入压力，也可使活塞运动平稳。溢流阀7是防止系统过载的安全阀。这种回路适用于压力较高、流量较大的场合。

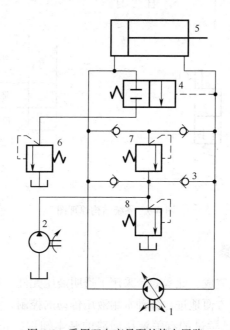

图4-8　采用双向变量泵的换向回路

1—双向变量泵　2—辅助泵　3—单向阀　4—二位二通阀　5—液压缸　6、7—溢流阀

### 4. 实验目的

（1）学会使用节流阀、行程开关、二位四通电磁换向阀、液压缸等液压元器件来设计连续

往复换向回路，加深对所学知识的理解与掌握。

（2）培养使用各种液压元器件进行系统回路的安装、连接及调试等的实践能力。

（3）进一步理解换向阀的工作原理、基本结构和它在液压回路中的应用。

### 5．实验内容与实验原理

（1）实验内容。正确利用换向阀、单向阀、行程开关等元件，在液压试验台上安装、连接并调试使回路运行。

（2）实验原理。

① 启动液压试验台开关，二位四通电磁换向阀 CT1 通电，阀芯移动到左位，液压缸左腔进油，右腔回油，液压缸前进。

② 活塞杆前进触动行程开关 L2 使 CT1 断电，换向阀复位，在弹簧作用下阀芯移动到右位，液压缸右腔进油，左腔回油，液压缸后退。

③ 活塞杆后退触动行程开关 L1 使 CT1 通电，换向阀换向，在电磁力作用下阀芯移动到左位，液压缸左腔进油，右腔回油，液压缸前进。

④ 二位二通换向阀 CT2 通电，系统溢流，缸停止工作。

系统结构图如图 4-9 所示。

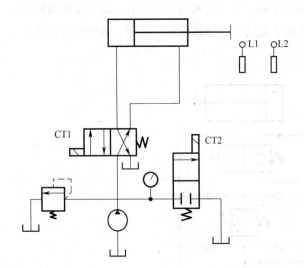

电磁铁工作表

| 序号 | 动作 | 发讯元件 | 电磁铁 | |
|---|---|---|---|---|
| | | | CT1 | CT2 |
| 1 | 前进 | 启动按钮 | + | − |
| 2 | 后退 | L2 | − | − |
| 3 | 再前进 | L1 | + | − |
| 4 | 停止 | 停止按钮 | − | + |

图 4-9　系统结构原理图

### 6．实验方法与步骤

本实验在液压实验台上完成，此实验台采用了透明液压元件、组合插装式结构、活动管路接头、通用电气线路等，可方便地进行各种常用液压传动的控制、实验及测试。

（1）实验方法。根据已学过的有关液压回路的基本知识，正确选用液压元器件设计连续往复换向回路，在液压传动实验台上实现所设计回路的安装、连接及调试，进行系统的运行。

（2）实验步骤。

① 设计二位四通电磁阀控制连续往复换向回路。

② 检查实验台上搭建的液压回路是否正确，各接管连接部分是否插接牢固，确定无误则接通电源，启动电气控制面板上的开关。

③ 对比给定的电磁铁工作表，观察液压缸动作顺序。

④ 进行实验分析，并完成实验报告。

## 7. 思考题

为什么在 CT2 接通后，液压缸不能停止工作？

## 4.1.4 两级调压回路实验

调压回路用来调定或限制液压系统的最高工作压力，或者使执行元件在工作过程的不同阶段能够实现多种不同的压力变换。这一功能一般由溢流阀来实现。当液压系统工作时，如果溢流阀始终能够处于溢流状态，就能保持溢流阀进口的压力基本不变，如果将溢流阀并接在液压泵的出油口，就能达到调定液压泵出口压力基本保持不变之目的。

### 1. 单级调压回路

单级调压回路中使用的溢流阀可以是直动式或先导式结构。图 4-10 所示为采用先导式溢流阀 1 和远程调压阀 3 组成的基本调压回路。在转速一定的情况下，定量泵输出的流量基本不变，当改变节流阀 2 的开口大小来调节液压缸运动速度时，由于要排掉定量泵输出的多余流量，溢流阀 1 始终处于开启溢流状态，使系统工作压力稳定在溢流阀 1 调定压力值附近。

若图 4-10 所示回路中没有节流阀 2，则泵出口压力将直接随负载压力变化而变化，溢流阀 1 作安全阀使用对系统起安全保护作用。

如果在先导型溢流阀 1 的远控口处接上一个远程调压阀 3，则回路压力可由阀 3 远程调节，实现对回路压力的远程调压控制，但此时要求主溢流阀 1 必须是先导式溢流阀，且阀 1 的调定压力（阀 1 中先导阀的调定压力）必须大于阀 3 的调定压力，否则远程调压阀 3 将不起远程调压作用。

### 2. 采用远程调压阀的多级调压回路

利用先导式溢流阀、远程调压阀和电磁换向阀的有机组合，能够实现回路的多级调压。图 4-11 所示为三级调压回路。主溢流阀 1 的远控口通过三位四通换向阀 4 可以分别接到具有不同调定压力的远程调压阀 2 和 3 上。

当阀 4 处于左位时，阀 2 与阀 1 接通，此时回路压力由阀 2 调定。

当阀 4 处于右位时，阀 3 与阀 1 接通，此时回路压力由阀 3 调定；当换向阀处于中位时，阀 2 和 3 都没有与阀 1 接通，此时回路压力由阀 1 来调定。

在上述回路中要求阀 2 和阀 3 的调定压力必须小于阀 1 的调定压力，其实质是用 3 个先导阀分别对一个主溢流阀进行控制，通过一个主溢流阀的工作，使系统得到 3 种不同的调定压力，并且 3 种调压情况下通过调压回路的绝大部分流量都经过阀 1 的主阀阀口流回油箱，只有极少部分经过阀 2、阀 3 或阀 1 的先导阀流回油箱。

多级调压对于动作复杂、负载、流量变化较大的系统的功率合理匹配、节能、降温具有重要作用。

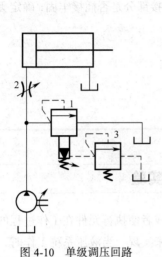
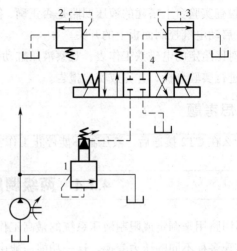

图 4-10　单级调压回路　　　　　　　图 4-11　采用远程调压阀的多级调压回路

1—先导型溢流阀　2—节流阀　3—远程调压阀　　　1—溢流阀　2、3—调压阀　4—换向阀

### 3. 采用电液比例溢流阀的无级调压回路

当需要对一个动作复杂的液压系统进行更多级压力控制时，采用上述多级调压回路能够实现这一功能要求，但回路的组成元件多，油路结构复杂，而且系统的压力变化级数有限。

采用电液比例溢流阀同样可以实现多级调压的要求，实现一定范围内连续无级的调压，且回路的结构简单许多。图 4-12 所示为通过电液比例溢流阀进行无级调压的比例调压回路，系统根据执行液压元件工作过程各个阶段的不同压力要求，通过输入装置将所需要的多级压力所对应的电流信号输入到比例溢流阀 1 的控制器中，即可达到调节系统工作压力的目的。

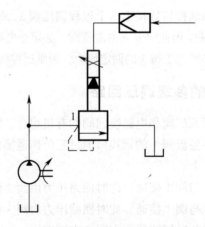

图 4-12　采用电液比例溢流阀的无级调压回路

1—溢流阀

### 4. 实验目的

（1）学会使用二位四通电磁换向阀、溢流阀、液压缸等液压元器件来设计两级调压回路，加深对所学知识的理解与掌握。

（2）培养使用各种液压元器件进行系统回路的安装、连接及调试等的实践能力。

（3）进一步理解溢流阀的工作原理、基本结构和它在液压回路中的作用。

### 5. 实验内容与实验原理

（1）实验内容。

正确利用换向阀、溢流阀、液压缸等元件，在液压试验台上安装、连接并调试使回路运行。

（2）实验原理。

① 启动液压试验台开关，二位四通电磁换向阀 CT1 通电，阀芯移动到左位，液压缸左腔进油，右腔回油，液压缸前进。同时二位三通换向阀 CT2 断电，系统压力由阀3控制。

② 由面板控制 CT1 断电，换向阀复位，在弹簧作用下阀芯移动到右位，液压缸右腔进油，左腔回油，液压缸后退。同时二位三通换向阀 CT2 通电，系统压力由阀2控制。

③ 二位二通换向阀 CT3 通电，系统溢流，缸停止工作。

系统结构如图 4-13 所示。

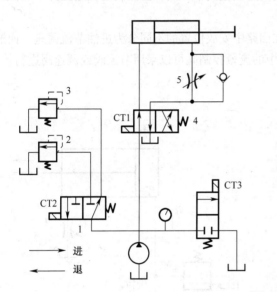

电磁铁工作表

| 序号 | 动作 | 电磁铁 | | | 压力 |
|---|---|---|---|---|---|
| | | CT1 | CT2 | CT3 | |
| 1 | 缸进 | + | - | - | 阀3 |
| 2 | 缸退 | - | + | - | 阀2 |
| 3 | 停止 | - | - | + | 卸荷 |

图 4-13　系统结构图

### 6. 实验方法与步骤

本实验在液压实验台上完成，此实验台采用了透明液压元件、组合插装式结构、活动管路接头、通用电气线路等，可方便地进行各种常用液压传动的控制、实验及测试。

（1）实验方法。根据已学过的有关液压回路的基本知识，正确选用液压元器件设计两级调压回路，在液压传动实验台上实现所设计回路的安装、连接及调试，进行系统的运行。

（2）实验步骤。

① 设计两级调压回路。

② 检查实验台上搭建的液压回路是否正确，各接管连接部分是否插接牢固，确定无误则接通电源，启动电气控制面板上的开关。

③ 对比给定的电磁铁工作表，观察液压缸动作顺序和系统压力。

④ 进行实验分析，并完成实验报告。

### 7. 思考题

（1）为什么在缸回路上串接一个节流阀，同时在节流阀边上要并联一个单向阀？

（2）单向阀是否可以反向连接？

---

## 4.1.5 回油节流调速回路实验

当液压系统采用定量泵供油，且泵的转速基本不变时，泵输出的流量 $q_p$ 基本不变，其与负载的变化以及速度的调节无关。要想改变输入液压执行元件的流量 $q_1$，就必须在泵的出口处并接一条装有溢流阀的支路，将液压执行元件工作时多余流量 $\Delta q = q_p - q_1$，经过溢流阀或流量阀流回油箱，这种调速方式称为节流调速回路。它主要由定量泵、执行元件、流量控制阀（节流阀、调速阀等）和溢流阀等组成，其中流量控制阀起流量调节作用，溢流阀起调定压力（溢流时）或过载安全保护（关闭时）作用。

定量泵节流调速回路根据流量控制阀在回路中安放位置的不同分为进油节流调速、回油节流调速、旁路节流调速 3 种基本形式；回路中的流量控制阀可以采用节流阀或调速阀进行控制，因此这种调速回路有多种形式。

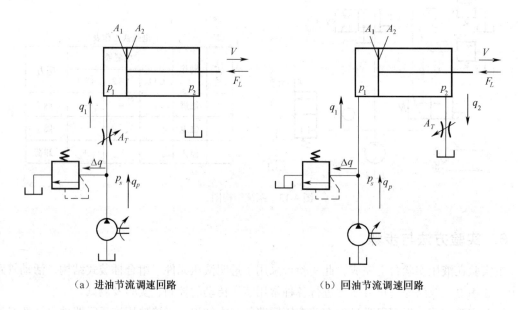

（a）进油节流调速回路　　　　　　　　（b）回油节流调速回路

图 4-14　进油、回油节流调速回路

将节流阀串联在液压泵和液压缸之间，用它来控制进入液压缸的流量达到调速目的，为进油节流调速回路，如图 4-14（a）所示；将节流阀串联在液压缸的回油路上，借助节流阀控制液压缸的排油流量来实现速度调节，为回油节流调速回路，如图 4-14（b）所示。定量泵多余油液通过溢流阀回油箱。由于溢流阀处在溢流状态，定量泵出口的压力 $p_p$ 为溢流阀的调定压力，且基本保持定值，与液压缸负载的变化无关，所以这种调速回路也称为定压节流调速回路。

## 1. 进油节流调速回路

（1）速度负载特性。在图 4-14（a）所示进油节流调速回路中，记 $q_p$ 为泵的输出流量，$q_1$ 为流经节流阀进入液压缸的流量，$\Delta q$ 为溢流阀的溢流量，$p_1$ 和 $p_2$ 为液压缸无杆腔和有杆腔的工作压力，由于进油调速回路缸回油腔与油箱相通，$p_2=0$，$p_p$ 为泵的出口压力即溢流阀调定压力，$A_1$ 和 $A_2$ 为液压缸两腔作用面积，$A_T$ 为节流阀的通流面积，$K_L$ 为节流阀阀口的液阻系数，$F_L$ 为负载力。于是可得下列方程组

液压缸活塞运动速度
$$v = \frac{q_1}{A_1} \tag{4-1}$$

流经节流阀的流量
$$q_1 = K_L A_T \sqrt{\Delta p} = K_L A_T (p_p - p_1)^m \tag{4-2}$$

式中，$m$ 为孔口的节流指数，$m=1$ 孔口为细长孔，$m=1/2$ 孔口为薄壁孔或厚壁孔。

液压缸活塞的受力平衡方程
$$p_1 A_1 = p_2 A_2 + F_L \tag{4-3}$$

注意到 $p_2=0$，$m=0.5$，将上面三式整理，消去 $p_1$，得到速度负载特性方程为

$$v = \frac{q_1}{A_1} = \frac{K_L A_T}{A_1^{3/2}} (p_p A_1 - F_L)^{1/2} \tag{4-4}$$

上式即为进油节流调速回路的速度负载特性方程，它反映了速度 $v$ 与负载 $F_L$ 和节流阀通流面积 $A_T$ 三者之间的关系。图 4-15 所示为采用节流阀的进油节流调速回路速度负载特性曲线图。

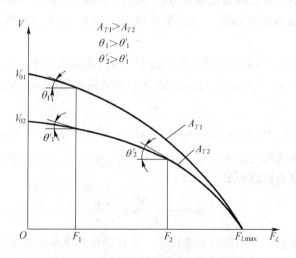

图 4-15　进油节流调速回路速度负载特性

从上式和图 4-15 可以看出，当其他条件不变时，活塞运动速度 $v$ 与节流阀通流面积 $A_T$ 成正比，调节 $A_T$ 就能实现无级调速。这种回路的调速范围取决于节流阀的流量调节范围，即节流阀堵塞性能所限定的最小稳定流量 $q_{min}$ 与活塞面积 $A_1$ 的比值，其调速范围宽广；当节流阀通流面积 $A_T$ 一定时，活塞运动速度 $v$ 随负载 $F_L$ 的增加按抛物线规律下降，且阀开口越大，负载对速度的影响也越大。

（2）最大承载能力与速度刚性。

① 最大承载力 $F_{Lmax}$。当负载 $F_L = 0$ 时，活塞的运动速度为空载速度 $v_0$，且

$$v_0 = \frac{K_L A_T}{A_1^{3/2}} \sqrt{p_p} \tag{4-5}$$

该点为速度负载特性曲线与纵坐标之交点，当阀的通流面积 $A_T$ 变化时，该点在纵坐标上相应变化。不论节流阀通流面积 $A_T$ 怎么变化，当负载 $F_L$ 由 0 变化到 $p_{1max}A_1$，节流阀进出口压差为零时，活塞的运动速度 $v = 0$，此时液压泵的流量全部经溢流阀流回油箱。当节流阀前后的压力差为零，即 $p_1 = p_p$，且 $p_2 = 0$，此时液压缸的速度为零，该回路的最大承载能力为

$$F_{Lmax} = p_p A_1 \tag{4-6}$$

尽管节流阀有不同的通流面积 $A_T$，但其速度负载特性曲线均交于图 4-15 所示的 $F_{Lmax}$ 点。

② 速度刚性 $k_v$。当节流阀的通流面积一定时，活塞速度随负载变化的程度不同，表现出速度抗负载作用的能力也不同，这种特性称为回路的速度刚性，可以用图 4-15 所示曲线的斜率来表示，即

$$k_v = -\frac{\partial F}{\partial V} = -\frac{1}{\tan \theta} \tag{4-7}$$

即

$$k_v = -\frac{\partial F}{\partial V} = \frac{2 A_1^{3/2}}{K_L A_T} (p_p A_1 - F_L)^{1/2} = \frac{2(p_p A_1 - F_L)}{v} \tag{4-8}$$

由上式可以看到，当节流阀通流面积 $A_T$ 一定时，负载 $F_L$ 越小，回路的速度刚性 $k_v$ 越大；当负载 $F_L$ 一定时，活塞速度越低，速度刚性越大。增大 $p_p$ 和 $A_1$ 可以提高回路的速度刚性 $k_v$。

（3）功率特性。在图 4-14（a）所示的回路中，液压泵输出功率 $P_p = p_p q_p =$ 常量，液压缸输出的有效功率 $P_1 = F_L v = F_L q_1/A_1 = p_1 q_1$，式中 $q_1$ 为负载流量，即进入液压缸的流量。回路的功率损失为

$$\Delta P = P_p - P_1 = p_p q_p - p_1 q_1 = p_p(q_1 + \Delta q) - (p_p - \Delta p)q_1 = p_p \Delta q + \Delta p q_1 \tag{4-9}$$

回路的功率损失由两部分组成，溢流损失 $\Delta P_1 = p_p \Delta q$ 和节流损失 $\Delta P_2 = \Delta p q_1$，回路的输出功率与输入功率之比定义为回路效率

$$\eta = -\frac{P_p - \Delta P}{P_p} = \frac{p_1 q_1}{p_p q_p} \tag{4-10}$$

由于存在两种功率损失，回路的效率较低，尤其是在低速小负载情况下，效率更低，并且此时的功率损失主要是溢流功率损失 $\Delta P_1$，这些功率损失会造成液压系统发热，引起系统油温升高。

## 2. 回油节流调速回路

对图 4-14（b）所示回油节流调速回路，采用与进油路节流调速回路同样的方法进行相关分析。

（1）速度负载特性。

液压缸活塞运动速度
$$v = -\frac{q_2}{A_2} \quad\quad\quad (4\text{-}11)$$

流经节流阀的流量
$$q_2 = K_L A_T \sqrt{\Delta p} = K_L A_T (p_2 - 0)^m = K_L A_T (p_2)^m$$

液压缸活塞的受力平衡方程
$$P_p A_1 = p_2 A_2 + F_L \quad\quad\quad (4\text{-}12)$$

速度负载特性方程
$$v = -\frac{q_2}{A_2} = \frac{K_L A_T}{A_2^{3/2}} (p_p A_1 - F_L)^{1/2} \quad\quad (4\text{-}13)$$

（2）最大承载能力和速度刚性。

① 最大承载能力。活塞运动速度 $v = 0$ 时，液压泵的流量全部经溢流阀溢回油箱，流经节流阀的流量 $q_2 = 0$，节流阀前后的压差为零，液压缸有杆腔的背压为零，所有回路的最大承载负载仍为
$$F_{L\max} = p_p A_1 \quad\quad\quad (4\text{-}14)$$
其与进油节流调速回路最大承载负载能力完全相同。

② 速度刚性 $k_v$。

由
$$k_v = -\frac{\partial F}{\partial V} = -\frac{1}{\tan\theta} \quad\quad\quad (4\text{-}15)$$

得
$$k_v = -\frac{\partial F}{\partial V} = \frac{2A_1^{3/2}}{K_L A_T}(p_p A_1 - F_L)^{1/2} = \frac{2(p_p A_1 - F_L)}{v} \quad (4\text{-}16)$$

回油节流调速回路与进油节流调速回路有相似的速度负载特性和速度刚性，其中最大承载能力 $F_{L\max}$ 相同。

（3）功率特性。

液压泵输出功率 $P_p = p_p q_p =$ 常量，液压缸输出的有效功率
$$P_1 = F_L v = (p_p A_1 - p_2 A_2)v = \left(p_p - p_2 \frac{A_2}{A_1}\right) q_1 \quad (4\text{-}17)$$

回路的功率损失
$$\Delta P = P_p - P_1 = p_p q_p - \left(p_p - p_2\frac{A_2}{A_1}\right) q_1 = p_p \Delta q + p_2 q_2 \quad (4\text{-}18)$$

回路的效率
$$\eta = -\frac{P_p - \Delta P}{P_p} = \frac{p_1 q_1}{p_p q_p} = \frac{\left(p_p - p_2\dfrac{A_2}{A_1}\right) q_1}{p_p q_p} \quad (4\text{-}19)$$

由此看出，式（4-19）与进油节流调速回路的回路效率表达式相同。

## 3. 进油与回油节流调速回路的比较

（1）承受负值负载的能力。

负值负载是指外负载作用力的方向和执行元件运动方向相同的负载。

（2）运动平稳性。回油节流调速回路由于回油路上始终存在背压，可有效地防止空气从回油路吸入，因而低速时不易爬行，高速时不易颤振，即运动平稳性好。

（3）油液发热对泄漏的影响。

进油节流调速回路中通过节流阀发热了的油液直接进入液压缸，会使缸的泄漏增加，而回油节流调速回路油液经节流阀温升后直接回油箱，经冷却后再进入系统，对系统泄漏影响相对较小。

（4）压力信号的提取与程序控制的方法。进油节流调速回路的进油腔压力随负载同步变化，当工作部件碰到死挡铁停止运动后，其压力将升至溢流阀调定压力，可直接利用系统工作压力升高提取压力信号作为控制顺序动作的指令信号。在回油节流调速回路中回油腔压力随负载变化反向变化，工作部件碰上死挡铁后其压力将下降至零，只能利用压力降低提取信号。因此，在采用死挡铁定位的节流调速回路中，压力继电器应并联安装在流量控制阀与液压缸工作腔之间。

（5）启动性能。回油节流调速回路中若停车时间较长，液压缸回油腔的油液会泄漏回油箱，重新启动时因背压不能立即建立，将会引起启动瞬间工作机构的前冲现象。

（6）液压缸油腔压力。在回油节流调速回路中回油腔压力随负载的减少而升高，轻载时会出现回油腔压力高于进油腔压力的情况，特别是负载突然消失时，如果缸的面积比 $A_1/A_2=2$，回油腔压力 $p_2$ 将是进油腔压力 $p_P$ 的两倍，这对液压缸回油腔和回油管路的强度和密封提出了更高要求。

综上所述，采用节流阀进油、回油节流调速回路的结构简单，价格低廉，但负载变化对速度的影响较大，低速、小负载时的回路效率较低，因此该调速回路适用于负载变化不大、低速、小功率的调速场合，如机床的进给系统中。

## 4. 实验目的

（1）学会使用节流阀、调速阀、溢流阀、二位四通电磁换向阀、液压缸等液压元器件来设计回油节流调速回路，加深对所学知识的理解与掌握。

（2）培养使用各种液压元器件进行系统回路的安装、连接及调试等的实践能力。

（3）进一步理解调速阀的工作原理、基本结构和它在液压回路中的作用。

（4）通过实验了解利用回油节流调速回路控制液压系统中执行元件运动速度的有效性及这种回路的优、缺点。

## 5. 实验内容与实验原理

（1）实验内容。设计利用节流阀或调速阀的回油节流调速回路，在液压传动实验台上安装、连接并调试使回路运行。

（2）实验原理。将节流阀串联在液压缸的回路上，即可构成回油节流调速回路。根据流量连续性原理，调速阀安装在液压缸的回油路上也同样可以调节与控制进入液压缸的流量。

回油节流调速回路和进油节流调速回路的速度负载特性和刚度基本相同，如果采用两腔有效作用面积相等的双出杆液压杠，（由于 $A_1=A_2$）那么两种调速回路的速度负载特性和刚度就完全一样。

由于回油路上有较大的背压力，在外界负载变化时可起缓冲作用，运动平稳性比前一种要好。此外，回油节流调速回路中，经调速阀后发热的油液随即流回油箱，容易散热。而进油节流调速回路经节流阀而发热的油液直接进入液压缸，回路热量增多，油液黏度下降，泄漏就增加。综上所述，回油节流调速回路广泛用于功率不大、负载变化较大或运动平稳性要求较高的液压系统中，如图4-16所示。

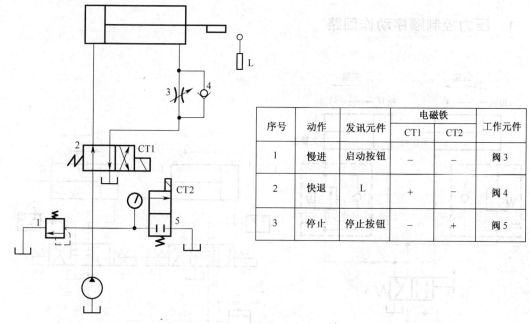

| 序号 | 动作 | 发讯元件 | 电磁铁 | | 工作元件 |
|---|---|---|---|---|---|
| | | | CT1 | CT2 | |
| 1 | 慢进 | 启动按钮 | − | − | 阀3 |
| 2 | 快退 | L | + | − | 阀4 |
| 3 | 停止 | 停止按钮 | − | + | 阀5 |

图 4-16 系统结构图

### 6. 实验方法与步骤

本实验在液压实验台上完成，此实验台采用了透明液压元件、组合插装式结构、活动管路接头、通用电气线路等，可方便地进行各种常用液压传动的控制、实验及测试。

（1）实验方法。根据已学过的有关液压回路的基本知识，利用节流阀或调速阀、溢流阀等液压元器件设计回油节流调速回路，在液压传动实验台上实现所设计回路的安装、连接及调试，进行系统的运行，调节节流阀或调速阀通流面积，即控制节流口的大小以调节回路中工作液压缸活塞的运动速度。

（2）实验步骤。

① 设计利用节流阀或调速阀的回油节流调速回路。

② 检查实验台上搭建的液压回路是否正确，各接管连接部分是否插接牢固，确定无误后接通电源，启动电气控制面板上的开关。

③ 缓慢调节节流阀或调速阀调节旋钮，以使节流口逐渐增大，测定并记录工作液压缸活塞的运动速度以及调节量。

④ 进行实验分析，并完成实验报告。

### 7. 思考题

简述进油节流调速回路与回油节流调速回路的相同点和不同点，并分析原因。

## 4.1.6　行程开关控制顺序动作回路实验

顺序动作回路的功用是使液压系统中的多个执行元件严格地按规定的顺序动作。按控制方式分为压力控制和行程控制两类。

### 1．压力控制顺序动作回路

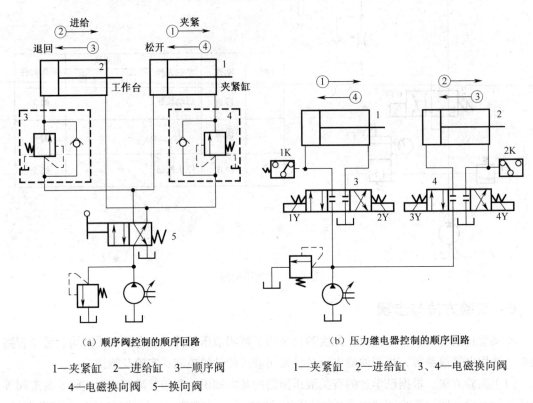

（a）顺序阀控制的顺序回路　　　　　　　（b）压力继电器控制的顺序回路

1—夹紧缸　2—进给缸　3—顺序阀　　　　　1—夹紧缸　2—进给缸　3、4—电磁换向阀

4—电磁换向阀　5—换向阀

图 4-17　压力控制顺序动作回路

利用液压系统工作过程中运动状态变化引起的压力变化使执行元件按顺序先后动作，这种回路就是压力控制顺序动作回路。如图 4-17（a）所示。假设机床工作时液压系统的动作顺序为：①夹具夹紧工件；②工作台进给；③工作台退出；④夹具松开工件，则其控制回路的工作过程如下。回路工作前，夹紧缸 1 和进给缸 2 均处于起点位置，当换向阀 5 左位接入回路时，夹紧缸 1 的活塞向右运动使夹具夹紧工件，夹紧工件后会使回路压力升高到顺序阀 3 的调定压力，阀 3 开启，此时缸 2 的活塞才能向右运动进行切削加工；加工完毕，通过手动或操纵装置使换向阀 5 右位接入回路，缸 2 活塞先退回到左端点后，引起回路压力升高，使阀 4 开启，缸 1 活塞退回原位将夹具松开，这样即完成了一个完整的多缸顺序动作循环。如果要改变动作的先后顺序，就要对两个顺序阀在油路中的安装位置进行相应的调整。

图 4-17（b）所示的是用压力继电器控制电磁换向阀来实现顺序动作的回路。按启动按钮，电磁铁 1Y 得电，电磁换向阀 3 的左位接入回路，缸 1 活塞前进到右端点后，回路压力升高，压力继电器 1K 动作，使电磁铁 3Y 得电，电磁换向阀 4 的左位接入回路，缸 2 活塞向右运动；按返回按钮，1Y、3Y 同时失电，且 4Y 得电，使阀 3 中位接入回路、阀 4 右位接入回路，导致缸 1 锁定在右端点位置、缸 2 活塞向左运动，当缸 2 活塞退回原位后，回路压力升高，压力继电器 2K 动作，使 2Y 得电，阀 3 右位接入回路，缸 1 活塞后退直至起点。在压力控制的顺序动作回路中，顺序阀或压力继电器的调定压力必须大于前一动作执行元件的最高工作压力的 10%～15%，否则在管路中的压力冲击或波动下会造成误动作，引起事故。这种回路只适用于

系统中执行元件数目不多、负载变化不大的场合。

## 2. 行程控制顺序动作回路

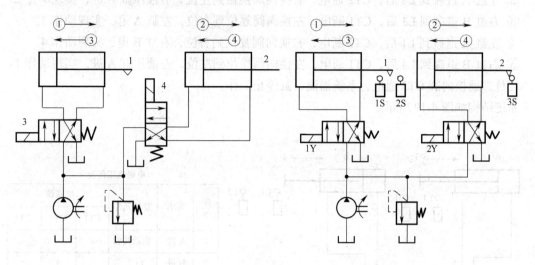

(a) 行程阀控制的顺序回路        (b) 行程开关控制的顺序回路

图 4-18　行程控制顺序动作回路

1、2—液压缸　3—电磁阀　4—行程阀

图 4-18（a）所示的是采用行程阀控制的多缸顺序动作回路。图示位置两液压缸活塞均退至左端点。当电磁阀 3 左位接入回路后，缸 1 活塞先向右运动，当活塞杆上的行程挡块压下行程阀 4 后，缸 2 活塞才开始向右运动，直至两个缸先后到达右端点；将电磁阀 3 右位接入回路，使缸 1 活塞先向左退回，在运动当中其行程挡块离开行程阀 4 后，行程阀 4 自动复位，其下位接入回路，这时缸 2 活塞才开始向左退回，直至两个缸都到达左端点。这种回路动作可靠，但要改变动作顺序较为困难。

图 4-18（b）所示的是采用行程开关控制电磁换向阀的多缸顺序动作回路。按启动按钮，电磁铁 1Y 得电，缸 1 活塞先向右运动，当活塞杆上的行程挡块压下行程开关 2S 后，使电磁铁 2Y 得电，缸 2 活塞才向右运动，直到压下 3S，使 1Y 失电，缸 1 活塞向左退回，而后压下行程开关 1S，使 2Y 失电，缸 2 活塞再退回。在这种回路中，调整行程挡块位置，可调整液压缸的行程，通过电控系统可任意改变动作顺序，方便灵活，应用广泛。

## 3. 实验目的

（1）学会使用换向阀、行程开关、液压缸等液压元器件来设计控制顺序动作回路，加深对所学知识的理解与掌握。

（2）培养使用各种液压元器件进行系统回路的安装、连接及调试等的实践能力。

（3）进一步理解采用行程开关控制的顺序动作回路的工作原理、基本结构和作用。

## 4. 实验内容与实验原理

（1）实验内容。正确选用换向阀、行程开关、液压缸等元件，在液压试验台上安装、连接并调试使回路运行。

（2）实验原理。

① 启动试验台开关，CT1 通电，左换向阀换位到左位，左液压缸 A 进，实现动作 1。

② 左缸 A 进碰到 L2 后，CT2 通电，右换向阀换位到左位，右液压缸 B 进，实现动作 2。

③ 右缸 B 进碰到 L3 后，CT1 断电，左换向阀复位到右位，左缸 A 退，实现动作 3。

④ 左缸 A 退碰到 L1 后，CT2 断电，右换向阀复位到右位，右缸 B 退，实现动作 4。

⑤ 右缸 B 退碰到 L4 后，CT1 通电，左换向阀换位到左位，左液压缸 A 进，实现动作 1。

二位二通换向阀 CT3 通电，系统溢流，缸停止工作。

系统结构如图 4-19 所示。

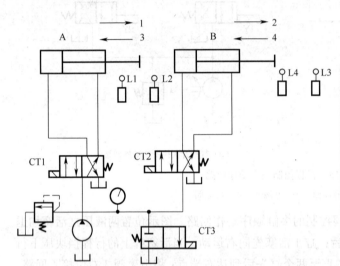

电磁铁工作表

| 序号 | 动作 | 发讯元件 | 电磁铁 | | |
|---|---|---|---|---|---|
| | | | CT1 | CT2 | CT3 |
| 1 | A 进 | 启动按钮 | + | − | − |
| 2 | B 进 | L2 | + | + | − |
| 3 | A 退 | L3 | − | + | − |
| 4 | B 退 | L1 | − | − | − |
| 5 | A 进 | L4 | + | − | − |
| 6 | 停止 | 停止按钮 | − | − | + |

图 4-19　系统结构图

## 5. 实验方法与步骤

本实验在液压实验台上完成，此实验台采用了透明液压元件、组合插装式结构、活动管路接头、通用电气线路等，可方便地进行各种常用液压传动的控制、实验及测试。

（1）实验方法。根据已学过的有关液压回路的基本知识，正确选用液压元器件设计顺序动作回路，在液压传动实验台上实现所设计回路的安装、连接及调试，进行系统的运行。

（2）实验步骤。

① 设计行程开关控制顺序动作回路。

② 检查实验台上搭建的液压回路是否正确，各接管连接部分是否插接牢固，确定无误则接通电源，打开电气控制面板上的开关。

③ 对比给定的电磁铁工作表，观察液压缸动作顺序。

④ 进行实验分析，并完成实验报告。

## 6. 思考题

（1）行程控制与压力控制有什么区别？

（2）如果需将行程控制改造成压力控制，怎么进行？

# 4.2 气压传动基础实验

## 4.2.1 概述

### 1. 气动回路实验教学目的

理论的基础是实践，尤其是自然科学的发展，更离不开科学实验。实验教学与理论教学相辅相成，共同担负着培养学生智能、开拓创新的任务。

气动回路实验教学的目的在于使学生掌握基本的实验方法、实验技能，学习科学研究的方法，同时实验也是帮助学生学习和应用理论处理实际问题，验证、消化和巩固基础理论的重要教学环节。

气动回路实验教学设备控制面板如图 4-20 所示。

### 2. 实验中学生应把握的重点

（1）实习目的和研究对象。

（2）实验设备和元件的组成。

（3）逻辑关系的确定和程序的编写、调试。

（4）实验准备报告和实验报告的编写。

### 3. 实验的组织和教学方法

（1）实验的组织。实验项目以及每项实验的内容，学生可以在教师规定范围内选择；学生实验小组一般由 4～5 人组成，推荐组长 1 人，由组长负责组织实验的进行。

（2）实验的教学方法。采取"两头严、中间放"的方法，即对实验准备报告和实验报告严格要求，从中把住实验关，而具体实验过程则放手让学生独立完成，从中培养学生独立操作和创新能力。

学生必须完成实验准备报告，经指导老师审阅或提问后，才可动手实验。

（3）实验准备报告的主要内容。实验项目如下。

① 拟定实验目的、内容、时间和地点。

② 根据实验室的具体条件、拟定的实验方案，给出气动回路原理图，并附有实验方案的必要说明。

③ 画出相应电气原理图并编写好程序（如有需要的话）。

拟定实验步骤如下。

本组实验人员的组成及具体工作分配。

（4）实验报告的主要内容。

① 实验项目。

② 实验目的和内容。

③ 实验装置、实验方案、实验步骤。

④ 实验结果、分析与总结。

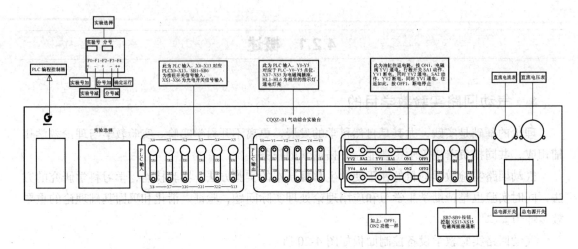

图 4-20　控制面板说明

## 4.2.2　双作用汽缸单电控连续往复换向回路实验

气动方向控制回路是通过控制汽缸进气方向，从而改变活塞运动方向的回路。

### 1. 实验目的

（1）学会使用空压机、三联件、换向阀、汽缸等气压元器件来设计换向回路，加深对所学知识的理解与掌握。

（2）培养使用各种气压元器件进行系统回路的安装、连接及调试等的实践能力。

（3）理解气动系统中换向阀的作用及气动换向阀、电磁换向阀的动作条件，掌握双作用汽缸伸出与返回的条件。

### 2. 实验内容与实验原理

（1）实验内容。正确利用空压机、三联件、换向阀、汽缸等元件，在试验台上安装、连接并调试使回路运行。

（2）实验原理。

① 启动气压试验台开关，二位五通电磁换向阀 CT 通电，阀芯移动到左位，汽缸左腔进气，汽缸前进。

② 活塞杆前进触动行程开关 L2 使 CT 断电，换向阀复位，在弹簧作用下阀芯移动到右位，液压缸右腔进气，汽缸后退。

③ 活塞杆后退触动行程开关 L1 使 CT 通电，换向阀换向，在电磁力作用下阀芯移动到左位，液压缸左腔进气，汽缸再前进。

系统结构如图 4-21 所示。

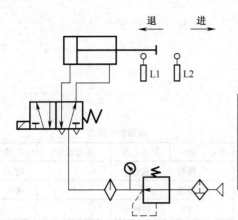

电磁铁工作表

| 序号 | 动作 | 发讯元件 | 电磁铁 CT |
|---|---|---|---|
| 1 | 进 | 启动按钮 QA | + |
| 2 | 退 | L2 | − |
| 3 | 再进 | L1 | + |
| 4 | 停 | 停止按钮 TA | − |

图 4-21　系统结构图

### 3．实验方法与步骤

本实验在气动实验台上完成，此实验台采用了组合插装式结构、活动管路接头、通用电气线路等，可方便地进行各种常用气压传动的控制、实验及测试。

（1）实验方法。根据已学过的有关气动回路的基本知识，正确选用气动元器件设计换向回路，在气动实验台上实现所设计回路的安装、连接及调试，进行系统的运行。

（2）实验步骤。

① 设计双作用汽缸单电控连续往复换向回路实验。

② 检查实验台上搭建的气动回路是否正确，各接管连接部分是否插接牢固，确定无误则接通电源，启动电气控制面板上的开关。

③ 对比给定的电磁铁工作表，观察汽缸动作顺序。

④ 进行实验分析，并完成实验报告。

## 4.2.3　双作用汽缸双向节流调速实验

将调速阀（或节流阀）串接在工作汽缸的回路上，利用调速阀（或节流阀）控制工作气体的流量来实现对工作汽缸活塞运动速度的调节。

### 1．实验目的

（1）学会使用节流阀、换向阀、汽缸等气压元器件来设计节流调速回路，加深对所学知识的理解与掌握。

（2）培养使用各种气压元器件进行系统回路的安装、连接及调试等的实践能力。

（3）理解气动系统中节流阀的作用及节流阀调速的调控方法，比较节流阀安装方式的不同对调速结果的影响，掌握双作用汽缸变速的工作原理。

## 2. 实验内容与实验原理

（1）实验内容。设计利用节流阀的节流调速回路，在气压传动实验台上安装、连接并调试使回路运行。

（2）实验原理。系统结构如图4-22所示。

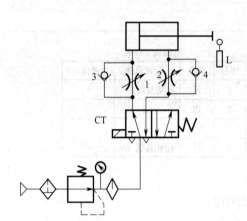

电磁铁工作表

| 序号 | 动作 | 发讯元件 | 电磁铁CT | 工作元件 |
|------|------|----------|----------|----------|
| 1 | 慢进 | 按钮 | ＋ | 阀3、阀2 |
| 2 | 慢退 | L | － | 阀4、阀1 |
| 3 | 停 | 按钮 | － | |

图 4-22　系统结构图

## 3. 实验方法与步骤

本实验在气动实验台上完成，此实验台采用了组合插装式结构、活动管路接头、通用电气线路等，可方便地进行各种常用气压传动的控制、实验及测试。

（1）实验方法。根据已学过的有关气压回路的基本知识，利用节流阀或调速阀等液压元器件设计节流调速回路，在气压传动实验台上实现所设计回路的安装、连接及调试，进行系统的运行，调节节流阀或调速阀通流面积，即控制节流口的大小以调节回路中工作汽缸活塞的运动速度。

（2）实验步骤。

① 设计利用节流阀或调速阀的节流调速回路。

② 检查实验台上搭建的回路是否正确，各接管连接部分是否插接牢固，确定无误后接通电源，启动电气控制面板上的开关。

③ 缓慢调节节流阀或调速阀调节旋钮，以使节流口逐渐增大，测定并记录工作汽缸活塞的运动速度以及调节量。

④ 进行实验分析，并完成实验报告。

## 4.2.4　单电控双缸顺序动作回路

### 1. 实验目的

（1）学会使用换向阀、行程开关、汽缸等气压元器件来设计控制顺序动作回路，加深对所学知识的理解与掌握。

（2）培养使用各种气压元器件进行系统回路的安装、连接及调试等的实践能力。

（3）理解气动系统中顺序动作回路的实现方法，掌握用行程阀、行程开关等元件建立系统的方法。

### 2. 实验内容与实验原理

（1）实验内容。正确选用换向阀、行程开关、汽缸等元件，在气压试验台上安装、连接并调试使回路运行。

（2）实验原理。

① 启动试验台开关，CT1 通电，左换向阀换位到左位，左汽缸 A 进，实现动作 1。

② 左缸 A 进碰到 L2 后，CT2 通电，右换向阀换位到左位，右汽缸 B 进，实现动作 2。

③ 右缸 B 进碰到 L4 后，CT1 断电，左换向阀复位到右位，左缸 A 退，实现动作 3。

④ 左缸 A 退碰到 L1 后，CT2 断电，右换向阀复位到右位，右缸 B 退，实现动作 4。

⑤ 右缸 B 退碰到 L3 后，CT1 通电，左换向阀换位到左位，左液压缸 A 进，实现动作 1。

系统结构如图 4-23 所示。

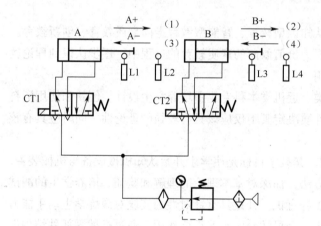

电磁铁工作表

| 序号 | 动作 | 发讯元件 | 电磁铁 CT1 | 电磁铁 CT2 |
|---|---|---|---|---|
| 1 | A+ | 启动按钮 QA | + | − |
| 2 | B+ | L2 | + | + |
| 3 | A− | L4 | − | + |
| 4 | B− | L1 | − | − |
| 5 | A+ | L3 | + | − |
| 6 | 停 | 停止按钮 | − | − |

图 4-23　系统结构图

### 3. 实验方法与步骤

本实验在气动实验台上完成，此实验台采用了组合插装式结构、活动管路接头、通用电气线路等，可方便地进行各种常用气压传动的控制、实验及测试。

（1）实验方法。根据已学过的有关液压回路的基本知识，正确选用液压元器件设计顺序动作回路，在液压传动实验台上实现所设计回路的安装、连接及调试，进行系统的运行。

（2）实验步骤。

① 设计行程开关控制顺序动作回路。

② 检查实验台上搭建的回路是否正确，各接管连接部分是否插接牢固，确定无误则接通电源，启动电气控制面板上的开关。

③ 对比给定的电磁铁工作表，观察汽缸动作顺序。

④ 进行实验分析，并完成实验报告。

# 第5章
## 机械设计实验

### 5.1 概述

教育要面向未来，现代教育理念已从知识型教育、智能型教育走向素质教育、创新教育。高等教育在探索如何实施以人的全面发展为价值取向的素质教育的过程中，逐步认识到理论教学和实验教学具有同等重要的地位和作用。

机械设计课程是高等工科院校机械类、近机类本科专业中培养学生设计、创新和使用资料能力的一门主干技术基础课，其课程的性质决定其不仅应该具有较强的理论性，同时应具有较强的实践性。

机械设计课程实验是重要的实践环节，其教学目标是使学生开始认知机械设备与机械装置，掌握对简单机械进行参数测试的手段和方法，加深对基本理论的理解和验证，培养学生的测试技能，在实践中培养学生的动手能力和工程意识。开设具有针对性的实验对锻炼学生动手能力和培养工程意识有很大帮助，在培养学生的全局教育中起着重要作用。通过机械零部件结构设计和机械测试能力的综合训练，达到培养学生结构思维能力，逐步养成工程意识和设计创新能力的目的。

实验教学是理论知识与实践活动、间接经验与直接经验、抽象思维与形象思维、传授知识与训练技能相结合的过程。机械设计课程的实践性教学环节极为重要，加强工程实践训练，让学生自己动手实验，是学生认识机械和机械设计的一个重要渠道，学生通过实验了解机械设计知识在实际工程中的应用，牢固地确立实践先于理论，理论源于实践的科学世界观，不仅在思维上接受机械设计理论知识，还要自己通过实验去学习机械设计理论知识，在实践中运用机械设计理论知识。只有这样才能真正掌握好机械设计理论，最终在实践中创造知识和发展机械设计理论。

要在实验教学中培养学生的创新能力，就要重视实验教学方法，使实验课程成为学生有效地学习和掌握科学技术与研究科学理论和方法的途径，学生通过一定量的实验操作技能训练，达到扩大知识面的目的，增强实验设计能力，实际操作能力，观察、思考、提问、分析和解决问题的能力，培养学生的测试技能，获得实际操作的基本工程训练和对实验结果进行分析的能力。本课程在培养机械类工程技术人才的全局中，具有增强学生的机械理论基础，提高学生对机械技术工作的适应性，培养其开发创新能力的作用。

在实验教学中，强调对学生独立动手能力和运用实验方法研究机械能力的培养，培养学生理论联系实际，独立分析、解决实际问题的能力与实事求是、严谨的工作作风及爱护国家财产的良好品德。

机械设计基础课程的实验体系将遵循"机械认知→机械创新→性能测试与分析→产品制作"的实践、理论、再实践的认知规律，并按照这4个大组成部分将实验室规划分类，建造机械设计基础实验大平台，组成框图如图5-1所示。

图 5-1　机械设计基础实验平台

机械设计实验室的组成框图如图5-2所示。

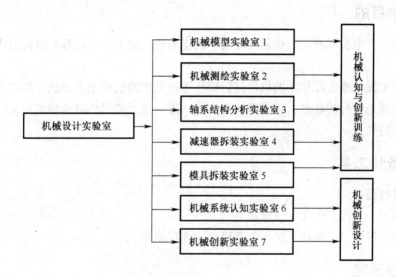

图 5-2　机械设计实验室的组成框图

各实验室提供的实验内容如下。

（1）机构模型实验室。提供各类简单机构模型和机构零件模型，供学生认识机械零件和了解机构类型及运动形式。

（2）机械测绘实验室。提供各类机构系统模型和机械实物，供学生认识机械并学习绘制机构运动简图，掌握分析机械的基本方法。

（3）轴系结构分析实验室。提供典型的轴类零件、轮状零件、轴向定位零件、周向定位零件、箱体等零件，供学生了解轴系结构设计的基本知识。

（4）减速器拆装实验室。提供多种类型的减速器，供学生进行拆装，了解典型的机械设备的结构、工艺、润滑及密封等知识。

（5）模具拆装实验室。提供多种注塑模具和冲压模具的实物，供学生进行拆装，了解模具的结构，掌握各种模具的设计思路和方法。

（6）机械系统认知实验室。学生可以通过机械创新设计语音多功能陈列室了解各种不同的机构设计方法，培养学生创新思维。

（7）机械创新实验室。学生可以把图纸上的创新设计结果在机构搭接平台上进行组装，验证自己的设计结果。

上述实验室提供的一系列机械创新认知基础实验、机械创新设计实验、创新作品制作与机械基础课程课堂教学相配合，形成机械基础系列课的理论与实践相结合的大好局面，为实现机械基础系列课的改革目标创建了良好基础。

# 5.2 机构运动简图的测绘

## 1. 实验目的

（1）了解生产中实际使用的机器的用途、工作原理、运动传递过程、机构组成情况和机构的结构分类。

（2）初步掌握根据实际使用的机器进行机构运动简图测绘的基本方法、步骤和注意事项。

（3）加强理论实际的联系，验算机构自由度、进一步了解机构具有确定运动的条件和有关机构结构分析的知识。

## 2. 设备和工具

（1）教具模型。

（2）钢板尺、卷尺、卡尺、角度尺。

（3）铅笔、橡皮、三角板、圆规及草稿纸（此项自带）。

## 3. 实验原理

从运动学观点来看机构的运动仅与组成机构的构件和运动副的数目、种类以及它们之间的相互位置有关，而与构件的复杂外形、断面大小、运动副的构造无关，为了简单明了地表示一个机构的运动情况、可以不考虑那些与运动无关的因素（机构外形、断面尺寸、运动副的结构）。而用一些简单的线条和所规定的符号表示构件和运动副（规定符号见表 5-1）并按一定的比例表示各运动副的相对位置，以表明机构的运动特性。

## 4. 实验步骤

（1）缓慢转动被测机构的原动件，找出从原动件到工作部分的机构传动路线。

（2）由机构的传动路线找出构件数目、运动副的种类和数目。

（3）合理选择投影平面，选择原则：对平面机构，运动平面即为投影平面；对其他机构，选择大多数构件运动的平面作为投影平面。

表 5-1　　　　　　　　　　简单的线条和所规定的符号表示构件和运动副

| 名　称 | | 符　号 |
|---|---|---|
| 低副 | 回转副 | |
| | 移动副 | |
| | 螺旋副 | |
| 高副 | 凸轮副 | |
| | 齿轮副 | |
| 构件 | 有运动副元素的活动构件 | |
| | 机架 | |

（4）在草稿纸上徒手按规定的符号及构件的连接顺序逐步画出机构运动简图的草图，然后用数字标注各构件的序号，用英文字母标注各运动副。

（5）仔细测量机构的运动学尺寸、如回转副的中心距和移动副导路间的相对位置，标注在草图上。

（6）在图纸上任意确定原动件的位置，选择合适的比例尺把草图画成正规的运动简图。比例尺的选定公式如下。

$$U_l = L_{AB} / A_B$$

式中，$U_l$ 为比例尺（m/mm）；$L_{AB}$ 为构件的实际长度（m）；$A_B$ 为图纸上表示构件的长度（mm）。

## 5．思考题

（1）机构简图在工程上有何用处？

（2）正确的机构简图应符合什么条件，画机构简图应注意哪些问题？

（3）计算机构活动度对测绘机构简图有何帮助？

（4）画机构简图时为什么可以撇开构件的结构形状，而用构件两回转副中心的连线表示构件？

# 5.3 渐开线齿轮范成实验

## 1. 实验目的

（1）掌握用范成法切制渐开线齿轮的基本原理。

（2）通过观察渐开线齿轮的轮廓曲线具体形成过程，了解齿轮的根切现象及避免根切的方法。

（3）分析比较标准齿轮与正负变位齿轮齿形变化的异同点。

## 2. 实验仪器和工具

（1）齿轮范成仪。

（2）铅笔、圆规、三角板、剪刀等（自备）。

（3）300mm×300mm 的厚图纸两张。

## 3. 实验原理

（1）齿轮范成法原理。范成法是利用一对齿轮（或齿轮齿条）互相啮合时，共轭齿廓互为包络线的原理来加工齿轮的。加工时，其中一轮为刀具，另一轮为轮坯，刀具和轮坯在机床链作用下保持定传动比传动，完全和一对真正的齿轮相互啮合传动一样；刀具作径向进给运动的同时，还沿轮坯的轴向作切削运动。这样切出的齿廓就是刀刃在各个位置的包络线。若用渐开线作刀具的齿廓，可以证明齿廓就是刀刃在各个位置的包络线。若用渐开线作刀具的齿廓，可以证明其所包络出的齿廓必为渐开线，今用齿条渐开线（基圆半径为无限大时渐开线为一倾斜直线）齿廓加工齿轮，那么刀具刀刃在各个位置的包络线就是渐开线，即加工出的齿廓为渐开线齿廓。因为在实际加工时，看不到刀刃形成包络轮齿的过程，所以通过齿轮范成仪来表现这一过程，用铅笔将刀刃的各个位置描绘在轮坯纸上，这样就能清楚地观察到轮齿范成的过程。

（2）齿轮范成仪的构造及使用方法。齿轮范成仪所用的刀具模型为齿条插刀，其结构示意如图 5-3 所示。

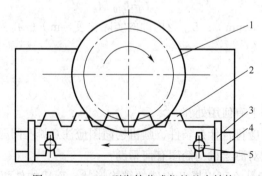

图 5-3 CJDJ-B 型齿轮范成仪的基本结构

1—扇形齿轮 2—齿条 3—挡板 4—底座 5—固定轴

CJDJ-B 型齿轮范成仪的基本结构如图 5-3 所示，扇形齿轮 1 装置在固定轴 5 上，且与齿条 2 相啮合，扇形齿轮上的两种不完全齿轮具有相同的模数（$m=2$），但分度圆不同（大齿轮分度直径 $d=256$，小齿轮 $d=160$）。通过调整固定轴在底座位上的位置，可使大小扇形齿轮分别与齿条啮合，齿条与底座采用燕尾导轨连接。用手推动齿条时，扇形齿轮绕固定轴转动。齿条与扇形齿轮上的刻度对应关系表明二者在啮合传动过程中，齿轮节圆与齿条节线作纯滚动。

轮坯分度圆直径、刀具模数及加工齿轮齿数的关系见表 5-2。

表 5-2　　　　　轮坯分度圆直径、刀具模数及加工齿轮齿数的关系

| | I | | II | |
|---|---|---|---|---|
| 轮坯分度圆直径 $d$ | 160 | | 256 | |
| 加工刀具模数 $m$ | 8 | 16 | 8 | 16 |
| 加工齿轮齿数 $z$ | 20 | 10 | 32 | 16 |

## 4. 实验步骤

（1）安装好扇形齿轮。

（2）轮坯的准备与安装。

① 根据表 5-2 中被切的参数计算出加工齿轮的分度圆、齿顶圆、齿根圆和基圆直径，并将"四圆"画在绘图纸上。

② 剪一直径比齿顶圆大 3mm 的圆形图纸，并在中心剪一直径为 35mm 的圆孔（安装用）。

③ 将圆形图纸（轮坯）安装在固定轴上，用压环和圆螺母压紧。

（3）刀具安装。

① 按表 5-2 选择好刀具。

② 按加工标准齿轮或变位齿轮的要求调整好刀具中线位置。

（4）绘制齿轮廓。

① 将齿轮连同刀具推至范成仪的一端。

② 然后每当向另一端动一个不大距离，即在代表轮坯的图纸上用铅笔描下刀具刀刃位置，直至形成 2～3 个完整的轮齿时为止。

## 5. 实验内容要求

（1）根据齿轮范成仪的给定参数（$m$、$\alpha$、$h_a'$、$C'$、$Z$），绘制齿轮廓。

（2）计算数据并对照实验结果分析。

## 6. 思考题

（1）加工标准齿轮与变位齿轮时，啮合线的位置及啮合角的大小是否有变化？为什么？

（2）通过实验，说明你所观察到的根切现象是怎样的。是由于什么原因引起的？避免根切的方法有哪些？

# 5.4 齿轮几何参数测定的实验

## 1. 实验目的

（1）掌握用普通量具测定齿轮基本参数的基本技能。

（2）进一步巩固并熟悉齿轮各部分名称和各部分尺寸与基本参数之间的关系及渐开线齿轮的几何性质。

## 2. 实验工具

本实验使用一套（8个）8级精度 $m=5$ 的标准圆柱齿轮作为测量对象，利用精度为 0.02mm 的游标卡尺和齿厚游标卡尺各一把作为测量工作。

## 3. 实验原理

本实验要求用游标卡尺测量出齿廓公法线长度 $W_K$，$W_{K+1}$，齿顶圆直径 $d_a$，齿根圆直径 $d_f$，用齿厚游标卡尺测量固定弦齿厚 $S_c$。

根据上述测量参数计算并导出齿轮模数 $m$，分度圆压力 $a$，齿顶高系数 $h'_a$，径向间隙系数 $C'$ 移距系数 $X$。

实验原理如图 5-4 所示。

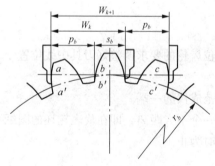

图 5-4　实验原理图

由于渐开线齿廓上任意点的法线必切于基础圆，如同一基圆上生成的任意两条反向的渐开线间的公法线长度处处相等。基于这一性质，只要用卡尺测得跨 $K$ 个齿的公法线 $W_K$，及跨 $K+1$ 的公法线齿 $W_{K+1}$，即可计算推得其他齿轮参数。

## 4. 实验步骤

（1）用游标卡尺测公法线长度及齿顶圆直径 $d_a$。

跨齿数 $K$ 的确定。

当 $a=20°$ 时，见表 5-3。

表 5-3 齿数和相应的跨齿数确定

| $Z$ | 9～18 | 19～27 | 28～36 | 37～45 | 46～54 | 55～63 |
|---|---|---|---|---|---|---|
| $K$ | 2 | 3 | 4 | 5 | 6 | 7 |

测量方法如下。

先将游标卡尺跨 $K$ 个齿测量，使其两足与齿廓相切，取不同的 3 组 $K$ 个齿，可得 3 组不同的 $W_K$ 值，即平均值即可。以同样方法测量 $W_{K+1}$。

当齿数为偶数时，齿顶圆直径用卡尺直接测量，当齿数为奇数时，由以下公式修正。

$$d_a = d_a' \sec \frac{90°}{z}$$

式中：$d_a'$ 为实测齿顶圆直径。

（2）用齿厚游标卡尺测量弦齿厚及齿高。调整水平游标卡尺的微调螺母，使可动量爪和固定量爪与齿面对称接触，这时水平游标尺示值即为实际弦齿厚 $S_C$。

用它还可测得全齿高 $h$，则齿根圆直径为

$$d_f = d - 2h \tag{5-1}$$

## 5. 有关齿轮基本参数的计算

（1）模数 $m$，压力角 $\alpha$。由图 5-4 所示，可知

$$W_K = (K-1)p_b + S_b \tag{5-2}$$

$$W_{K+1} = Kp_b + S_b \tag{5-3}$$

基节 $P_b$ 为

$$p_b = W_{K+1} - W_K \tag{5-4}$$

而

$$p_b = m\pi \cos \alpha$$

所以

$$m = \frac{p_b}{\pi \cos \alpha} \tag{5-5}$$

将 $\alpha=15°$，$\alpha=20°$ 分别代入式（5-5），将 $m$ 计算值与标准值比较，数值最接近标准值的一级 $m$、$\alpha$ 值即为所示（可参照有关手册）。

当 $\alpha=20°$ 时，还可参照表 5-4。

表 5-4 $p_b$ 与 $m$ 的取值参数

| $P_b$ | 5.090 4 | 7.380 | 8.856 | 11.808 | 13.284 | 14.760 | 17.712 | 20.664 |
|---|---|---|---|---|---|---|---|---|
| $m$ | 2.0 | 2.5 | 3.0 | 4.0 | 4.5 | 5.0 | 6.0 | 7.0 |

（2）变值系数 $X$。

当被测齿轮为变位齿轮时，设其公法线长度 $W_K'$，$W_K$ 为其相应的标准齿轮的公法线长。则由公式

$$W_K' = W_K + 2Xm \sin \alpha$$

$$X = \frac{W'_K - W_K}{2m \sin \alpha}$$

$W_K$ 由式（5-2）求得：

齿顶高降低系数 $\Delta y$ $\qquad\qquad \Delta y = \frac{d_a - d'_a}{2m}$

式中：$d_a$ 为计算值；$d'_a$ 为实测值。

$\Delta y$ 还可由一对已知 $m$、$\alpha$、$X$ 的啮合齿轮的有关参数来确定齿顶高系数 $h^*_a$、径向间隙系数 $c^*$。本实验用齿轮配对见表 5-5。

标准齿轮 $\qquad\qquad h^*_a = \frac{1}{2}\left(\frac{d_a}{m} - Z\right)$ （5-8）

$$c^* = \frac{d_a - d_f}{2m} - 2h^*_a \qquad\qquad（5-9）$$

变位齿轮 $\qquad\qquad h^*_a = \frac{1}{2}\left(\frac{d_a}{m} - Z\right) - X + \Delta y$ （5-10）

$$c^* = \frac{d_a - d_f}{2m} - 2h^*_a + \Delta y \qquad\qquad（5-11）$$

## 6. 参数表

本实验使用的被测齿轮的有关参数表见表 5-5。

表 5-5 被测齿轮的有关参数表

| 齿轮编号 | 模　　数 | 齿　　数 | 变位系数 | 齿顶降低系数 |
|---|---|---|---|---|
| 1# | 5 | 12 | — | — |
| 2# | 5 | 18 | — | — |
| 3# | 5 | 18 | +0.35 | — |
| 4# | 5 | 30 | -0.35 | — |
| 5# | 5 | 12 | +0.55 | 0.154 |
| 6# | 5 | 25 | +0.529 | 0+0.154 |
| 7# | 5 | 25 | -0.35 | +0.25 |
| 8# | 5 | 31 | -0.6 | +0.25 |

## 7. 思考题

（1）决定齿廓形状的基本参数有哪些？

（2）测量公法线长度时，卡尺的卡脚若放在渐开线齿廓的不同位置上，对所测定的公法线长度 $W'_K$ 和 $W'_{K+1}$ 有无影响？为什么？

（3）在测量顶圆直径 $d_a$ 和根圆直径 $d_f$ 时，对偶数齿和奇数齿的齿轮在测量方法上有什么不同？

# 5.5

## 轴系结构测绘实验

### 1. 实验目的

通过对实际轴系结构（或模型）的观察测绘，熟悉并掌握轴系零件结构形状与功用，工艺要求，尺寸装配关系，安装调整以及轴、轴上零件的定位固定方式等，为轴系结构设计学习提供感性认识。

### 2. 实验工具

（1）实验设备有轴系结构模型、减速器等。

（2）量具有游标卡尺，其他量具自备。

### 3. 实验步骤及要求

（1）轴系结构分析。对所选测绘的轴系实物（或模型）进行观察分析，明确轴系结构设计需要满足的要求，轴上各零件结构特点、作用。例如某个零件是如何从结构形状、装配尺寸和材料上满足该零件受力、安装、调整、周向和轴向定位，以及润滑、密封等要求，可结合实验报告中的思考题进行观察分析。

（2）测量轴系零件尺寸。

① 测量精度，一般准确到小数点后两位，并要测取零件全部尺寸，否则会给后面绘图带来困难。

② 对于因拆卸困难或别的原因而难以直接测量的尺寸，允许根据实物相对大小和结构关系估算出来，或利用有关标准查出尺寸。

③ 轴系零件主要配合关系见附录1。

④ 一些特殊零件如斜齿轮，基法向模数 $m_n$，螺旋角 $\beta$ 的测定参考实验 5.4 的有关内容测定和计算。

⑤ 因为轴系内圈与轴按工作要求二者需周向固定，采用的是过盈配合或过渡配合的方法。所以，在测量时，轴承取不下来，可记下轴承代号，再由手册查出宽度内外径主要参数，如果在实验中轴承可以从轴上取下，那是因为实验中拆装、测绘方便，有意识将轴磨小了，已不再是原来的配合状态。同学们在测绘时还应在图纸上标明原来的配合关系。

⑥ 对于支承轴系部件的箱体部分，只要求用双点画线画出与轴承、端盖等配合的局部，而不必过多测量尺寸。

（3）绘制轴系结构装配图。利用测量所得各零件尺寸，对照轴系实物，画出轴系结构装配图一张。图幅及比例自定，一般以 3 号图纸大小为宜。要求所绘图结构合理，装配关系清楚，按装配图要求注明必要的尺寸，如轴孔之间的配合尺寸等。最后填写标题栏和零件明细表，其格式见附录Ⅱ。明细表中材料栏的填写，若是测绘的模型，则要求学生自己选定材料再填入。

（4）测绘完毕后，将轴系部件复原，放回原处。

## 4. 附录

（1）轴上零件常用配合关系见表 5-6。

表 5-6 轴上零件常用的配合关系

| 配合零件 | 常用配合 | | | |
| --- | --- | --- | --- | --- |
| 轴承内圈与轴 | J6 | k6 | m6 | n6 |
| 轴承外圈与机座位 | H7 | J7 | — | — |
| 齿轮、蜗轮孔与轴（带键） | $\frac{H7}{h7}$ | $\frac{H7}{j6}$ | $\frac{H7}{n6}$ | $\frac{H7}{K6}$ |
| 轴套、挡油环与轴 | $\frac{H7}{h6}$ | $\frac{E8}{j6}$ | $\frac{E8}{k6}$ | $\frac{F9}{m6}$ |
| 输入、输出轴（带键） | r6 | — | — | — |

（2）标题栏、明细表格式见表 5-7。

表 5-7 标题栏、明细表格式

| 8 | 箱　　体 | 1 | HT20-40 | |
| --- | --- | --- | --- | --- |
| 7 | 滚动轴承 | 2 | 208 | GB276—64 |
| 6 | 端盖 | 2 | HT20-40 | |
| 5 | 轴套 | 1 | A2 | |
| 4 | 齿轮轴 | 1 | 45 | $m=2mm$，$z=22$ |
| 3 | 密封圈 | 1 | 毛毡 | |
| 2 | 调整垫片 | 1 | A3 | |
| 1 | 挡油环 | 2 | A2 | |
| 序号 | 名　　称 | 数　量 | 材　　料 | 备　　注 |
| 班级 | | | 比例 | |
| 制图 | | | | |
| 审批 | | | 图号 | |

## 5. 思考题

（1）轴承游隙是否需要调整，如何调整？
（2）轴承位置是否需要调整，如何调整？
（3）轴系能否实现工作的回转运动，运动是否灵活？
（4）轴系沿轴线方向位置是否固定，若为固定，原因是什么？

# 5.6 机械创新设计陈列柜演示实验

## 1. 实验目的

（1）通过机械创新设计陈列柜的演示，了解机械创新设计的基本原理与基本方法，启迪创新思维，提高机械创新意识与创新设计能力。

（2）了解机构创新设计的基本途径与方法。

## 2. 实验设备

CQXG-10B 多功能语音控制陈列柜。

## 3. 实验原理

机械创新设计陈列柜是机械创新设计课程的"实物教材"，其内容以近3年出版的机械原理、机械设计、机械创新设计等方面的国家级优秀教材和国外高校优秀教材为基本依据，突出产品创造技法、原理方案创新、机构创新、结构方案创新和外观设计创新。

它由 10 个陈列柜组成，分别是创新设计概述、创新思维方式、产品创造技法（1）、产品创造技法（2）、原理方案创新（1）、原理方案创新（2）、机构创新设计（1）、机构创新设计（2）、结构方案创新、外观创新设计。机械创新设计语音控制柜，由微处理器控制的新型大容量语音芯片组成，设有遥控和手控两种独立操作，可实现遥控、手控该柜全部模型电机同时转动。机械创新设计陈列柜的陈列内容见表 5-8 和如图 5-5 所示。

表 5-8　　机械创新设计陈列柜的陈列内容

| 序号 | 柜　　名 | 陈列内容 |
| --- | --- | --- |
| 1 | 创新设计概述 | 用火车的演进（蒸汽机车—内燃机车—磁悬浮列车）模型说明机械创新设计的目的、意义与特点 |
| 2 | 创新思维方式 | 用夹紧装置的多样化设计以及发动机的创新设计（单缸无曲轴式活塞发动机，转子发动机）说明发散思维与求异思维 |
| 3 | 产品创造技法（1） | 通过数码净水机、新型水龙头、缝纫机等，介绍希望点列举法与缺点列举法的基本原理 |
| 4 | 产品创造技法（2） | 通过如射钉枪、电锤介绍三头仿生创造法、移植创造法与组合创造的基本原理 |
| 5 | 原理方案创新（1） | 通过钟表、打印机等产品的原理方案多样化，说明原理方案创新的基本特点 |
| 6 | 原理方案创新（2） | 通过锁具、炉具、鼓风机原理方案的多样化，说明原理方案创新设计的特点 |
| 7 | 机构创新设计（1） | 通过机构组合与机构变异说明机构创新设计的基本途径与方法 |
| 8 | 机构创新设计（2） | 以干粉压片机设计为例，说明机构创新的方法 |
| 9 | 结构方案创新 | 通过功能面的变异、提高性能设计等说明机构方案创新的基本途径与方法 |
| 10 | 外观创新设计 | 通过打火机、小型吸烟器和挖掘机的不同造型，说明外观创新设计的特点 |

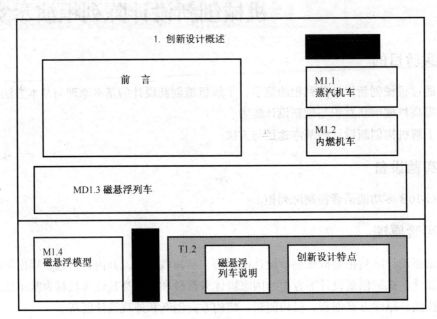

（a）创新设计概述布局图

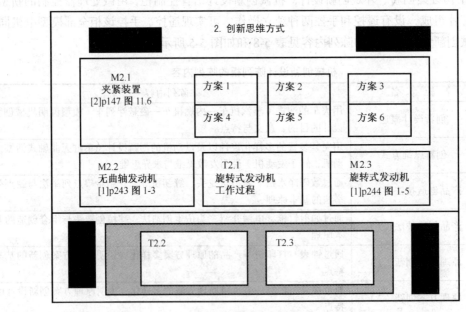

（b）创新思维方式布局图

图 5-5 机械创新实验陈列框内容布局

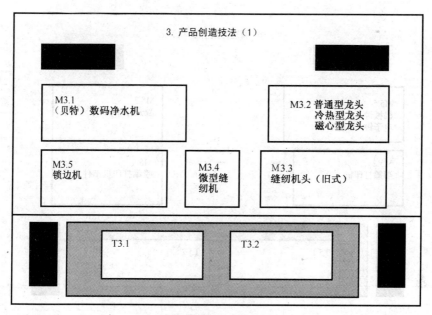

（c）产品创造技法（1）布局图

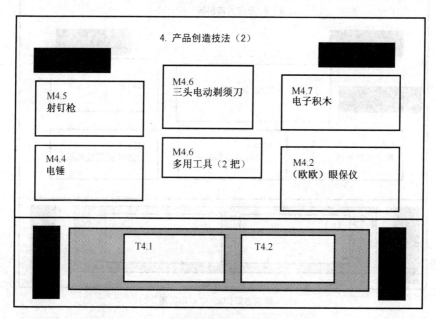

（d）产品创造技法（2）布局图

图 5-5　机械创新实验陈列框内容布局（续 1）

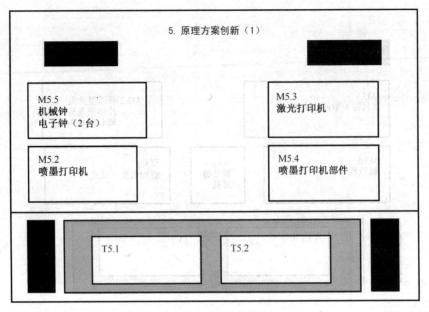

（e）原理方案创新（1）布局图

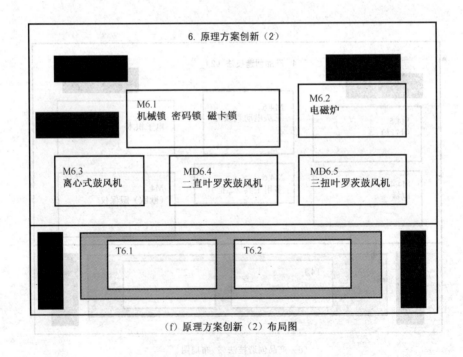

（f）原理方案创新（2）布局图

图 5-5　机械创新实验陈列框内容布局（续 2）

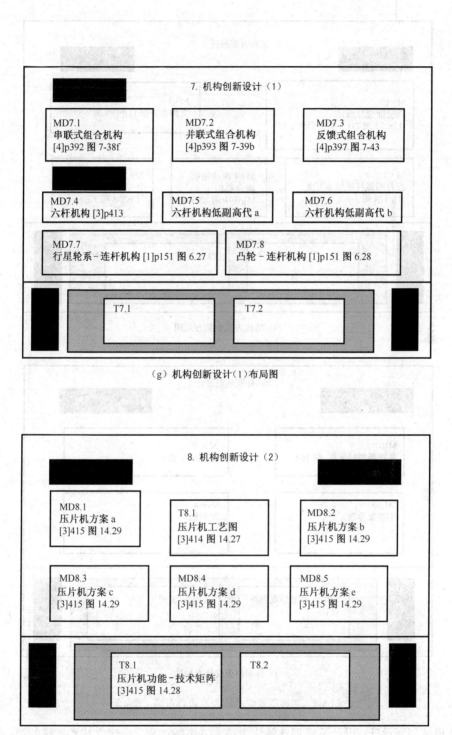

（g）机构创新设计（1）布局图

（h）机构创新设计（2）布局图

图 5-5　机械创新实验陈列框内容布局（续 3）

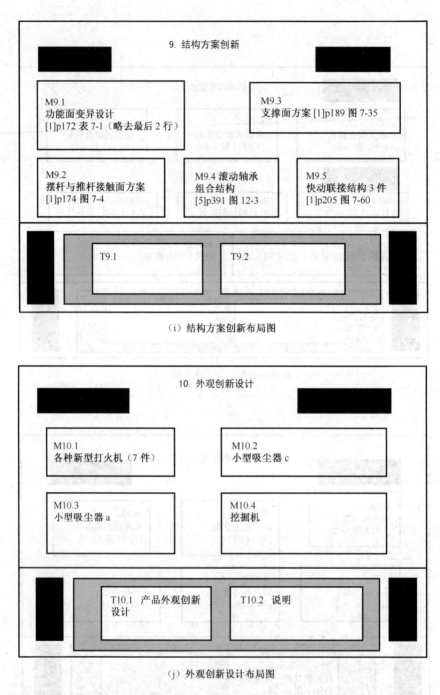

（i）结构方案创新布局图

（j）外观创新设计布局图

图 5-5　机械创新实验陈列框内容布局（续 4）

（1）机械创新设计。设计是将创意转化为技术方案的过程，是建立技术系统的第一道工序，它对产品的技术水平和经济效益起着决定性的作用。针对同一设计课题，可能有不同的设计方案，创新设计追求具有新颖性、独特性的技术方案。所谓机械创新设计，是指设计者的创造力得到充分发挥，并设计出更具竞争力的机械新产品的设计实践活动，创新是它的灵魂。根据设计的内容特点，创新设计可分为开发设计、变异设计和反求设计等基本类型。

机械创新设计通常包括原理方案创新、机构方案创新、结构方案创新和外观设计创新等活动。创新思维和创造技法是一切创新设计的方法基础。

（2）创新思维。从事机械创新设计，不仅需要机械设计方面的知识，而且需要创新思维方式的支持。创新思维是一种突破常规思维的逻辑通道，用新思路去求解问题的思维方式，与常规思维相比，它更具发散性和求异性。因此，发散思维与求异思维是创新思维最基本的思维方式。

（3）创造技法。机械创新设计需要一定的方法与技巧，设计者除了掌握机械设计课程介绍的"专业性"设计方法外，还应掌握源自创造学的"通用性"创造技法。创造技法较多，最常见的是希望点列举法、缺点列举法、移植创造法、组合创造法。

（4）原理方案创新。原理方案创新是产品创新设计中的核心环节，它对产品的结构、工艺、成本、性能和使用维护等都有很大影响。如果从产品的功能出发而不是从产品具体的结构出发，设计的思路就会大开，原理方案也会多种多样。

功能是产品或技术系统特定工作能力抽象化的描述。从产品或技术系统应具有的功能出发，经过功能分解、功能求解、方案组合、方案评选等过程，以求得最佳原理方案的设计方法，就是功能设计法，它是原理方案创新的最重要的一种方法。

（5）机构创新。一个好的机械原理方案能否实现，机构设计是关键。机构创新设计的途径较多，常用的有下面几种：利用组合原理创新、通过局部结构改变进行机构创新、利用再生运动链方法和利用广义机构的概念进行机构创新。

（6）结构方案创新。在原理方案确定的基础上，可以进行结构方案的创新设计。常用的方法有3种：一是对结构方案进行变异；二是进行提高性能的设计；三是开发新型结构。

### 4．思考题

（1）什么是机械创新设计？机械创新设计可分为哪几种基本类型？

（2）试列举出至少3例现实生活中存在的具有新颖性和独特性的创新设计成果。

（3）创新思维最基本的思维方式是什么？试举出1例应用创新思维进行创新设计的实例，并简要说明它是如何进行创新思维的？

（4）产品创造技法有哪几种？对于每一种产品创造技法请举例说明其应用。

（5）什么是原理方案创新的最重要的一种方法？试举出至少3个应用原理方案创新的例子。

（6）常用的机构创新设计的途径有哪几种？

（7）结构方案的创新设计常用的方法有哪3种？

（8）试列举出2种在外观设计方面有创新的产品的例子。

# 5.7

# 减速器结构分析及拆装实验

## 1．实验目的

（1）了解减速器的整体结构及工作要求。

（2）了解减速器的箱体零件、轴、齿轮等主要零件的结构及加工工艺。

（3）了解减速器主要部件及整机的装配工艺。

（4）了解齿轮、轴承的润滑、冷却及密封。

（5）通过自己动手拆装，了解轴承及轴上零件的调整、固定方法，及消除和防止零件间发生干涉的方法。

（6）了解拆装工具与减速器结构设计间的关系，为课程设计做好前期准备。

## 2. 实验设备及工具

（1）Ⅰ级、Ⅱ级圆柱齿轮传动减速器，如图 5-6 和图 5-7 所示。

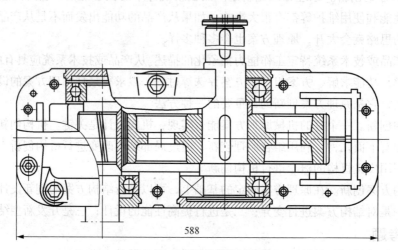

图 5-6　Ⅰ级圆柱齿轮减速器

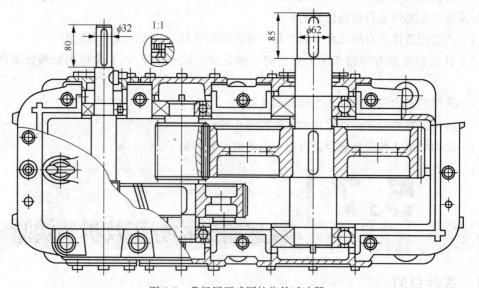

图 5-7　Ⅱ级展开式圆柱齿轮减速器

（2）Ⅰ级蜗杆传动减速器，如图 5-8 所示。

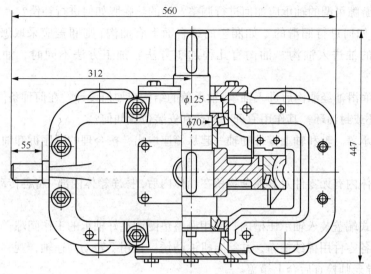

图 5-8　Ⅰ级蜗杆减速器

（3）活动扳手，旋具、木锤、钢尺等工具。

## 3. 实验原理

在实验室首先由实验指导老师对几种不同类型的减速器现场进行结构分析、介绍，并对其中一种减速器的主要零部件的结构及加工工艺过程进行分析、讲解及介绍。再由学生们分组进行拆装，指导及辅导老师解答学生们提出的各种问题。在拆装过程中学生们进一步观察了解减速器的各零部件的结构、相互间配合的性质、零件的精度要求、定位尺寸、装配关系及齿轮、轴承润滑、冷却的方式及润滑系统的结构和布置；输出、输入轴与箱体间的密封装置及轴承工作间隙调整方法及结构等。

## 4. 实验步骤

（1）拆卸。

① 仔细观察减速器外面各部分的结构，从观察中思考以下问题。

a. 如何保证厢体支撑具有足够的刚度？

b. 轴承座两侧的上下厢体连接螺栓应如何布置？

c. 支撑该螺栓的凸台高度应如何确定？

d. 如何减轻厢体的重量和减少厢体的加工面积？

e. 减速器的附件如吊钩、定位销钉、启盖螺钉油标、油塞、观察孔和通气等各起何作用？其结构如何？应如何合理布置？

② 用扳手拆下观察孔盖板，考虑观察孔位置是否妥当，大小是否合适。

③ 拆卸箱盖。

a. 用扳手拆下轴承端盖的紧固螺钉。

b. 用扳手或套筒扳手拆卸上、下厢体之间的连接螺栓；拆下定位销钉。将螺钉、螺栓、垫圈、螺母和销钉等放在塑料盘中，以免丢失。然后拧动启盖螺钉卸下厢盖。

c. 仔细观察厢体内各零部件的结构及位置。从观察中思考以下问题：

- 对轴向游隙可调的轴承应如何进行调整？轴的热膨胀如何进行补偿？

- 轴承是如何进行润滑的？如厢座的结合面上有油沟，则厢盖应采取怎样的相应结构才能使厢盖上的油进入油沟？油沟有几种加工方法？加工方法不同时，油沟的形状有何不同？

- 为了使润滑油经油沟后进入轴承，轴承盖的结构应如何设计？在何种条件下滚动轴承的内侧要用挡油环或封油环？其作用原理、构造和安装位置如何？

d. 卸下轴承盖。轴和轴上零件随轴一起从箱座取出，按合理的顺序拆卸轴上零件。

（2）装配。

① 检查箱体内有无零件及其他杂物留在箱体内后，擦净箱体内部。将各传动轴部件装入箱体内。

② 将嵌入式端盖装入轴承压槽内，并用调整垫圈调整好轴承的工作间隙。

③ 将箱内各零件用棉纱擦净，并涂上机油防锈。再用手转动高速轴，观察有无零件干涉。无误后，经指导老师检查后合上箱盖。

④ 松开起盖螺钉，装上定位销，并拧紧。装上螺栓、螺母用手逐一拧紧后，再用扳手分多次均匀拧紧。

⑤ 装好轴承小盖，观察所有附件是否都装好。用棉纱擦净减速器外部，放回原处，摆放整齐。

⑥ 清点好工具，擦净后交还指导老师验收。

## 5. 思考题

（1）减速器外部结构和分布是怎样的？

（2）观察孔盖上为什么要设计通气孔，孔的位置应如何确定？

（3）采用直齿圆柱齿轮或斜齿圆柱齿时，各有什么特点？其轴承在选择时应考虑什么问题？

（4）观察箱体内油标（油尺）、油塞的结构及布置。设计时应注意什么？油塞的密封是如何处理的？

# 5.8 结构创新设计试验

## 1. 实验目的

（1）加深学生对机构组成理论的认识，熟悉杆组概念，为机构创新设计奠定良好的基础。

（2）利用"机构运动方案创新设计实验台"提供的零件，拼接各种不同的平面机构，以培养学生机构运动创新设计意识及综合设计的能力。

（3）训练学生的工程实践动手能力。

（4）基于机构组成原理的拼接设计实验；基于创新设计原理的机构拼接设计实验；课程设计、毕业设计中的机构系统方案的拼接实验；课外活动（如机械设计大赛）中的机构方案拼接实验。

## 2. 实验设备及工具

（1）机构运动方案创新设计实验台零件及主要功用。

① 凸轮和高副锁紧弹簧。凸轮基圆半径为 18mm，从动推杆的行程为 30mm。从动件的位移曲线是升-回型，且为正弦加速度运动；凸轮与从动件的高副形成是依靠弹簧力的锁合。

② 齿轮。模数 2，压力角 20°，齿数 34 或 42，两齿轮中心距为 76mm。

③ 齿条。模数 2，压力角 20°，单根齿条全长为 422mm。

④ 槽轮拨盘。两个主动销。

⑤ 槽轮。四槽。

⑥ 主动轴。动力输入用轴。轴上有平键槽，利用平键可与皮带轮连接。

⑦ 转动副轴（或滑块）3。主要用于跨层面（即非相邻平面）的转动副或移动副的形成。

⑧ 扁头轴。又称从动轴，轴上无键槽，主要起支撑及传递运动的作用。

⑨ 主动滑块插件。与主动滑块座配用，形成做往复运动的滑块（主动构件）。

⑩ 主动滑块座和光槽片。与直线电机齿条固连形成主动构件，且随直线电机齿条做往复直线运动。光槽片在光槽行程开关之间运动以控制直线电机齿条的往复行程。

⑪ 连杆（或滑块导向杆）。其长槽与滑块形成移动副，其圆孔与轴形成转动副。

⑫ 压紧连杆用特制垫片。固定连杆时用。

⑬ 转动副轴（或滑块）2。轴的一端与固定转轴块⑳配用时，可在连杆长槽的某一选定位置形成转动副，轴的另一端与连杆长槽形成移动副。

⑭ 转动副轴（或滑块）1。用于两构件形成转动副。

⑮ 带垫片螺栓。规格 M6，转动副轴与连杆之间构成转动副或移动副时用带垫片螺栓连接。

⑯ 压紧螺栓。规格 M6，转动副轴与连杆形成同一构件时用该压紧螺栓连接。

⑰ 运动构件层面限位套。用于不同构件运动平面之间的距离限定，避免发生运动构件间的运动干涉。

⑱ 电机皮带轮、主动轴皮带轮和皮带涨紧轮。电机皮带轮为双槽，可同时使用两根皮带分别为两个不同的构件输入主动运动。主动轴皮带轮和皮带涨紧轮分别与主动轴配用。

⑲ 盘杆转动轴。盘类零件①、②、④、⑤、㉒与连杆构成转动副时用。

⑳ 固定转轴块。用螺栓㉑将固定转轴块锁紧在连杆长槽上，⑬件可与该连杆在选定位置形成转动副。

㉑ 螺栓和特制螺母。用于两连杆之间的连接；用于固定形成凸轮高副的弹簧；用于锁紧联接件。

㉒ 曲柄双连杆部件。一个偏心轮与一个活动圆环形成转动副，且已制作成一组合件。

㉓ 齿条导向板。用两根齿条导向板将齿条③夹紧其间，并形成一导向槽，可保证齿轮与齿条的正常啮合。

㉔ 转滑副轴。轴的扁头主要用于两构件形成转动副；轴的圆头用于两构件形成移动副。

㉕ 与直线电机齿条啮合的齿轮用轴。与直线电机齿条啮合的齿轮㉖配用，可输入往复摆动

的主动运动。

㉖ 与直线电机齿条啮合的齿轮。与直线电机齿条啮合的特制齿轮。

㉗ 标准件。安装电机座和行程开关支座用内六角螺栓、平垫。

㉘ 滑块。用于支撑轴类零件，与实验台机架㉙上的立柱配用。

㉙ 实验台机架。机构运动方案拼接操作台架。

㉚ 立柱垫圈。锁紧立柱时用。

㉛ 锁紧滑块方螺母。起固定滑块的作用。

㉜～㉟参看"机构运动方案创新设计实验台零部件清单"中的说明。

㊵ 直线电机、旋转电机。直线电机为主动构件输入往复直线运动或往复摆动运动；旋转电机为主动构件输入旋转运动。

㊶～㊷参看"机构运动方案创新设计实验台零部件清单"中的说明。

直线电机，10mm/s。直线电机安装在实验台机架底部，并可沿机架底部的长槽移动电机。直线电机的齿条为机构的主动构件输入直线往复运动或往复摆动运动。在实验中，允许齿条单方向的最大直线位移为290mm，实验者可根据主动滑块的位移量（即直线电机的齿条位移量）确定两光槽行程开关的相对间距，并且将两光槽行程开关的最大安装间距限制在 290mm 范围内。

直线电机控制器。本控制器控制电路采用低压电子集成电路和微型密封功率继电器，并采用光槽作为行程开关，极具使用安全。当实验者面对控制器的前面板观看时，控制器上的发光管指示直线电机齿条的位移方向。控制器的后面板上置有电源引出线及开关、与直线电机相连的 4 芯插座、与光槽行程开关相连的 5 芯插座和 1A 保险管。

直线电机控制器使用注意事项。①严禁带电进行连线操作；②若出现行程开关失灵情况，请立即关闭直线电机控制器的电源开关；③直线电机外接线上串联接线塑料盒，严禁挤压、摔打塑料盒，以防塑料盒破损造成触电事故发生。

旋转电动机。10r/min，旋转电机安装在实验台机架底部，并可沿机架底部的长形槽移动电机。电机上连有 220V、50Hz 的电源线及插头，连线上串联电源开关。

旋转电机控制器使用注意事项。旋转电机外接连线上串联接线塑料盒，严禁挤压、摔打塑料盒，使用中轻拿轻放，以防塑料盒破损造成触电事故发生。

（2）工具。

M5、M6、M8 内六角扳手、6 或 8 英寸活动扳手、1 米卷尺、笔和纸。

### 3. 实验原理

任何机构都是由自由度为零的若干杆组，依次连接到原动件（或已经形成的简单的机构）和机架上的方法所组成。

### 4. 实验步骤

（1）掌握实验原理。

（2）根据上述"实验设备及工具"介绍的内容熟悉实验设备的零件组成及零件功用。

（3）自拟机构运动方案或选择实验指导书中提供的机构运动方案作为拼接实验内容。

（4）将拟定的机构运动方案根据机构组成原理按杆组进行正确拆分，并用机构运动简图表示之。

（5）拼装机构运动方案，并记录由实验得到的机构运动学尺寸。

## 5. 思考题

（1）机械运动方案创意设计的实用性、科学性是什么？

（2）通过平面机构组成原理的拼接设计实验，绘制实际拼装机构的机构运动简图，并在简图中标注实测得到的机构运动学尺寸。

（3）做自行设计组装的运动系统的运动测试分析试验，画出实际拼装机构的杆组拆分简图，并简要说明杆组拆分理由。

（4）如果将你所拆分的杆组，按不同方式拼装，不同组合的机构运动方案有哪些？

要求用机构运动简图将机构表示出来，并简要说明各机构的运动传递情况，就运动学性能进行方案分析。

第6章

机械制造实验

6.1 机械原理控制陈列柜介绍

### 1. 实验目的

（1）展示平面连杆机构、空间连杆机构、凸轮机构、齿轮机构、轮系、间歇机构以及组合机构等常见机构的基本类型和应用。

（2）通过演示机构的传动原理，加深对机构设计问题的理解。

### 2. 实验内容

CQYG-10B 机械原理语音多功能控制陈列柜是实验中心的一套紧密结合教学改革需要的展示柜（陈列内容见表 6-1）。该柜陈列内容贴近教材，符合学生实验实训的需要。其功能及特点如下。

（1）柜内装有大容量语音芯片、单片机、手动控制盒及音箱，另配红外线遥控器，用来控制模型的动作和播音，使模型动作与讲解的控制方式更加方便灵活和多样化，模型电机用了 3mm 厚的钢支架固定，定位牢固、可靠。

（2）柜内模型由铝合金精制，模型与陈列柜面板用钢套固定，各转动轴和支承轴采用冷拉黄铜棒精制。

（3）各模型由微电机驱动，用指示灯作为工作顺序的导向指示。

（4）模型的动作和讲解由微电脑程序控制系统来实现，该套陈列柜配有两种控制系统供选择。

其中，遥控器 3 种，具体如下。

① 全柜模型按顺序从头到尾自动运行，同步转动播音。根据环境要求，播音可实现有声和无声切换（遥控顺播）。

② 任一模型转动播音（遥控点播）。

③ 全柜所有模型同时转动，但不能解说播音（遥控全动）。

手控板 3 种，具体如下。

① 全柜模型按顺序从头到尾自动运行，同步转动播音，根据需要播音可实现有声和无声切换（手控顺序）。

② 任一模型转动播音，根据要求播音可实现有声和无声切换（手控点播）。

③ 全柜所有模型同时转动，但不解说播音（手控全动）。

（5）由于采用了大容量语音芯片存储解说词，省去了使用 VCD 和光碟不便保管的缺点和麻烦。

（6）陈列柜柜体采用 1.2mm 冷轧钢板喷塑制作，柜体更结实，外形更大方美观，柜内陈列板面为超豪华铝塑夹层板，柜上部装有日光灯照明。

（7）配合高校双语言教学改革实践，柜内大标牌名称采用中英文对照制作。

（8）金属件表面作了防锈处理，非金属件 10 年内不老化。

主要配置如下。

（1）陈列柜控制方式：大容量语言芯片程控装置系统、手动控制板 10 块、大容量语言芯片控制板 10 块、遥控器 1 个、音箱 10 套。

（2）陈列柜数量 10 个。

（3）陈列柜模型总数量为 84 个。

（4）带减速器微电机 80 个。

（5）所陈列机构模型文字说明展板 10 块。

（6）共计模型 84 个，微电机 80 个。

主要技术参数如下。

（1）带减速器微电机：功率 $N$=15W，转速 $n$=15r/min。

（2）解说词播放效果：100m$^2$ 房间声音洪亮，清楚。

（3）电动模型连续运行时间：1h 无卡死现象。

（4）陈列柜尺寸（长×宽×高）：1.2m×0.4m×1.9m。

（5）输入电压：交流 220V±10%，400W。

表 6-1　　　　　　　　　　　　陈列柜陈列内容明细

| 机构的组成 | 1. 机构的组成（2 件）：蒸汽机、内燃机<br>2. 运动副（5 种）：转动副、移动副、螺旋副、球面副、曲面副 |
|---|---|
| 平面连杆机构 | 1. 铰链机构的三种形式（3 种）：曲柄摇杆机构、双曲柄机构、双摇杆机构<br>2. 平面四杆机构的演化形式（9 种）：偏置曲柄滑块、对心曲柄滑块机构、正弦机构、双重偏心机、偏心轮机构、直动滑杆机构、摆动导杆机构、摇块机构、双滑块机构 |
| 平面连杆机构的应用 | 平面连杆机构的应用模型（9 种）：鄂式碎石机、飞剪、惯性筛、摄影机平台、机车车轮、联动机构、鹤式起重机、牛头刨床、插床 |
| 空间连杆机构 | 空间连杆机构（6 种）：RSSR 空间机构、4R 万向节、RRSRR 角度传动机构、RCCR 联轴节、RCRC 揉面机构、SARRUT 机构 |
| 凸轮机构 | 凸轮机构模型（11 种）：尖端推杆盘形凸轮、平底推杆盘形凸轮、滚子推杆盘形凸轮、摆动推杆盘形凸轮、槽形凸轮、等宽凸轮、端面（摆动）凸轮机构、圆锥（移动）凸轮机构、圆柱（摆动）凸轮机构、反凸轮机构、主回凸轮机构 |

| 齿轮机构的类型 | 1. 平面齿轮机构（4种）：外啮合直齿轮、内啮合直齿轮、齿轮齿条、斜齿轮人字齿轮<br>2. 空间齿轮机构（4种）：直齿圆锥齿轮、斜齿圆锥齿轮、螺旋齿轮、蜗杆蜗轮 |
|---|---|
| 轮系的类型 | 1. 定轴轮系（2种）：平面定轴轮系、空间定轴轮系<br>2. 周转轮系（4种）：行星轮系、差动轮系、周转轮系，复合轮系 |
| 轮系的功用 | 轮系的功用（8种）：较大传动比、分路传动、变速传动、换向传动、运动合成、运动分解、摆线针轮减速器、谐波传动减速器 |
| 间歇运动机构 | 1. 棘轮机构：齿式棘轮机构、摩擦式棘轮机构、超越离合器<br>2. 槽轮机构：外槽轮机构、内槽轮机构、球面槽轮机构<br>3. 不完全齿轮机构：不完全齿轮机构（渐开线）、不完全齿轮机构（摆线轮）、凸轮式间歇机构 |
| 组合机构 | 1. 串联机构：联动凸轮组合机构（1）、联动凸轮组合机构（2）<br>2. 并联机构：扇形机构、凸轮—齿轮组合机构<br>3. 复合机构：凸轮—连杆组合机构、齿轮—连杆组合机构<br>4. 反馈机构：凸轮—蜗轮蜗杆机构<br>5. 叠加机构：叠加机构 |

# 6.2 机械设计陈列柜介绍

## 1. 实验目的

（1）展示机械中有关连接、传动、轴承及其他通用零件的基本类型、结构形式和设计知识。

（2）通过演示实物模型，增强感性认识，培养机械设计能力。

## 2. 实验内容

机械设计语音多功能控制陈列柜 CQSG—10B 由一个主控台和 10 个陈列柜组成，主要展示连接传动，轴承及其他通用零件的基本类型、结构形式和设计知识。陈列柜主要配置及主要技术参数同实验一，见表 6-2。

表 6-2　　　　　　　　　　　陈列柜陈列内容明细

| 螺纹连接与应用 | A. 螺纹的类型（8种），B. 螺纹联接基本类型（5种），C. 标准联接件（7种），D. 螺纹的应用（3种），E. 螺纹联接防松（5种），F. 提高强度措施（6种） |
|---|---|
| 键、花键、无键、销、铆、焊、胶接 | A. 键联接（4种），B. 花键联接（3种），C. 无键联接（2种），D. 销联接（4种），E. 铆接（3种），F. 焊接（4种），G. 胶接（4种） |
| 带传动 | A. 带传动的类型（3种），B. 带的类型（4种），C. 带轮结构（4种），D. 张紧装置（3种） |
| 链传动 | A. 传动链的类型（4种），B. 链轮结构（3种），C. 链传动的运动特性（1种），D. 链传动张紧（3种） |
| 齿轮传动 | A. 齿轮传动基本类型（6种），B. 齿轮失效形式（照片5张），C. 受力分析（3种），D. 齿轮结构（6种） |

续表

| 蜗杆传动 | A. 蜗杆传动类型（3种），B. 蜗杆结构（2种），C. 蜗轮结构（4种），D. 受力分析 |
|---|---|
| 滑动轴承与润滑密封 | A. 推力滑动轴承（4件），B. 轴瓦结构（6种），C. 向心滑动轴承（4件） D. 润滑用油环（4件），E. 密封方式（2种），F. 标准密封件（5件） |
| 滚动轴承与装置设计 | A. 滚动轴承主要类型（10种），B. 直径系列与宽度系列（2种），C. 轴承装置典型结构（6种） |
| 轴的分析与设计 | A. 轴的类型（5种），B. 轴上零件定位（4种），C. 轴的结构设计（4种） |
| 联轴器与离合器 | A. 刚性联轴器（3件），B. 弹性联轴器（5件），C. 离合器（4件） |

# 6.3 材料成形与切削加工陈列柜介绍

## 1. 实验目的

（1）展示金属材料、铸造、锻压、焊接和切削加工的基础知识及工艺方法的特点和应用。

（2）通过参观，提高对金属材料及其制造过程的感性认识和了解。

## 2. 实验内容

CQGG—10A 材料成形与切削加工陈列柜，通过材料成形与切削加工方面的零件实物及模型，借助电脑控制系统形象地展示和解说材料成形与切削加工的基本知识。应用这种具有实物化和语言多功能控制特质的陈列柜进行实践教学，可加强学生对材料成形与切削加工的感性认识，培养学习兴趣，同时能够提高实践教学质量。

陈列柜的技术特点是柜内装有大容量语音芯片、单片机、手动控制盒及音箱，另配红外线遥控器，用来控制模型的动作和播音，使模型动作与讲解的控制方式更加方便灵活和多样化。模型的动作和讲解由微电脑程序控制系统来实现，陈列柜配备声光电同步的控制系统。陈列柜陈列内容明细见表6-3。

表6-3　　　　　　　　　　　陈列柜陈列内容明细

| 序 号 | 内 容 |
|---|---|
| 1 | 铁碳合金相图及晶体结构 |
| 2 | 砂型铸造成形 |
| 3 | 焊接成形 |
| 4 | 自由锻造成形 |
| 5 | 挤压及冲压成形 |
| 6 | 车削加工 |
| 7 | 铣削加工 |

| 序　号 | 内　容 |
| --- | --- |
| 8 | 刨削、插削与拉削加工 |
| 9 | 钻削及镗削加工 |
| 10 | 磨削加工与超精加工 |

主要配置及技术规格如下。

（1）陈列柜柜体。

① 10个单体陈列柜。

② 陈列柜柜体外形尺寸：1 200mm×400mm×1 900mm。

③ 陈列柜柜体采用1.2mm冷轧钢板喷塑制作，柜体更结实，外形更大方美观，柜内陈列板面为超豪华铝塑夹层板，柜上部装有日光灯照明。

（2）模型。

① 模型主要由铝合金精制，模型与陈列柜面板用钢套固定，各转动轴和支承轴采用冷拉黄铜棒精制；金属件表面作防锈处理，非金属件10年内不老化。

② 部分模型由微电机驱动，用指示灯作为工作顺序的导向指示，1小时无卡死现象。

（3）模型电机。

① 带减速器微电机功率 $N$=15W，转速 $n$=15r／min。

② 模型电机用3mm厚的钢支架固定，定位牢固、可靠。

（4）控制系统。

① 模型的动作和讲解由微电脑程序控制系统来实现。微电脑大容量语言芯片多功能程序控制系统，可实现全柜模型遥控和手控，实现以模型指示灯作为工作顺序导向的播音及动作；单柜、单模型顺序播音及动作；或只动作不播音等多项功能。

② 大容量语言芯片控制板10块，手控按钮板10块，遥控器1个。

（5）输入电压：交流220V±10%，400W。

（6）柜内大标牌名称采用中英文对照。

# 6.4

# 金属切削机床车床 CA6140

## 1. 实验目的

（1）了解车床的用途、布局。

（2）对照传动系统图看懂车床的传动路线。

（3）了解车床主要零部件的构造和工作原理。

## 2. 实验内容

（1）CA6140型卧式车床加工的典型表面，如图6-1所示。

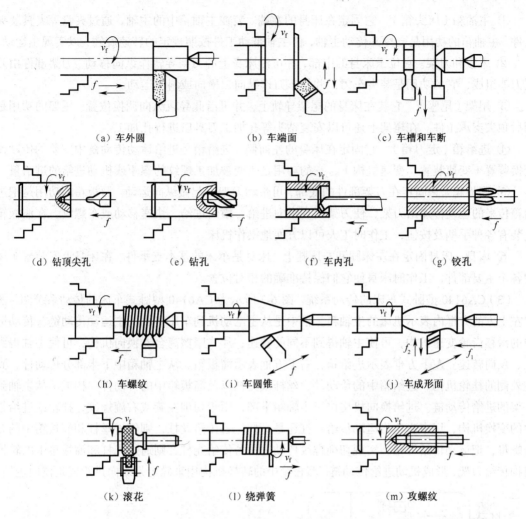

（a）车外圆 （b）车端面 （c）车槽和车断

（d）钻顶尖孔 （e）钻孔 （f）车内孔 （g）铰孔

（h）车螺纹 （i）车圆锥 （j）车成形面

（k）滚花 （l）绕弹簧 （m）攻螺纹

图 6-1 CA6140 型卧式车床加工的典型表面

（2）CA6140 型卧式车床的布局及组成，如图 6-2 所示。

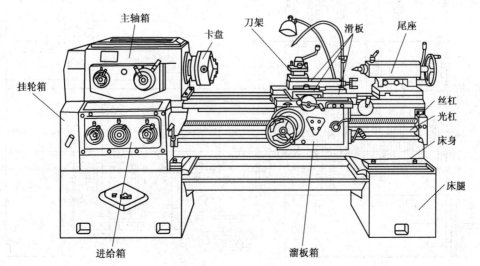

图 6-2 CA6140 型卧式车床

① 主油箱（床头箱）。它固定在床身的左端。装在主轴箱中的主轴，通过夹盘等夹具装夹工件。主轴箱的功用是支撑并传动主轴，使主轴带动工件按照规定的转速旋转，以实现主运动。

② 床鞍和刀架。它位于床身的中部，并可沿床身上的刀架导轨作纵向移动。刀架部件由几层刀架组成，它的功用是装夹车刀，并使车刀作纵向、横向或斜向运动。

③ 尾架（尾座）。它装在床身的尾架导轨上，并可沿此导轨纵向调换位置。尾架的功用是用后顶尖支承工件。在尾架上还可以安装钻头等孔加工刀具以进行孔加工。

④ 进给箱（走刀箱）。它固定在床身的左前侧。进给箱是进给运动传动链中主要的传动比变换装置（变速装置、变速机构），它的功用是改变被加工螺纹的螺距或机动进给的进给量。

⑤ 溜板箱。它固定在刀架部件的底部，可带动刀架一起做纵向运动。溜板箱的功用是把进给箱传来的运动传递给刀架，使刀架实现纵向进给、横向进给、快速移动或车螺纹。在溜板箱上装有各种手柄及按钮，工作时工人可以方便地操作机床。

⑥ 床身。床身固定在左床腿和右床腿上。床身是车床的基本支承件。在床身上安装着车床的各个主要部件，工作时床身使它们保持准确的相对位置。

（3）CA6140 型卧式车床的传动系统。图 6-3 所示为 CA6140 型卧式车床的传动系统图。图中左上方的方框内表示机床的主轴箱，框中是从主电动机到车床主轴的主运动传动链。传动链中的滑移齿轮变速机构，可使主轴得到不同的转速；片式摩擦离合器换向机构，可使主轴得到正、反向转速。左下方框表示进给箱，右下方框表示溜板箱。从主轴箱中下半部分传动件，到左外侧的挂轮机构、进给箱中的传动件、丝杆或光杠以及溜板箱中的传动件，构成了从主轴到刀架的进给传动链。进给换向机构位于主轴箱下部，用于切削左旋或右旋螺纹，挂轮或进给箱中的变换机构，用来决定将运动传给丝杠还是光杠。若传给丝杠，则经过丝杠和溜板箱中的开合螺母，把运动传递刀架，实现切削螺纹传动链；若传给光杠，则通过光杠和溜板箱中的转换机构传给刀架，形成机动进给传动链。溜板箱中的转换机构用来确定是纵向进给或是横向进给。

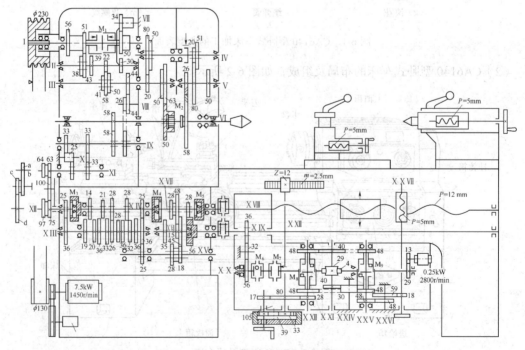

图 6-3　CA6140 型卧式车床的传动系统图

① 主运动传动链。运动由主电动机经 V 带轮传动副 $\phi130mm/\phi230mm$ 传至主轴箱中的轴 I，轴 I 上装有双向多片摩擦离合器 $M_1$，使主轴正转、反转或停止。主运动传动链的传动路线表达式为

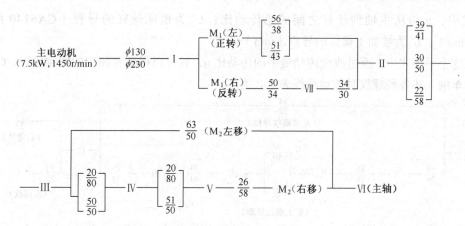

由传动路线表达式可以看出，主轴可获得 $2\times3\times[(2\times2)+1]=30$ 级正转转速，由于轴 III 至轴 V 间的两组双联滑移齿轮变速组的 4 种传动比为

$$u_1=\frac{20}{80}\times\frac{20}{80}=\frac{1}{16};\quad u_2=\frac{20}{80}\times\frac{51}{50}\approx\frac{1}{4}$$

$$u_3=\frac{50}{50}\times\frac{20}{80}=\frac{1}{4};\quad u_4=\frac{50}{50}\times\frac{50}{50}=1$$

其中 $u_2=u_3$，所以实际只有 3 种不同的传动比，因此主轴只能获得 $2\times3\times[(2\times2-1)+1]=$ 24 级正转转速。同理主轴可获得 $3\times[(2\times2-1)+1]=12$ 级反转转速。

主轴反转时，轴 I – II 间传动比的值大于正转时传动比的值，所以反转转速大于正转转速。主轴反转一般不用于切削，而是用于车削螺纹时，切削完一刀后，使车刀沿螺旋线退回，以免下一次切削时"乱扣"。转速高，可节省辅助时间。

② 车削螺纹传动链。CA6140 型车床能够车削米制、英制、模数制和径节制 4 种标准螺纹，还能够车削大导程、非标准和较精密的螺纹，这些螺纹可以是左旋的也可以是右旋的。车削螺纹传动链的作用，就是要得到上述各种螺纹的导程。

不同标准的螺纹用不同的参数表示其螺距，表 6-4 列出了米制、英制、模数制和径节制 4 种螺纹的螺距参数及其与螺距 $P$、导程 $L$ 之间的换算关系。

表 6-4　　　　各种标准螺纹的螺距参数及其与螺距、导程的换算关系

| 螺纹种类 | 螺距参数 | 螺距（mm） | 导程（mm） |
| --- | --- | --- | --- |
| 米制 | 螺距 $P$（mm） | $P=P$ | $L=KP$ |
| 模数制 | 模数 $m$（mm） | $P_m=\pi m$ | $L_m=KP_m=K\pi m$ |
| 英制 | 每英寸牙数 $a$（牙/in） | $P_a=25.4/a$ | $L_a=KP_a=25.4K/a$ |
| 径节制 | 径节 $DP$（牙/in） | $P_{DP}=25.4\pi/DP$ | $L_{DP}=KP_{DP}=25.4K\pi/DP$ |

注：表中 $K$ 为螺纹线数。

车削螺纹时，必须保证主轴每转一转，刀具准确地移动被加工螺纹的一个导程 $L_\text{工}$，其运动

平衡式为

$$L_{(主轴)} \times u \times L_{丝} = L_{工}$$

式中，$u$ 为从主轴到丝杠之间的总传动比；$L_{丝}$ 为机床丝杠的导程（CA6140 型车床 $L_{丝}=12mm$）；$L_{工}$ 为被加工螺纹的导程（mm）。

在这个平衡式中，通过改变传动链中的传动比 $u$，就可以得到要加工的螺纹导程。CA6140 型车床车削上述各种螺纹时传动路线表达式为

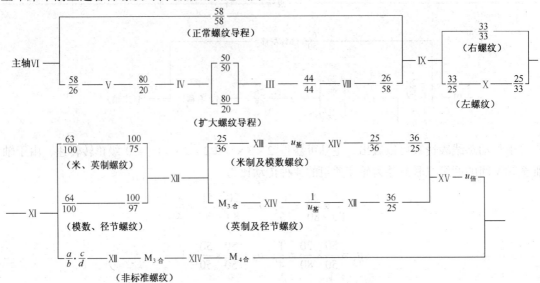

其中 $u_{基}$ 是轴 XIII 和轴 XIV 之间变速机构的 8 种传动比，即

$$u_{基1} = \frac{26}{28} = \frac{6.5}{7}; \quad u_{基2} = \frac{28}{28} = \frac{7}{7}; \quad u_{基3} = \frac{32}{28} = \frac{8}{7}; \quad u_{基4} = \frac{36}{28} = \frac{9}{7}$$

$$u_{基5} = \frac{19}{14} = \frac{9.5}{7}; \quad u_{基6} = \frac{20}{14} = \frac{10}{7}; \quad u_{基7} = \frac{33}{21} = \frac{11}{7}; \quad u_{基8} = \frac{36}{21} = \frac{12}{7}$$

上述变速机构是获得各种螺纹的基本机构，称为基本螺距机构或称基本组。$u_{倍}$ 是轴 XV 和轴 XVII 之间变速机构的 4 种传动比，即

$$u_{倍1} = \frac{18}{45} \times \frac{15}{48} = \frac{1}{8}; \quad u_{倍2} = \frac{28}{35} \times \frac{15}{48} = \frac{1}{4}$$

$$u_{倍3} = \frac{18}{45} \times \frac{35}{28} = \frac{1}{2}; \quad u_{倍4} = \frac{28}{35} \times \frac{35}{28} = 1$$

上述 4 种传动比按倍数关系排列。用于扩大机床车削螺纹导程的种数。这个变速机构称为增倍机构或增倍组。

在加工正常螺纹导程时，主轴VI直接传动轴IX，其间传动比 $u_{正常} = \frac{58}{58} = 1$，此时能加工的最大螺纹导程 $L=12mm$。如果需要车削导程更大的螺纹时，可将轴IX的滑移齿轮 58 向右移动，使之与轴VIII上的齿轮 26 啮合，从主轴VI至轴IX间的传动比为

$$u_{扩1} = \frac{58}{26} \times \frac{80}{20} \times \frac{50}{50} \times \frac{44}{44} \times \frac{26}{58} = 4$$

$$u_{扩2} = \frac{58}{26} \times \frac{80}{20} \times \frac{80}{20} \times \frac{44}{44} \times \frac{26}{58} = 16$$

这表明，当车削螺纹传动链其他部分不变时，只做上述调整，便可使螺纹导程比正常导程相应地扩大 4 倍或 16 倍。通常把上述传动机构称之为扩大螺距机构。在 CA6140 型车床上，通过扩大螺距机构所能车削的最大米制螺纹导程为 192mm。

必须指出，扩大螺距机构的传动比 $u_扩$ 是由主运动传动链中背轮机构齿轮的啮合位置所确定的，而背轮机构一定的齿轮啮合位置，又对应一定的主轴转速，因此，主轴转速一定时，螺纹导程可能扩大的倍数是确定的。具体地说，主轴转速是 10~32r/min 时，导程可扩大 16 倍；主轴转速是 40~125r/min 时，导程可扩大 4 倍；主轴转速更高时，导程不能扩大。这也正好符合大导程螺纹只能在低速时车削的实际需要。

当需要车削非标准螺纹和精密螺纹时，需将进给箱中的齿式离合器 $M_3$、$M_4$ 和 $M_5$ 全部接合上，此时，轴XII、XIV、XVII 和丝杠 XVIII 联成一体，运动由挂轮直接传给丝杠，被加工螺纹的导程 $L_工$ 可通过选配挂轮来实现，因此可以车削任意导程的非标准螺纹。同时，由于传动链大大地缩短，减少了传动件制造和装配误差对螺纹螺距精度的影响，若选用高精度的齿轮作为挂轮，则可加工精密螺纹。挂轮换置公式为

$$u_挂 = \frac{a}{b} \times \frac{c}{d} = \frac{L_工}{12}$$

③ 纵向和横向机动进给传动链。纵向进给一般用于外圆车削，而横向进给用于端面车削。为了减少丝杠的磨损和便于操纵，机动进给是由光杠经溜板箱传动的，其传动路线表达式为

$$主轴 - \begin{bmatrix} 米制螺纹传动路线 \\ 英制螺纹传动路线 \end{bmatrix} - XVII - \frac{28}{56} - XIX（光杠）- \frac{36}{32} \times \frac{32}{36} -$$

$$- M_6（超越离合器）- M_7（安全离合器）- XX - \frac{4}{29} - XXI -$$

$$\begin{bmatrix} \begin{bmatrix} -\frac{40}{48}M_8 \uparrow - \\ -\frac{40}{30} \times \frac{30}{48}M_8 \downarrow - \end{bmatrix} - XXII - \frac{28}{80} - XXIII - 齿轮（Z12）- 齿条 - 刀架（纵向进给）\\ \begin{bmatrix} -\frac{40}{48}M_9 \uparrow - \\ -\frac{40}{30} \times \frac{30}{48}M_9 \downarrow - \end{bmatrix} - XXV - \frac{48}{48} \times \frac{59}{18} - XXVII - 刀架（横向进给）\end{bmatrix}$$

CA6140 型车床纵向机动进给量有 64 级。其中，当进给运动由主轴经正常螺距米制螺纹传动路线时，可获得范围为 0.08~1.22mm/r、32 级正常进给量；当进给运动由主轴经正常螺距英制螺纹传动路线时，可获得 0.86~1.59mm/r、8 级较大进给量；若接通扩大螺距机构，选用米制螺纹传动路线，并使 $u_倍$=1/8，可获得 0.028~0.054mm/r、8 级用于高速精车的细进给量；而接通扩大螺距机构，采用英制螺纹传动路线，并适当调整增倍机构，可获得范围为 1.71~6.33mm/r、16 级供强力切削或宽刃精车之用的加大进给量。

分析可知，当主轴箱及进给箱中的传动路线相同时，所得到的横向机动进给量级数与纵向相同，且横向进给量 $f_横$=1/2$f_纵$。这是因为横向进给经常用于切槽或切断，容易产生振动，切削条件差，故使用较小进给量。

④ 刀架快速移动传动链。刀架的快速移动是由装在溜板箱内的快速电动机（0.25kW，

2 800r/min）驱动的。按下快速移动按钮，启动快速电动机后，由溜板箱中的双向离合器 $M_8$ 和 $M_9$ 控制其纵、横双向快速移动。

刀架快速移动时，可不必脱开机动进给传动链，在齿轮 56 与轴 XX 之间装有超越离合器 $M_6$，可保证光杠和快速电机同时传给轴 XX 运动而不相互干涉。

（4）主轴箱。CA6140 车床的主轴箱包括箱体、主轴部件、传动机构、操纵机构、换向装置、制动装置和润滑装置等。其功用在于支承主轴和传动其旋转，并使其实现启动、停止、变速和换向等。

① 主轴部件。主轴部件是主轴箱最重要的部分，由主轴、主轴轴承和主轴上的传动件、密封件等组成。主轴前端可安装卡盘，用以夹持工件，并由其带动旋转。主轴的旋转精度、刚度和抗振性等对工件的加工精度和表面粗糙度有直接影响，因此对主轴部件的要求较高。

CA6140 型车床的主轴是一个空心阶梯轴。其内孔是用于通过棒料或卸下顶尖时所用的铁棒，也可用于通过气动、液压或电动夹紧驱动装置的传动杆。主轴前端有精密的莫氏 6 号锥孔，用来安装顶尖或心轴，利用锥面配合的摩擦力直接带动心轴和工件转动。主轴后端的锥孔是工艺孔。

CA6140 型卧式车床的主轴部件在结构上做了较大改进，由原来的三支承结构改为两支承结构；由前端轴向定位改为后端轴向定位。前轴承为 P 级精度的双列短圆柱滚子轴承，用于承受径向力。后轴承为一个推力球轴承和角接触球轴承，分别用于承受轴向力和径向力。

主轴的轴承的润滑都是由润滑油泵供油，润滑油通过进油孔对轴承进行充分润滑，并带走轴承运转所产生的热量。为了避免漏油，前后轴承均采用了油沟式密封装置。主轴旋转时，依靠离心力的作用，把经过轴承向外流出的润滑油甩到轴承端盖的接油槽里，然后经回油孔流回主轴箱。

主轴上装有 3 个齿轮，前端处为斜齿圆柱齿轮，可使主轴传动平稳，传动时齿轮作用在主轴上的轴向力与进给力方向相反，因此可减少主轴前支承所承受的轴向力。主轴前端安装卡盘、拨盘或其他夹具的部分有多种结构形式。

② 开停和换向装置。CA6140 型卧式车床采用的双向多片式摩擦离合器实现主轴的开停和换向。其由结构相同的左右两部分组成，左离合器传动主轴正转，右离合器传动主轴反转。摩擦片有内外之分，且相间安装。如果将内外摩擦片压紧，产生摩擦力，轴 I 的运动就通过内外摩擦片而带动空套齿轮旋转；反之，如果松开，轴 I 的运动与空套齿轮的运动不相干，内外摩擦片之间处于打滑状态。正转用于切削，需传递的扭矩较大，而反转主要用于退刀，所以左离合器摩擦片数较多，而右离合器摩擦片数较少。

内外摩擦片之间的间隙大小应适当。如果间隙过大，则压不紧，摩擦片打滑，车床动力就显得不足，工作时易产生闷车现象，且摩擦片易磨损。反之，如果间隙过小，启动时费力；停车或换向时，摩擦片又不易脱开，严重时会导致摩擦片被烧坏。同时，由此也可看出，摩擦离合器除了可传递动力外，还能起过载保险的作用。当机床超载时，摩擦片会打滑，于是主轴就停止转动，从而避免损坏机床。所以摩擦片间的压紧力是根据离合器应传递的额定扭矩来确定的，并可用拧在压套上的螺母来调整。

③ 制动装置。制动装置功用在于车床停车过程中克服主轴箱中各运动件的惯性，使主轴迅速停止转动，以缩短辅助时间。CA6140 型卧式车床采用闸带式制动器实现制动。制动带的拉紧程度可由螺钉进行调整。其调整合适的状态，应是停车时主轴能迅速停止，而开车时制动带能完全松开。

（5）溜板箱。溜板箱的功用是将丝杠或光杠传来的旋转运动转变为直线运动并带动刀架进给；控制刀架运动的接通、断开和换向；机床过载时控制刀架停止进给；手动操纵刀架移动和实现快速移动。因此，溜板箱通常设有以下几种机构。

① 接通丝杠传动的开合螺母机构。

② 将光杠的运动传至纵向齿轮齿条和横向进给丝杠的传动机构。

③ 接通、断开和转换纵、横向进给的转换机构。

④ 保证机床工作安全的过载保险装置和互锁机构。

⑤ 控制刀架运动的操纵机构。

⑥ 改变纵、横向机动进给运动方向的换向机构。

⑦ 快速空行程传动机构。

（6）床鞍刀架部件。此部件由床鞍 14、横刀架 3、转盘 5、小刀架 2 及方刀架 1 等部分组成，如图 6-4 所示。

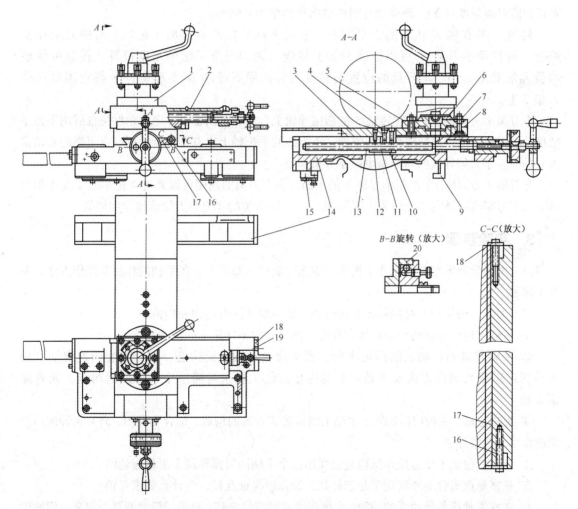

图 6-4　CA6140 型床鞍和刀架部件

1—方刀架　2—小刀架　3—横刀架　4—螺栓　5—转盘　6—制动带　7—螺母　8—T 型螺母钉
9—压板　10—右螺母　11—楔形块　12—左螺母　13—丝杠　14—床鞍　15—后压板　16—调整螺钉
17—镶条　18—刮板　19—钢板　20—横刀架刻度盘

床鞍（溜板、大刀架）14 装在床身导轨上，它可沿床身导轨纵向移动。前导轨是棱形导轨，它的截面形状相当于等腰三角形的两边，两边的夹角是 90°。后导轨是平导轨。为了防止由于切削力的作用而使刀架部件翻倒（颠覆），在床鞍的前后侧装有前压板 9 和后压板 15，压板与床身下导轨间的间隙应小于 0.04mm，压板磨损后间隙可以调整。床鞍呈工字形，在其导轨的端面装有细毛毡制成的刮板 18，它用钢板 19 及螺钉固定在床鞍的端面。当床鞍运动时，刮板将落在床身导轨表面上的切屑、灰尘等杂物刮掉，不使杂物侵入导轨重表面之间，以减少导轨的磨损。

横刀架（横滑板、下刀架）3 可沿床鞍 14 上部的燕尾导轨作横向运动。横刀架是由横进给丝杠 13 传动的。为了能调整间隙，螺母是由 10 和 12 两部分组成的。如螺母磨损后间隙过大，可用螺钉 4 调整楔形块 11 的位置。使左螺母 12 向左移动以减少丝杠与螺母的间隙。调整妥当后用螺钉固紧左螺母 12 的位置。横刀架燕尾导轨的间隙由镶条（斜铁）17 调整。拧动镶条前、后端的调整螺钉 16，就可调整镶条在横刀架内的位置，从而实现调整间隙。在横进给丝杠 13 上装有横刀架刻度盘 20。刻度盘每格的横向移动量为 0.05mm。

转盘 5 装在横刀架 3 的上平面上。它用下部的定心圆柱面（止口）与横刀架孔相配合，转盘及小刀架 2 可以在横刀架上绕竖直轴调整至一定的角度位置。转盘可调整的最大角度是 ±90°。转盘的位置调整妥当后，用螺母 7 及 T 形螺钉 8 将它固紧在横刀架 3 上。

小刀架（上刀架）2 装在转盘 5 的燕尾导轨上，当转盘调整至一定的角度位置后用手摇手把移动小刀架，可以车削较短的圆锥面。小刀架的手把轴上也有刻度盘，刻度盘每格的移动量为 0.1mm。小刀架导轨的间隙是由镶条 6 来调整的。

方刀架（方刀座）1 装在小刀架 2 的上面。在方刀架的四侧可以夹持 4 把车刀（或 4 组刀具）。方刀架可以转动 4 个位置（间隔 90°），使所装的 4 把车刀轮流地参加切削。

### 3. 实验步骤

（1）由指导教师结合机床介绍机床的用途、组成（布局）、各手柄的作用及操作方法，并开车演示。

（2）揭开主轴箱盖，对照传动系统图和主轴箱展开图看传动和构造。

① 了解主传动系统的传动路线，观察在某几种主轴转速下的传动路线。

② 观察花键轴、轴上的固定齿轮、滑动齿轮和轴承的构造，结合装配图理解轴、轴承与固定齿轮的固定方法及滑动齿轮的操作方法（要求看懂一个轴部件的构造，如看懂第 II 轴）。

③ 观察主轴、主轴前后轴承、主轴上的齿轮离合器的构造，结合装配图，研究主轴前后轴承的作用及调整方法。

④ 观察六位集中变速操作机构是怎样用一个手柄同时操作两个滑移齿轮的。

⑤ 观察摩擦离合器和制动带是怎样联合操作以保证互锁，为什么要求互锁？

⑥ 观察主轴箱各传动件的润滑，了解润滑油的流经路径：油箱→粗滤油器→油泵→细滤油器→主轴箱分油器→润滑件。

⑦ 对照传动系统图，理解主轴箱上各操作手柄的作用和所控制的机件，并看懂标牌符号的意义。

（3）挂轮架：打开机床左侧的门，了解挂轮架的构造和用途。

（4）进给箱：理解进给箱上各手柄的作用，对照传动系统图判断各手柄分别控制哪几个机件？看懂标牌符号和进给量表。

（5）刀架：刀架每层的作用如何？共有几层（从床身导轨上算起）？

（6）尾架：观察尾架的构造，了解尾架套筒和主轴同轴度的调整方法以及尾架套筒的夹紧方法。

（7）床身：床身导轨分几组，各组的形状和作用如何，为什么刀架大拖板和尾架各用一组床身导轨而不公用一组？

以上7项内容在实验室CA6140型车床上进行。其中以第2项内容为主。

（8）观察和拆装模型（在模型室进行）：按下列内容要求进行观察研究拆装，拆装的模型必须按原样装好，不得乱装或丢失零件。在观察模型时，必须知道该模型在机床上处于哪个部位。

① 卸载皮带轮（拆装）。了解卸载皮带轮的构造，理解皮带轮卸载的原理。如何使皮带的拉力不传给轴而传给箱体。皮带轮的扭矩是怎样传给轴的（结合装配图）。

② 摩擦片离合器（拆装）。了解摩擦片离合器的用途、作用原理。仔细了解各主要零件的作用、形状和相互装配关系。离合器是怎样传递扭矩的，控制主轴正、反转的离合器各有几片摩擦片，为什么？怎样调整所传递的扭矩的大小（结合装配图）？

③ 溜板箱。

a. 对照传动系统图，观察运动是怎样传给刀架的，怎样操作纵、横进给离合器使刀架获得纵向（正、反）进给和横向（正、反）进给。

b. 观察对开螺母的构造和控制对开螺母的横盘上曲线的形状，怎样控制对开螺母的开合，如何保证对开螺母合上时使其锁紧而不致松开。

c. 操作对开螺母手柄和纵横进给变换手柄，观察二者的互锁情况，在机构上如何保证它们的互锁，为什么必须要互锁？

d. 超越离合器和安全离合器的用途和作用原理。

④ 刀架（拆装）。结合装配图进行拆装，理解方刀架的转位过程：放松、拔销、转位、定位（粗定位和精定位）、夹紧。

# 6.5

# Y38型滚齿机

## 1. 实验目的

（1）了解滚齿机的工作原理、切削运动。

（2）掌握滚齿机的刀具和工作安装、加工工艺特点以及应用。

### 2. 实验内容

（1）滚齿的加工过程。

滚齿（Gear Hobbing）是用齿轮滚刀在滚齿机上进行的，它实质上是按一对螺旋齿轮相啮合的原理进行加工，如图6-5所示。当其中一个螺旋齿轮的螺旋角很大、齿很少（一个或几个）时，齿轮滚刀就成为蜗杆。齿轮滚刀就如同一个用高速钢等材料制造的蜗杆，在垂直于滚刀螺旋线方向开出若干个刀槽，以形成刀刃和容屑槽。滚刀容屑槽的一个侧面，是刀齿的前刀面，它与蜗杆螺纹表面的交线即是切削刃（一个顶刃和两个侧刃）。为了获得必要的后角，并保证在重磨前刀面后齿形不变，刀齿的后刀面应当是铲背面，后角一般为10°～11°。

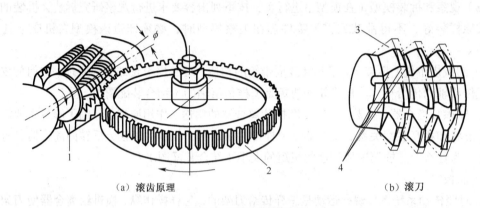

（a）滚齿原理　　　　　　　　　　　　　　（b）滚刀

图 6-5　滚齿原理与滚刀

1—滚刀　2—齿坯　3—蜗杆螺旋表面　4—刀削刃

在滚切过程中，强制滚刀与齿轮坯按速比关系保持一对螺旋齿轮啮合运动，滚刀刀齿侧面运动轨迹的包络线即为渐开线齿形。滚切直齿圆柱齿轮时，需要以下3个运动。

① 主运动。指滚刀的旋转运动，用其转速（r/min）表示。

② 分齿运动。指滚刀与齿轮坯之间强制保持一对螺旋齿轮的啮合速比关系运动，即

$$\frac{n_w}{n_0} = \frac{Z_0}{Z_w}$$

式中，$n_0$、$n_w$ 为滚刀的转速、齿轮坯的转速；$Z_0$、$Z_w$ 为滚刀螺旋齿的线数、被切齿轮的齿数。

③ 轴向进给运动。指为了切出全齿宽，滚刀逐渐沿齿轮坯轴向向下移动的运动，用齿轮坯每转一周或每一分钟滚刀沿齿轮坯轴向移动的距离（mm/r 或 mm/min）来表示。

滚齿的径向切深是通过工作台控制的。对于模数较小的齿轮，一般一次可切至全齿深；对于模数较大的齿轮，则要分几次才能切至全齿深。

无论加工直齿圆柱齿轮还是螺旋齿轮，为了使滚刀下落时齿的切线方向和齿轮轮齿方向一致，滚刀刀架应斜置一个角度。滚切直齿圆柱齿轮时，该角度应等于滚刀的螺旋升角；滚切螺旋齿轮时，若用右旋滚刀滚切右旋螺旋齿轮，该角度就应等于螺旋齿轮的螺旋角与滚刀螺旋升角之差；滚切左旋螺旋齿轮时，该角度应等于螺旋齿轮的螺旋角与滚刀螺旋升角之和。

在滚切螺旋齿轮时，为了滚切出螺旋状和齿槽，除了要有主运动、分齿运动和轴向进给运动之外，还要有一个附加的转动。这个附加的转动是通过机床内部的差动机构来完成的。

（2）滚齿的工艺特点。滚齿加工具有较高的加工质量，其工艺特点如下。

① 采用专门的滚齿机，其结构和传动机构都是按加工齿轮的特殊要求而设计和制造的，分齿运动的精度略高于插齿机。

② 齿形误差小。滚齿加工的齿形曲线同样存在理论误差，其齿形精度略低于插齿加工的精度。

③ 表面粗糙度大于插齿。滚齿加工时，轮齿齿宽是由刀具多次断续切削而成的，并且由于受到滚刀开槽数的限制，形成齿形包络线的切线数目少于插齿。所以滚齿齿面粗糙度 $Ra$ 略大于插齿，一般为 $1.6\sim3.2\mu m$。

④ 加工范围大。滚齿加工用一把滚刀可以加工模数和压力角相同而齿数不同的圆柱齿轮，可加工直齿、螺旋齿圆柱齿轮，还可加工蜗轮等。加工蜗轮时，蜗轮滚刀的有关参数需与被加工蜗轮相啮合的蜗杆的参数一致。

⑤ 生产率高。滚齿加工为多刀连续切削，切削速度较快，所以生产率高于插齿。

在齿轮齿形的加工中，滚齿应用最广泛。滚齿可加工 $7\sim8$ 级精度、齿面粗糙度 $Ra$ 为 $1.6\sim3.2\mu m$ 的直齿、螺旋齿圆柱齿轮和蜗轮，但不能加工内齿轮和相距很近的多联齿轮。滚齿和插齿一样，也适用于单件、小批量以及大量生产。

插齿的应用也比较多，它可以加工直齿和斜齿圆柱齿轮，但由于它的生产率没有滚齿高，插齿刀的制造也比齿轮滚刀复杂，所以，插齿多用于加工用滚刀难以加工的内齿轮、多联齿轮或带有台肩的齿轮等。

尽管滚齿和插齿所使用的刀具及机床比铣齿复杂，成本高，但由于加工质量好，生产效率高，在成批和大量生产中仍可收到很好的经济效果。即使在单件小批量生产中，为了保证加工质量，也常常采用滚齿或插齿加工。

（3）操作步骤。

① 装卸工件。如心轴上已有加工完的工件（齿轮），先不要松开心轴上方的顶尖，用扳手先松开心轴上的螺母，再松开顶尖，用力往上顶一下，脱开一段距离把螺母拧下来，取下心轴套拿出工件（齿轮），再把提供的工件（齿坯）放入心轴中（一个为宜），上下位置偏上为好，加入心轴套，拧入螺母，用力按下顶尖锁紧（最好在心轴中的中心孔中加入少量黄油），再拧紧螺母，压紧工件。

② 机动手动。工件已装入心轴中，此时可以打开总电源开关。要是滚刀离工件有一段距离，上下或前后，此时可以用快速电机按钮启动机床，使之快速位移，在此过程前，先打开操作手杆的离合器 K1，按下所需方向的快速按钮；松开，即关停快速电机。

注意快速移动是由快速电机单独控制。出于安全的考虑，本机床的快速移动是由电器互锁装置控制。

手动机床的上下、前后，配备了方头轴的手动摇柄，插入方头轴，顺、逆时针摇动即可。

③ 加工齿轮。对刀和对中。此时看滚刀的中轴线是否与工件偏上或偏下，要是中轴线不对的话，用手动使滚刀的中轴线与工件的径向齿坯厚度对中，打开 K1、启动主电机，此时滚刀在旋转，用手动摇柄使之慢慢地往前移动，使滚刀与工件刚好接触。停止主电机，使刀架往上移动一段距离，使滚刀与工件脱开，看一下标尺或刻度盘，再往前移动所滚齿轮的深度。（注：本机床所装的为 $m=1.75$ 的滚刀，因 $1.75\times2.25=3.9375mm$，所以往前移动 $3.94\sim4.00mm$ 为宜。）此时合上离合器，脱开方头轴上的齿轮，圆头往内推、启动主电机，即可开始工作。

刀架靠控制面有一条 T 型槽，槽上有一连杆，此连杆可以上下移动，控制面板上有一个行程开关，用连杆可调上下的距离，使之滚完齿轮即停本机床。本机床停止后不再启动主电机，应打开 Kl，用机动或手动使刀架或立柱向上或向后即可。

（4）注意事项。

① 本机严禁在齿轮啮合不到位的状态下启动运转。

② 切记不能用别的齿坯在此机床上使用（如钢件、铸铁等金属材料）。

③ 本机床在使用中，切莫用手触摸运动件。（如滚刀和运动齿轮）

④ 机床在工作中，切记不要打开主变速箱的外盖，因齿轮在运动中，若杂物或手等绞入啮合齿轮中，将损坏机床和出现安全事故。

⑤ 工作过程中，不要随意扳动离合器手柄和任意按动电器的按钮。

⑥ 本机在停止使用时，请注意防尘、防潮保管。

# 第7章 工程材料实验

# 7.1 硬度实验

## 1. 实验目的

（1）进一步加深对硬度概念的理解。
（2）了解布氏、洛氏硬度计的构造和作用原理。
（3）熟悉布氏硬度、洛氏硬度的测定方法和操作步骤。

## 2. 实验所需仪器设备

电子布氏硬度计、数显显微硬度计、数显维氏硬度计、数显洛氏硬度计、洛氏硬度计、维氏硬度计、试样（45 钢、T12 钢退火及淬火试样）一组。

---

### 7.1.1 布氏硬度实验

#### 1. 布氏硬度测试原理

布氏硬度试验是用一定直径的钢球或硬质合金球作压头，以相应的试验载荷压入试样的表面，经规定保持时间后，卸除试验载荷，测量试样表面的压痕直径，如图 7-1 所示。布氏硬度值是试验载荷 $F$ 除以压痕球形表面积所得的商。

$$\text{HBS(HBW)} = 0.102 \frac{2F}{\pi D(D - \sqrt{D^2 - d^2})}$$

式中，$F$ 为试验力（N）；$D$ 为钢球的直径（mm）；$d$ 为压痕的直径（mm）。

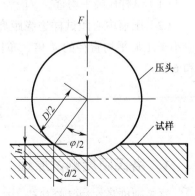

图 7-1　布氏硬度测试原理

当 $F$、$D$ 一定时，布氏硬度值仅与压痕直径 $d$ 的大小有关。$d$ 越小，布氏硬度值越大，材料硬度越高；反之，则说明材料较软。在实际应用中，布氏硬度一般不用计算，只需根据测出的压痕平均直径 $d$ 查表即可得到硬度值。

### 2. 试样的技术条件

（1）试样的试验面应制成光滑平面，不应有氧化皮及污物。试验面应保证压痕直径能精确测量，试样表面粗糙度 $Ra$ 值一般不应大于 0.8μm。

（2）在试样制备过程中，应尽量避免由于受热及冷加工对试样表面硬度的影响。

（3）布氏硬度试样厚度至少应为压痕深度的 10 倍。

（4）试验温度一般为 10℃～35℃。

### 3. 实验操作步骤

（1）根据材料和布氏硬度范围，确定压头直径，载荷及载荷的保持时间。

（2）将压头装在主轴衬套内，先暂时将压头固定螺钉轻轻地旋压在压头杆扁平处。

（3）将试样和工作台的台面揩擦干净，将试样稳固地放在工作台上，然后按顺时针方向转动工作台升降手轮使工作台缓慢上升，并使压头与试样接触，直到手轮与升降螺母产生相对运动时为止，接着再将压头固定螺钉旋紧。

（4）准备就绪后施加载荷将钢球压入试样。首先打开电源开关，电源指示灯（绿色）亮，然后启动换向开关，并且立即作好拧紧时间定位器的压紧螺钉的准备工作，当加荷指示灯（红色）亮时即载荷全部加上，立即转动时间定位器至所需载荷保持时间的位置，迅速拧紧时间定位器的压紧螺钉，使圆盘随曲柄一起回转，又自动反向旋转直到停止。从加荷指示灯亮到熄灭为止为全负荷保持时间。施加载荷时间为 2～8 s。钢铁材料试验载荷的保持时间为 10～15s；非铁金属为 30s；布氏硬度小于 35 时为 60s。

（5）时间定位器停止转动后，逆时针转动手轮，降下工作台，取下试样。

（6）用读数显微镜在两个垂直方向测出压痕直径 $d_1$ 和 $d_2$ 的数值，取平均值。

然后根据压痕平均直径，由 "布氏硬度换算表" 查得布氏硬度值。

### 4. 实验注意事项

（1）试样压痕平均直径 $d$ 应为 0.25～0.6D，否则无效，应换用其他载荷做实验。

（2）压痕中心距试样边缘距离不应小于压痕平均直径的 2.5 倍，两相邻压痕中心距离不应小于压痕平均直径的 4 倍，布氏硬度小于 35 时，上述距离应分别为压痕平均直径的 3 倍和 6 倍。

## 7.1.2  洛氏硬度实验

### 1. 洛氏硬度测试原理

洛氏硬度是在初试验载荷（$F_0$）及总试验载荷（$F_0+F_1$）的先后作用下，将压头（120° 金刚石圆锥体或直径为 1.588mm 的淬火钢球）压入试样表面，经规定保持时间后，卸除主试验载荷

$F1$，用测量的残余压痕深度增量计算硬度值，如图 7-2 所示。

压头在主载荷作用下，实际压入试件产生塑性变形的压痕深度为 $b_d$（$b_d$ 为残余压痕深度增量）。用 $b_d$ 大小来判断材料的硬度。$b_d$ 越大，硬度越低，反之，硬度越高。实测时，硬度值的大小直接由硬度计表盘上读出。

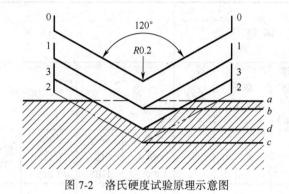

图 7-2　洛氏硬度试验原理示意图

### 2. 实验操作步骤

（1）据试样材料及预计硬度范围，选择压头类型和初、主载荷。

（2）根据试样形状和大小，选择适宜工作台，将试样平稳地放在工作台上。

（3）顺时针方向转动工作台升降手轮，将试样与压头缓慢接触使指示器指针或指示线至规定标志即加上初载荷。如超过规定则应卸除初载荷，在试样另一位置试验。

（4）调整指示器至 B（或 C）点后，将操作手柄向前扳动，加主载荷，应在 4～8s 内完成。待大指针停止转动后，再将卸载手柄扳回，卸除主载荷。

（5）卸除载荷（在 2s 完成）后，按指示器大指针所指刻度线读出硬度值。以金刚石圆锥体作压头（HRA 和 HRC）的按刻度盘的下圈标记为"C"的黑色格子读数，若是以淬火钢球作为压头的则按内圈标记为"B"的红色格子读数。

（6）逆时针方向旋转手轮，降下工作台，取下试样，或移动试样选择新的部位，继续进行实验。

### 3. 实验注意事项

（1）试样两相邻压痕中心距离或任一压痕中心距试样边缘距离一般不小于 3mm，在特殊情况下，这个距离可以减小，但不应小于直径的 3 倍。

（2）为了获得较准确的硬度值，在每个试样上的试验点数应不小于 3 点（第一点不记），取 3 点的算术平均值作为硬度值。对于大批试样的检验，点数可以适当减少。

（3）被测试样的厚度应大于压痕残余深度的十倍，试样表面应光洁平整，不得有氧化皮，裂缝及其他污物沾染。

（4）要记住手轮的旋转方向，顺时针旋转时工作台上升，反之下降。特别在试验快结束时需下降工作台卸除初载荷，取下试样或调换试样位置的时候，手轮不得转错方向，否则手轮转错使工作台上升，就容易顶坏压头。

## 7.1.3　实验报告

根据选用的实验规范和记录数据填写表 7-1、表 7-2。

表 7-1　　　　　　　　　　　　　　　　布氏硬度

| 项目 材料及 处理状态 | 试验规范 | | | 实验结果 | | | | | 换算成洛 氏硬度值 | |
|---|---|---|---|---|---|---|---|---|---|---|
| | 钢球 直径 $d$ （mm） | 载荷 $F$（N） | $F/D^2$ | 第一次 | | 第二次 | | 平均 硬度 值 HBS | HR C | HR B |
| | | | | 压痕直 径 $d$ （mm） | 硬度 值 HBS | 压痕 直径 $d$（mm） | 硬度值 HBS | | | |
| | | | | | | | | | | |
| | | | | | | | | | | |

表 7-2　　　　　　　　　　　　　　　　洛氏硬度

| 项目 材料及 处理状态 | 试验规范 | | | 测得硬度值 | | | | 换算成布 氏硬度值 HBS |
|---|---|---|---|---|---|---|---|---|
| | 压 头 | 总载荷 $F$（N） | 硬度 标尺 | 第一次 | 第二次 | 第三次 | 平均硬度值 | |
| | | | | | | | | |
| | | | | | | | | |

根据测定的试样硬度，分别绘出 45 钢、T12 钢硬度与 $w_C$ 关系曲线图。

① 分析退火状态非合金钢 $w_C$ 与硬度间的关系。

② 比较 45 钢、T12 钢淬火后硬度值与 $w_C$ 的关系。

③ 根据以上实验分析，试推断 $w_C = 0.20\%$、$w_C = 2.0\%$ 的铁碳合金硬度比 45 钢、T12 钢硬度高还是低。

# 7.2
# 金相试样的制作和显微镜的使用

### 1.　实验目的

（1）了解金相显微镜的成像原理及基本结构，熟悉金相显微镜的使用方法。

（2）初步掌握金相试样的制备方法。

### 2. 实验设备及材料

金相显微镜、金相砂纸、抛光机、抛光剂、4%硝酸酒精溶液、清水、45 钢等。

### 3. 实验内容

（1）金相显微镜的原理与使用。

① 显微镜的基本原理。一般正常人看物体时，明视觉距离为 250mm 左右，在这个距离正常人可以分辨的两点最小距离为 0.15～0.3mm，大于或小于这个距离虽然能看见，但不易分辨物体的细微部分，而且眼睛容易疲劳。金属显微组织中的相和各组织组成物之间的距离均小于这个数值，因此必须利用金相显微镜加以放大才能看清。

利用单个凸透镜可以将物体的实像放大，利用一组透镜可以使放大倍数进一步提高，但这些还满足不了对金属显微组织观察的要求，因此，金相显微镜设计时考虑用另一透镜组将第一次放大的像再次进行放大，以得到更高放大倍数的像。根据这一设计，金相显微镜中装有两组放大透镜，靠近物体的一组透镜称为物镜，靠近眼睛进行观察的一组透镜称为目镜。

金相显微镜的成像原理示意图如图 7-3 所示，物体 $AB$ 置于物镜的一倍焦距（$F_1$）以外，两倍焦距之内的位置上，通过物镜后可以形成一个倒立、放大的实像 $A_1B_1$,当实像 $A_1B_1$ 位于目镜的一倍焦距 $F_2$ 以内时，则目镜又使 $A_1B_1$ 放大，在目镜的物方两倍焦距以外，得到 $A_1B_1$ 的正立放大的虚像 $A_2B_2$。这最后映像 $A_2B_2$ 是经过物镜、目镜两次放大后得到的。$A_2B_2$ 又通过眼睛这一光学系统成像于视网膜上 $A_3B_3$，因此可观察到相对于物体是倒立的放大的图像。

显微镜在设计时，让目镜的焦点位置与物镜的放大所成的实像位置接近，并使最终的倒立虚像在人的明视距离处成像，这样就可以使人的观察效果最为清晰。

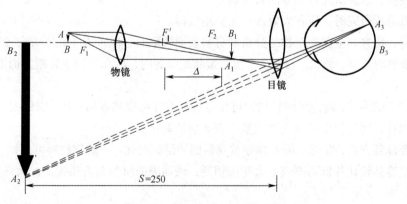

图 7-3　金相显微镜成像原理

② 显微镜的结构。金相显微镜包括 4 个系统，即照明系统、光学系统、机械系统和照相系统。光学系统包括物镜、目镜及有关棱镜；照明系统包括灯泡、平镜照明、棱镜照明、暗场、明场；机械系统包括粗调钮、微调钮、载物台、刻度装置及移动、固定装置；照相系统包括快门、光栏、底片夹伸缩箱等。

③ 金相显微镜的使用及注意事项。金相显微镜属于精密的光学仪器，因此在使用时必须细心谨慎，使用前应当熟悉金相显微镜的原理和结构，使用过程中严格按照有关操作规

程进行操作。

金相显微镜的一般操作规程主要包括如下内容。

根据观察要求选配物镜和目镜，并安装到相应位置。

将显微镜照明系统的电源插头插入低压变压器插孔中，接通电源。

将金相试样放在载物台中心，如需要固定应当用载物台上的固定装置进行固定。

进行调焦。调焦过程是先通过粗动调焦机构使试样与物镜之间达到一定成像的距离（物镜不能与试样相接触），然后通过微动调焦机构进一步精确调焦，使成像达到最佳。

根据所观察试样的要求，适当调节孔径光栏和视场光栏，以获得最好的物像效果。

④ 使用金相显微镜时的注意事项。金相显微镜的照明电源用的是低压灯泡，必须通过降压变压器使用，千万不可将显微镜的照明电源插头直接插入 220V 电源插座，以免造成事故。

不能用手擦拭物镜和目镜的玻璃部分，如有灰尘可用镜头纸或专用毛刷进行清理。

不能用手抚摸金相试样的观察面，也不要随意地挪动试样，以免划伤观察面，影响观察效果。

使用过程中必须细心操作，不能有粗暴和剧烈的动作，要避免振动。特别是调焦时，动作一定要慢，如遇阻碍时应当立即停止操作，待查明原因后再进行。

不允许随便拆卸显微镜的部件，特别是光学系统，以免损坏显微镜或影响显微镜的使用精度。

（2）金相试样的制备方法。

金相样品的制备一般包括取样、镶嵌、磨制、抛光、浸蚀等工序，简述如下。

① 取样和镶嵌。取样部位及观察面的选择，必须根据被分析材料或零件的失效分析特点、加工工艺的性质，以及研究目的等因素来确定。

进行失效分析研究时，应在失效部位完整地取样。

对于轧材，研究非金属夹杂物的分析和材料表面缺陷时，应垂直于轧制方向（即横向）取样；研究夹杂物的类型、形状、材料变形度、带状组织等时，应在平行于轧制方面上（即纵向）取样。

对热处理后的零件，因为组织较均匀可任意选择取样部位和方向；对于表面处理过的零件，在表面部位取样，要能较全面地观察到整个表面层的变化。

取样时要注意方法，要避免因取样导致观察面的组织变化。一般软材料可用锯、车等方法；硬材料可用水冷砂轮切片机切割或电火花线切割；硬而脆的材料则可用锤击；大件可用氧割，等等。

试样大小一般以手拿操作方便即可（如直径 10～15mm，高 10mm 的圆柱体）。若样品过小（如细丝、薄片）或形大而不规则，以及有特殊要求，例如要求观察表面组织，则必须进行镶嵌。

镶嵌方法有低熔点合金的镶嵌、电木粉镶嵌、环氧树脂镶嵌等，此外还可用夹钳来夹持试样。

② 磨制。软材料粗磨可用锉刀锉平，一般钢铁用砂轮机磨平，打磨时用水冷，以防温度升高引起组织变化。

细磨可用手工磨或机械磨。手工磨是在金相砂纸上研磨。国产金相砂纸按粗到细分为01、02、03、04、05 等号。研磨时依次用 01 号～05 号砂纸，且每换一号砂纸时将试样转 90°（即与上道磨痕方向垂直），以便观察上道磨痕是否被磨去。研磨软材料时，可在砂纸上涂一层润滑剂，如机油、汽油、甘油、肥皂水等，以免砂粒嵌入试样表面。

为了加快研磨速度，可采用在转盘上贴上水砂纸的预磨机进行机械磨。水砂纸按粗细有200、300、400、500、600、700、800、900号等。用水砂纸盘磨样时，应不断加水冷却。同样，每换一号砂纸时试样用水冲洗干净，也调换90°方向。

③ 抛光。为了使磨面成为镜面，细磨后的试样还需进行抛光。抛光有机械抛光、电解抛光、化学抛光等方法，其中使用最广的是机械抛光。

机械抛光在专用抛光机上进行。抛光盘上装不同材料的抛光布，粗抛时常用帆布或粗呢，精抛时沿抛光盘上不断滴注抛光液（水或 $Al_2O_3$，$Cr_2O_3$，$MgO$ 的悬浮液）或在抛光盘上涂极细的金刚石研磨膏。试样磨面应均匀、平正地压在旋转的抛光盘上。待试样表面磨痕全部消失且呈光亮的镜面时，抛光过程就告结束。

电解抛光是将试样放入电解槽中，作为阳极，用不锈钢板或铅板作阴极，通以直流电流，使试样表面凸起的磨痕被溶解而抛光。化学抛光是依靠化学溶液对试样表面电化学溶解而获得抛光表面的方法。

④ 浸蚀。除观察试样中的某些非金属夹杂物或铸铁中的石墨形态等情况外，金相样品在抛光后还需进行浸蚀处理。

抛光后的试样只有通过浸蚀后才使组织显现出来。金相显微镜光源的光线照到试样表面，由于有的组织或是晶界易腐蚀而呈现凹凸不平，表面与入射光线垂直的组织将大部分把光线反射回去，在显微镜视场中呈白亮状；而有些组织由于表面不垂直于入射光线，而使许多光线散射掉，只有很少的光线反射回去，在显微镜视场中呈灰暗状。由此明暗不同产生程度而形成图像。

金属材料的常用化学浸蚀剂见表7-3。

表7-3　　　　　　　　　　　　　　常用的金相试剂

| 序号 | 试剂名称 | 成分 | | 适用范围 | 注意事项 |
|---|---|---|---|---|---|
| 1 | 硝酸酒精溶液 | 硝酸 $HNO_3$ 酒精 | 1～5mL 100mL | 碳钢及低合金钢的组织显示 | 硝酸含量按材料选择，浸蚀数秒钟 |
| 2 | 苦味酸酒精溶液 | 苦味酸酒精 | 2～10g 100mL | 对钢铁材料的细密组织显示较清晰 | 浸蚀时间为数秒钟至数分钟 |
| 3 | 苦味酸盐酸酒精溶液 | 苦味酸 盐酸 HCl 酒精 | 1～5g 5mL 100mL | 显示淬火及淬火回火后钢的晶粒和组织 | 浸蚀时间较上例数秒钟至1min |
| 4 | 苛性钠苦味酸水溶液 | 苛性钠 苦味酸 水 $H_2O$ | 25g 2g 100mL | 钢中的渗碳体染成暗黑色 | 加热煮沸浸蚀 5～30min |
| 5 | 氯化铁盐酸水溶液 | 氯化铁 $FeCl_3$ 盐酸 水 | 5g 50mL 100mL | 显示不锈钢，奥氏体高镍钢，铜及铜合金组织，显示奥氏体不锈钢的软化组织 | 浸蚀至显现组织 |

| 序号 | 试剂名称 | 成分 | | 适用范围 | 注意事项 |
|---|---|---|---|---|---|
| 6 | 王水甘油溶液 | 硝酸<br>盐酸<br>甘油 | 10mL<br>20～30mL<br>30mL | 显示奥氏体镍铬合金等组织 | 先将盐酸与甘油充分混合，然后加入硝酸，试样浸蚀前先行用微火预热 |
| 7 | 高锰酸钾苛性钠 | 高锰酸钾<br>苛性钠 | 4g<br>4g | 显示高合金钢中碳化物、σ相等 | 煮沸使用，浸蚀1～10min |
| 8 | 氨水双氧水溶液 | 氨水（饱和）<br>$H_2O_2$（3%）水溶液 | 50mL<br>50mL | 显示铜及铜合金组织 | 随用随配，以保持新鲜，用棉花蘸擦 |
| 9 | 氯化铜氨水溶液 | 氯水（饱和）<br>氨水（饱和） | 8g<br>100mL | 显示铜及铜合金组织 | 浸蚀30～60s |
| 10 | 硝酸铁水溶液 | 硝酸铁 $Fe(NO_3)_3$ 水 | 10g<br>100mL | 显示铜合金组织 | 用棉花擦拭 |
| 11 | 混合酸 | 氢氟酸（浓）<br>盐酸或硝酸<br>水 | 1mL<br>1.5mL<br>95mL | 显示硬铝组织 | 浸蚀10～20s或用棉花蘸擦 |
| 12 | 氢氟酸水溶液 | 氢氟酸 HF（浓）<br>水 | 5mL<br>99.5mL | 显示一般铝合金组织 | 用棉花擦试 |
| 13 | 苛性钠水溶液 | 苛性钠<br>水 | 1g<br>90mL | 显示铝及合金组织 | 浸蚀数秒钟 |
| 14 | 显示原始奥氏体晶界 | 苦味酸 3g，20 型洗衣粉 0.5g（内含烷基磺酸钠），水 100mL，盐酸 25mL，硝酸 4mL，水 25mL | | 2CrNi3、30CrMnSi、38CrMoAl、40CrNiM 等原始回火高速钢原始奥氏体晶界 | 40℃～60℃<br>5～2min<br>浸蚀后轻抛数秒 |

浸蚀时，可将试样磨面浸入腐蚀剂中，也可用棉花沾浸蚀剂擦拭表面。浸蚀的深浅根据组织的特点和观察时的放大倍数来确定。高倍观察浸蚀要轻一些。一般待试样表面颜色稍发暗时即可。浸蚀后用水冲洗，再用酒精清洗，最后用吹风机吹干或用吸水纸、棉花等吸干。

# 7.3 铁碳合金的平衡组织观察

## 1. 实验目的

（1）熟练运用铁碳合金相图，提高分析铁碳合金平衡凝固过程及组织变化的能力。

（2）掌握碳钢和白口铸铁的显微组织特征。

## 2. 原理概述

铁碳合金相图是研究碳钢组织、确定其热加工工艺的重要依据。铁碳合金在室温的平衡组织均由铁素体（F）和渗碳体（$Fe_3C$）两相按不同数量、大小、形态和分布所组成。高温下还有奥氏体（A）和 $\delta$ 固溶体相。

利用铁碳合金相图分析铁碳合金的组织时，需了解相图中各相的本质及其形成过程，明确图中各线的意义，3 条水平线上的反应及反应产物的本质和形态，并能做出不同合金的冷却曲线，从而得知其凝固过程中组织的变化及最后的室温组织。

根据含碳量的不同，铁碳合金可分为工业纯铁、碳钢及白口铸铁 3 大类，现分别说明其组织形成过程及特征。

（1）工业纯铁。碳的质量分数小于 0.021 8% 的铁碳合金称为工业纯铁，如图 7-4 所示。当其冷到碳在 $\alpha$-Fe 中的固溶度线 $P_Q$ 以下时，将沿铁素体晶界析出少量 3 次渗碳体，铁素体的硬度在 80HB 左右，而渗碳的硬度高达 800HB，因工业纯铁中的渗碳体量很少，故硬度、强度不高而塑性、韧性较好。

图 7-4　工业纯铁组织

（2）碳钢。碳的质量分数 $w_C$ 为 0.021 8%～2.11% 的铁碳合金称为碳钢，根据合金在相图中的位置可分为亚共析、共析和过共析钢。

① 共析钢。成分为 $w_C=0.77\%$，在 727℃ 以上的组织为奥氏体，冷至 727℃ 时发生共析反应

$$A_{\{0.77\%C\}} \rightarrow F_{\{0.0218\%C\}} + Fe_3C$$

铁素体与渗碳体的机械混合物称珠光体（P）。室温下珠光体中渗碳体的质量分数约为 12%，慢冷所得的珠光体呈层片状。

采用电子显微镜高倍放大能看出 $Fe_3C$ 薄层的厚度，如图 7-5 所示，窄条为 $Fe_3C$，宽条为 Fe 基体，两者有明显的分界线。在普通光学显微镜下观察时，只能看到 $Fe_3C$ 成条条细黑线分布在铁素体上，如图 7-6 所示。位向相同的一组铁素体加渗碳体片层，称一个共析领域。当放大倍数低，珠光体组织细密或浸蚀过深时，珠光体中的片层难以分辨，呈一片暗色区域。

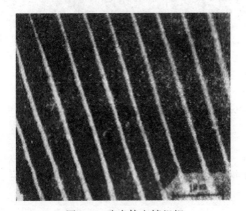

图 7-5　珠光体电镜组织

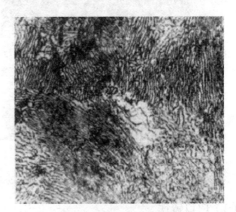

图 7-6　珠光体光镜组织

② 亚共析钢。成分为 0.021 8%<$w_C$<0.077%，组织为先共析铁素体加珠光体，在显微镜下铁素体呈亮色，珠光体为暗色，铁素体的形态随合金含碳量即铁素体量的多少而变，如 $w_C=0.2\%$ 时，其组织的基体为等轴的铁素体晶粒，少量暗色珠光体分布在铁素体晶粒边界或三叉晶界上呈不规则岛状。当含碳量增加，组织中珠光体的量增多，至 $w_C=0.4\%$，珠光体与铁素体的量各

占一成；$w_C > 0.5\%$，珠光体成为钢的基体，铁素体呈连续或断续的网络状围绕着珠光体分布，这是由于先共析铁素体是沿原奥氏体边界优先析出，至一定量后，剩余奥氏体才转变为珠光体，不同含碳量的亚共析钢的显微组织如图 7-7 所示。

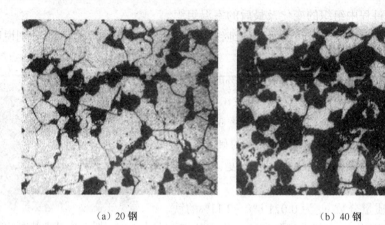

（a）20 钢          （b）40 钢

图 7-7 亚共析钢显微组织

③ 过共析钢。成分为 $0.77\% < w_C < 2.11\%$，但实用钢的最大含碳量只到 1.3%，因碳量再高，二次渗碳体量增多，使钢变脆。

过共析钢的组织由珠光体及二次渗碳体所组成，二次渗碳体呈网状，碳量越高，渗碳体网越多、越完整。与先共析铁素体网很容易区别，若经硝酸酒精溶液浸蚀后，两者虽均为亮色，但二次渗碳体网要细得多；若用碱性苦味酸钠溶液热浸蚀后，渗碳体变成暗色，铁素体仍为亮色。经不同方法浸蚀后的 T12 钢组织如图 7-8（a）、图 7-8（b）所示。

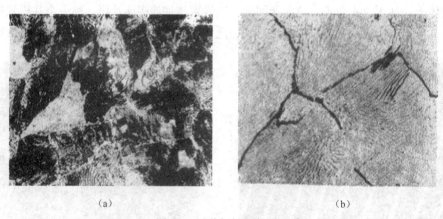

（a）           （b）

图 7-8 过共析钢显微组织

（3）白口铸铁。

① 共晶白口铁（$w_C = 4.3\%$）。此合金由液态冷却到 1 148℃时，全部发生共晶反应：$L_{(4.3\%C)} \rightarrow A_{(2.11\%C)} + Fe_3C$ 所得产物称莱氏体（$L_d$），呈豹皮状，其中奥氏体呈短棒或小条状分布在渗碳体基体上，在以后继续冷却的过程中，只有奥氏体原地发生转变，先析出二次渗碳体，后在 727℃形成珠光体。沿奥氏体边界析出的二次渗碳体，常与共晶渗碳体连成一片，不易分辨。室温组织是由奥氏体转变来的二次渗碳体、珠光体及原共晶渗碳体

组成，称变态莱氏体（L$_d'$）。所谓变态的实质是指共晶内部组成物改变，并非形貌改观，在显微镜下观察变态莱氏体仍呈豹皮状，如图7-9（a）所示。

② 亚共晶白口铁（$w_C$=2.11%～4.3%）。这类合金凝固时先析出初生奥氏体，呈树枝状，剩余液体在1 148℃发生共晶反应得到莱氏体，继续冷却时初生奥氏体及共晶体中的奥氏体各在原地发生相同的转变，即先析出二次渗碳体，后形成珠光体，室温组织是由初生奥氏体转变所得的二次渗碳体加珠光体（Fe$_3$C$_{II}$+P）及变态莱氏体 L$_d'$所组成，如图7-9（b）所示。

③ 过共晶白口铁（$w_C$=4.3%～6.69%）。过共晶白口铸铁的组织由粗大片状的一次渗碳体加变态莱氏体组成，如图7-9（c）所示。

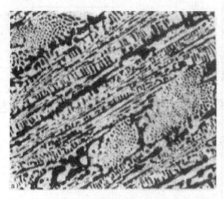

（a）共晶白口铁

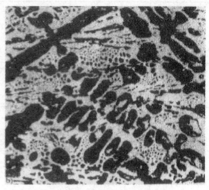

（b）亚共晶白口铁

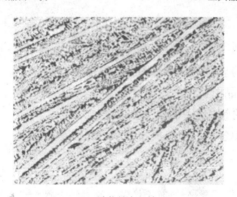

（c）过共晶白口铁

图7-9　白口铸铁组织

## 3. 实验内容及步骤

（1）讨论 Fe-Fe$_3$C 相图。

（2）分析各相及组织组成物的本质。

（3）分析不同含碳量的铁碳合金的凝固过程、室温组织及其形貌特征。

（4）总结铁碳合金的组织、性能与含碳量的关系。

（5）观察、分析并画出工业纯铁、不同碳钢及白口铸铁的组织示意图。

（6）测定不同含碳量的碳钢的硬度。

### 4. 材料及设备

（1）表 7-4 所列的金相试样两套，并附金相照片。

（2）金相显微镜。

（3）布氏硬度计。

表 7-4 本实验所观察的合金

| 类别 | 合金牌号 | 浸蚀剂 | 显微组织 | 类别 | 合金牌号 | 浸蚀剂 | 显微组织 |
|---|---|---|---|---|---|---|---|
| 工业纯铁 | 工业纯铁 | 4%硝酸酒精溶液 | $F+Fe_3C_{II}$ | 过共析钢 | T12 | 4%硝酸酒精溶液 | $P+Fe_3C_{II}$ |
| 亚共析钢 | 20 | 4%硝酸酒精溶液 | F+P | | | 碱性苦味酸钠溶液 | |
| 亚共析钢 | 45 | 4%硝酸酒精溶液 | F+P | 白口铸铁 | 亚共晶 | 4%硝酸酒精溶液 | $Fe_3C_{II}+P+L_d'$ |
| 亚共析钢 | 60 | 4%硝酸酒精溶液 | F+P | | 共晶 | 4%硝酸酒精溶液 | $L_d'$ |
| 共析钢 | T8 | 4%硝酸酒精溶液 | P | | 过共晶 | 4%硝酸酒精溶液 | $L_d'+Fe_3C_I$ |

### 5. 实验报告要求

（1）列表说明铁碳相图中各个相的本质、晶体结构、溶碳量、形成条件、形态等不同点。

（2）画出所观察合金的显微组织示意图并加以注解。

（3）分析 20 钢及亚共晶白口铁的凝固过程。

（4）总结含碳量增加时钢的组织和性能的变化规律。

（5）总结碳钢和铸铁中各种组织组成物的本质和形态特征。

# 7.4 碳钢非平衡显微组织观察

### 1. 实验目的

（1）观察和研究碳钢经不同形式热处理后显微组织的特点。

（2）了解热处理工艺对钢组织和性能的影响。

### 2. 实验原理

共析碳钢（T8）过冷奥氏体在不同温度转变的组织及性能，见表 7-5。

表 7-5　　　　　共析碳钢（T8）过冷奥氏体在不同温度转变的组织及性能

| 转变类型 | 组织名称 | 形成温度范围（℃） | 金相显微组织特征 | 硬度（HBC） |
|---|---|---|---|---|
| 珠光体型相变 | 珠光体（P） | <650 | 在 400～500 倍金相显微镜下可观察到铁素体和渗碳体的片层状组织 | ～20（HB180～200） |
| | 索氏体（S） | 600～650 | 在 800～1 000 倍以上的显微镜下才能分清片层状特征，在低倍下片层模糊不清 | 25～35 |
| | 屈氏体（T） | 550～600 | 用光学显微镜观察时呈黑色团状组织，只有在电子显微镜（5 000～15 000×）下才能看出片层组织 | 35～40 |
| 贝氏体型相变 | 上贝氏体（B上） | 350～550 | 在金相显微镜下呈暗灰色的羽毛状特征 | 40～48 |
| | 下贝氏体（B下） | 220～350 | 在金相显微镜下呈黑色针叶状特征 | 48～58 |
| 马氏体型相变 | 马氏体（M） | <230 | 在正常淬火温度下呈细针状马氏体（隐晶马氏体），过热淬火时则呈粗大片状马氏体 | 62～65 |

　　铁碳合金经缓冷后的显微组织基本上与铁碳相图所预料的各种平衡组织相符合，但碳钢在不平衡状态，即在快冷条件下的显微组织就不能用铁碳合金相图来加以分析，而应由过冷奥氏体等温转变曲线图——C 曲线来确定。图 7-10 所示为共析碳钢的 C 曲线图。

　　按照不同的冷却条件，过冷奥氏体将在不同的温度范围发生不同类型的转变。通过金相显微镜观察，可以看出过冷奥氏体各种转变产物的组织形态各不相同。共析碳钢过冷奥氏体在不同温度转变的组织特征及性能，如图 7-10 所示。

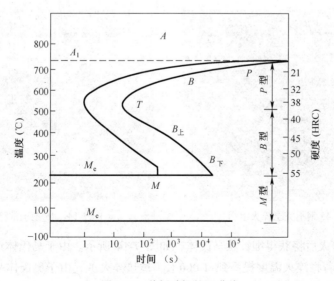

图 7-10　共析碳钢的 C 曲线

### 3. 钢的退火和正火组织

亚共析成分的碳钢（如40、45钢等）一般采用完全退火，经退火后可得到接近于平衡状态的组织，其组织特征已在7.1实验中加以分析和观察。过共析成分的碳素工具钢（如T10、T12钢等）一般采用球化退火，T12钢经球化退火后组织中的二次渗碳体及珠光体中的渗碳体都将变成颗粒状，如图7-11所示。图中均匀而分散的细小粒状组织就是粒状渗碳体。

45钢经正火后的组织通常要比退火的细，珠光体的相对含量也比退火组织中的多，如图7-12所示，原因在于正火的冷却速度稍大于退火的冷却速度。

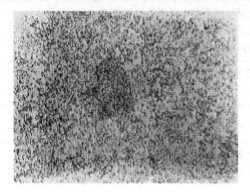 

图 7-11　T12 钢球化退火组织　　　　　　　图 7-12　45 钢经正火后的组织

### 4. 钢的淬火组织

将45钢加热到760℃（即 $A_{c1}$ 以上，但低于 $A_{c3}$），然后在水中冷却，这种淬火称为不完全淬火。根据 Fe-Fe$_3$C 相图可知，在这个温度加热，部分铁素体尚未溶入奥氏体中，经淬火后将得到马氏体和铁素体组织。在金相显微镜中观察到的是呈暗色针状马氏体基底上分布有白色块状铁素体，如图7-13所示。

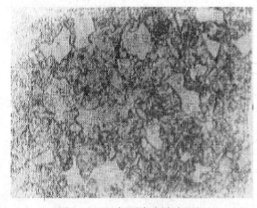 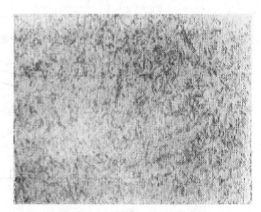

图 7-13　45 钢不完全淬火组织　　　　　　　图 7-14　45 钢正常淬火组织

45钢经正常淬火后将获得细针状马氏体，如图7-14所示。由于马氏体针非常细小，在显微镜中不易分清。若将淬火温度提高到 1 000℃（过热淬火），由于奥氏体晶粒的粗化，经淬火后将得到粗大针状马氏体组织，如图7-15所示。若将45钢加热到正常淬火温度，然后在油中冷却，则由于冷却速度不足（$V<V_K$），得到的组织将是马氏体和部分屈氏体（或混有少量贝氏体）。图 7-16 所示为 45 钢经加热到 800℃保温后油冷的显微组织，亮白色为马氏体，呈黑色块状分布于晶界处的为屈氏体。T12 钢在正常温度淬火后的显微组织如图 7-17 所示，除了细小的马氏体外尚有部分未溶入奥氏体中的渗碳体（呈亮白颗粒）。当 T12 钢在较高温度淬火时，显微组织出现粗大的马氏体，并且还有一定数量（15%～30%）的残余奥氏体（呈亮白色）存在于马氏体针之间，如图 7-18 所示。

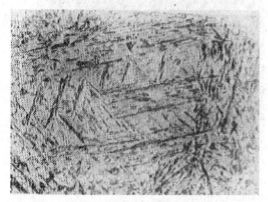

图 7-15　45 钢过热淬火组织

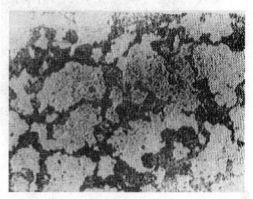

图 7-16　45 钢 800℃油冷的显微组织

图 7-17　T12 钢在正常温度淬火后的显微组织

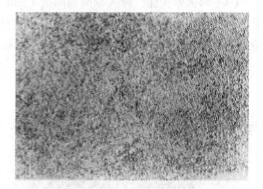

图 7-18　T12 钢过热淬火组织

## 5. 淬火后的回火组织

钢经淬火后所得到的马氏体和残余奥氏体均为不稳定组织，它们具有向稳定的铁素体和渗碳体的两相混合物组织转变的倾向。通过回火将钢加热，提高原子活动能力，可促进这个转变过程的进行。

淬火钢经不同温度回火后所得到的组织不同，通常按组织特征分为以下 3 种。

（1）回火马氏体。淬火钢经低温回火（150℃～250℃），马氏体内的过饱和碳原子脱溶沉淀，析出与母相保持着共格联系的 ε 碳化物，这种组织称为回火马氏体。回火马氏体仍保持针片状特征，但容易受浸蚀，故颜色要比淬火马氏体深些，是暗黑色的针状组织，如图 7-19 所示。

图 7-19　45 钢低温回火组织

（2）回火屈氏体。淬火钢经中温回火（350℃~500℃）得到在铁素体基体中弥散分布着微小粒状渗碳体的组织，称为回火屈氏体。回火屈氏体中的铁素体仍然基本保持原来针状马氏体的形态，渗碳体则呈细小的颗粒状，在光学显微镜下不易分辨清楚，故呈暗黑色，如图7-20（a）所示。用电子显微镜可以看到这些渗碳体质点，并可以看出回火屈氏体仍保持有针状马氏体的位向，如图7-20（b）所示。

（a）金相照片　　　　　　　　　　　（b）电镜照片

图 7-20　45 钢 400℃回火组织

（3）回火索氏体。淬火钢高温回火（500℃~650℃）得到的组织称为回火索氏体，其特征是已经聚集长大了的渗碳体颗粒均匀分布在铁素体基体上，如图 7-21（a）所示。用电子显微镜可以看出回火索氏体中的铁素体已不呈针状形态而呈等轴状，如图 7-21（b）所示。

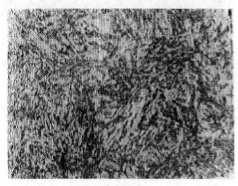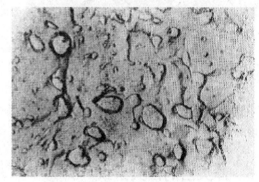

（a）金相照片　　　　　　　　　　　（b）电镜照片

图 7-21　45 钢 600℃回火组织

## 6. 实验方法指导

（1）实验内容及步骤。

① 每组领取一套样品，在指定的金相显微镜下进行观察。观察时根据 Fe-Fe$_3$C 相图和奥氏体等温转变图来分析确定各种组织的形成原因。

② 画出所观察到的几种典型的显微组织形态特征，并注明组织名称、热处理条件及放大倍数等。

③ 本实验所研究的 45 钢及 T12 钢的热处理工艺、显微组织、浸蚀剂及放大倍数列于表 7-6 中。

表 7-6　　　　　　　　　　　45 钢和 T12 钢经不同热处理后的显微组织

| 编　号 | 热处理工艺 | 显微组织特征 | 放大倍数 |
|---|---|---|---|
| | 45 钢 | | |
| 1 | 退火：860℃炉冷 | 珠光体+铁素体（呈亮白色块状） | 400× |
| 2 | 正火：860℃空冷 | 细珠光体+铁素体（块状） | 500× |
| 3 | 淬火：760℃水冷 | 针状马氏体+部分铁素体（白色块状） | 500× |
| 4 | 860℃水冷 | 细针马氏体+残余奥氏体（亮白色） | 500× |
| 5 | 860℃油冷 | 细针马氏体+屈氏体（暗黑色块状） | 500× |
| 6 | 1 000℃水冷 | 粗针状马氏体+残余奥氏体（亮白色） | 500× |
| 7 | 860℃水淬和 200℃回火 | 细针状回火马氏体（针呈暗黑色） | 500× |
| 8 | 860℃水淬和 400℃回火 | 针状铁素体+不规则粒状渗碳体 | 500× |
| 9 | 860℃水淬和 600℃回火 | 等轴状铁素体+粒状渗碳体 | 500× |
| | T12 钢 | | |
| 10 | 退火：760℃球化 | 铁素体+球状渗碳体（细粒状） | 400× |
| 11 | 淬火：780℃水冷 | 细针马氏体+粒状渗碳体（亮白色） | 500× |
| 12 | 1 000℃水冷 | 粗片马氏体+残余奥氏体（亮白色） | 500× |

（2）实验设备及材料。

① 金相显微镜。

② 金相图谱及放大金相图片。

③ 各种经不同热处理的显微样品。

（3）注意事项。

① 对各类不同热处理工艺的组织，观察时可采用对比的方式进行分析研究，例如正常淬火与不正常淬火，水淬与油淬，淬火马氏体与回火马氏体等。

② 对各种不同温度回火后的组织，可采用高倍放大进行观察，必要时参考有关金相图谱。

（4）实验报告要求。

① 明确本次实验目的。

② 画出几种典型的显微组织图。

③ 分析样品 3 与 4、3 与 5、4 与 5、4 与 7 的异同处，并说明原因。

# 7.5 碳钢的热处理

## 1. 实验目的

（1）了解碳钢的基本热处理（退火、正火、淬火及回火）工艺方法。

（2）研究冷却条件与钢性能的关系。

（3）分析淬火及回火温度对钢性能的影响。

## 2. 原理概述

热处理是一种很重要的热加工工艺方法，也是充分发挥金属材料性能潜力的重要手段。热处理的主要目的是改变钢的性能，其中包括使用性能及工艺性能。钢的热处理工艺特点是将钢加热到一定的温度，经一定时间的保温，然后以某种速度冷却下来，通过这样的工艺过程能使钢的性能发生改变。

热处理之所以能使钢的性能发生显著变化，主要是由于钢的内部组织结构可以发生一系列变化。采用不同的热处理工艺过程，将会使钢得到不同的组织结构，从而获得所需要的性能。

钢的热处理基本工艺方法可分为退火、正火、淬火和回火等。

## 3. 钢的退火和正火

钢的退火通常是把钢加热到临界温度 $A_{c1}$ 或 $A_{c3}$ 以上，保温一段时间，然后缓缓地随炉冷却。此时，奥氏体在高温区发生分解而得到比较接近平衡状态的组织。

一般中碳钢（如 40 钢、45 钢）经退火后组织稳定，硬度较低（HB180～220）有利于下一步进行切削加工。

正火则是将钢加热到 $A_{c3}$ 或 $A_{cm}$ 以上 30℃～50℃，保温后进行空冷。由于冷却速度稍快，与退火组织相比，组织中的珠光体相对量较多，且片层较细密，所以性能有所改善。对低碳钢来说，正火后提高硬度可改善切削加工性，提高零件表面光洁度；对高碳钢，正火可消除网状渗碳体，为下一步球化退火及淬火作组织上的准备。不同含碳量的碳钢在退火及正火状态下的强度和硬度值见表7-7。

表 7-7　　　　　　　　　　　碳钢在退火及正火状态下的机械性能

| 性　　能 | 热处理状态 | 含碳量（%） | | |
|---|---|---|---|---|
| | | ≤0.1 | 0.2～0.3 | 0.4～0.6 |
| 硬度（HB） | 退火 | ～20 | 150～160 | 180～200 |
| | 正火 | 130～140 | 160～180 | 220～250 |
| 强度 $\sigma_b$（MN/m$^2$） | 退火 | 200～330 | 420～500 | 360～670 |
| | 正火 | 340～360 | 480～550 | 660～760 |

## 4. 钢的淬火

所谓淬火就是将钢加热到 $A_{c3}$（亚共析钢）或 $A_{c1}$（过共析钢）以上 30℃～50℃，保温后放入各种不同的冷却介质中快速冷却（$V$ 应大于 $V_K$），以获得马氏体组织。碳钢经淬火后的组织由马氏体及一定数量的残余奥氏体所组成。

为了正确地进行钢的淬火，必须考虑下列 3 个重要因素：淬火加热温度、保温时间和冷却速度。

（1）淬火温度的选择。正确选定加热温度是保证淬火质量的重要一环。淬火时的具体加热温度主要取决于钢的含碳量，可根据 Fe-Fe$_3$C 相图确定，如图 7-22 所示。对亚共析钢，其加热

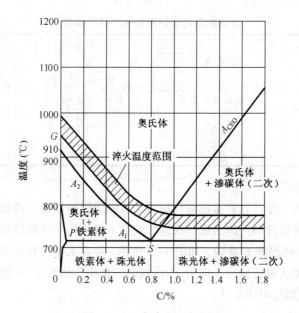

图 7-22 正常淬火温度范围

温度为 $A_{c3}$+30℃~50℃，若加热温度不足（低于 $A_{c3}$），则淬火组织中将出现铁素体，造成强度及硬度的降低。对过共析钢，加热温度为 $A_{c1}$+30℃~50℃，淬火后可得到细小的马氏体与粒状渗碳体，后者的存在可提高钢的硬度和耐磨性。过高的加热温度（如超过 $A_{cm}$）不仅无助于强度、硬度的增加，反而会由于产生过多的残余奥氏体而导致硬度和耐磨性的下降。

需要指出，不论在退火、正火及淬火时，均不能任意提高加热温度。温度过高晶粒容易长大，而且增加氧化脱碳和变形的倾向。各种不同成分碳钢的临界温度见表 7-8。

表 7-8 各种碳钢的临界温度（近似值）

| 类别 | 钢号 | 临界温度（℃） | | | |
|---|---|---|---|---|---|
| | | $A_{c1}$ | $A_{c3}$ 或 $A_{cm}$ | $A_{r1}$ | $A_{r3}$ |
| 碳素结构钢 | 20 | 735 | 855 | 680 | 835 |
| | 30 | 732 | 813 | 677 | 835 |
| | 40 | 724 | 790 | 680 | 796 |
| | 45 | 724 | 780 | 682 | 760 |
| | 50 | 725 | 760 | 690 | 750 |
| | 60 | 727 | 766 | 695 | 721 |
| 碳素工具钢 | T7 | 730 | 770 | 700 | 743 |
| | T8 | 730 | — | 700 | |
| | T10 | 730 | 800 | 700 | — |
| | T12 | 730 | 820 | 700 | — |
| | T13 | 730 | 830 | 700 | — |

（2）保温时间的确定。淬火加热时间实际上是将试样加热到淬火所需的时间及淬火温度停留所需时间的总和。加热时间与钢的成分、工件的形状尺寸、所用的加热介质、加热方法等因素有关，一般按照经验公式加以估算，碳钢在电炉中加热时间见表 7-9。

表 7-9 碳钢在箱式电炉中加热时间的确定

| 加热温度（℃） | 工件形状 | | |
|---|---|---|---|
| | 圆柱形 | 方形 | 板形 |
| | 保 温 时 间 | | |
| | 分钟/每毫米直径 | 分钟/每毫米厚度 | 分钟/每毫米厚度 |
| 700 | 1.5 | 2.2 | 3 |
| 800 | 1.0 | 1.5 | 2 |
| 900 | 0.8 | 1.2 | 1.6 |
| 1 000 | 0.4 | 0.6 | 0.8 |

（3）冷却速度的影响。

冷却是淬火的关键工序，它直接影响到钢淬火后的组织和性能。冷却时应使冷却速度大于临界冷却速度，以保证获得马氏体组织。在这个前提下又应尽量缓慢冷却，以减小内应力，防止变形和开裂。为此，可根据 C 曲线，如图 7-23 所示，使淬火工件在过冷奥氏体最不稳定的温度范围（650℃～550℃）进行快冷（即与 C 曲线的"鼻尖"相切），而在较低温度（300℃～100℃）时的冷却速度则尽可能小些。

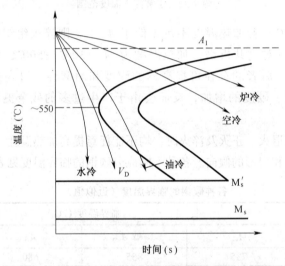

图 7-23 在共析钢 C 曲线估计的连续冷却速度的影响

为了保证淬火效果，应选用适当的冷却介质（如水、油等）和冷却方法（如双液淬火、分级淬火等）。不同的冷却介质在不同的温度范围内的冷却能力有所差别。各种冷却介质的特性见表 7-10。

表 7-10 几种常用淬火介质的冷却能力

| 冷却介质 | 在下列温度范围内的冷却速度（℃/s） | |
|---|---|---|
| | 650℃～550℃ | 300℃～200℃ |
| 18℃的水 | 600 | 270 |
| 26℃的水 | 500 | 270 |
| 50℃的水 | 100 | 270 |
| 74℃的水 | 30 | 200 |
| 10%NaCl 水溶液（18℃） | 1100 | 300 |
| 10%NaOH 水溶液（18℃） | 1200 | 300 |

续表

| 冷却介质 | 在下列温度范围内的冷却速度（℃/s） | |
| --- | --- | --- |
| | 550℃～650℃ | 200℃～300℃ |
| 10%Na$_2$CO$_3$水溶液（18℃） | 800 | 270 |
| 蒸馏水 | 250 | 200 |
| 蒸馏水 | 30 | 200 |
| 菜籽油（50℃） | 200 | 35 |
| 矿物机器油（50℃） | 150 | 30 |
| 变压器油（50℃） | 120 | 25 |

## 5. 钢的回火

钢经淬火后得到的马氏体组织质硬而脆，并且工件内部存在很大的内应力，如果直接进行磨削加工往往会出现龟裂。一些精密的零件在使用过程中将会引起尺寸变化而失去精度，甚至开裂。因此淬火钢必须进行回火处理。不同的回火工艺可以使钢获得所需的各种不同性能。表7-11为45钢淬火后经不同温度回火后的组织及性能。

表 7-11　　　　　　　　　45 钢经淬火及不同温度回火后的组织和性能

| 类型 | 回火温度（℃） | 回火后的组织 | 回火后硬度（BHC） | 性能特点 |
| --- | --- | --- | --- | --- |
| 低温回火 | 150～250 | 回火马氏体+残余奥氏体+碳化物 | 60～57 | 高硬度，内应力减小 |
| 中温回火 | 350～500 | 回火屈氏体 | 35～45 | 硬度适中，有高的弹性 |
| 高温回火 | 500～650 | 回火索氏体 | 20～33 | 具有良好塑性、韧性和一定强度相配合的综合性能 |

对碳钢来说，回火工艺的选择主要是考虑回火温度和保温时间这两个因素。

回火温度：在实际生产中通常以图纸上所要求的硬度要求作为选择回火温度的依据。各种钢材的回火温度与硬度之间的关系曲线可从有关手册中查阅。现将几种常用的碳钢（45、T8、T10 和 T12 钢）回火温度与硬度的关系列于表 7-12。

表 7-12　　　　　　　　各种不同温度回火后的硬度值（HBC）

| 回火温度（℃） | 45 钢 | T8 钢 | T10 钢 | T12 钢 |
| --- | --- | --- | --- | --- |
| 150～200 | 60～54 | 64～60 | 64～62 | 65～62 |
| 200～300 | 54～50 | 60～55 | 62～56 | 62～57 |
| 300～400 | 50～40 | 55～45 | 56～47 | 57～49 |
| 400～500 | 40～33 | 45～35 | 47～38 | 49～38 |
| 500～600 | 33～24 | 35～27 | 38～27 | 38～28 |

注：由于具体处理条件不同，上述数据仅供参考。

也可以采用经验公式近似地估算回火温度。例如，45 钢的回火温度经验公式为

$$T \approx 200 + K(60 - x) \tag{7-3}$$

式中，$K$ 为系数，当回火后要求的硬度值>HRC30 时，$K$=11；<HRC30 时，$K$=12。

$x$ 为所要求的硬度值（HRC）。

保温时间：回火保温时间与工件材料及尺寸、工艺条件等因素有关，通常采用 1~3 小时。由于实验所用试样较小，故回火保温时间可为 30min，回火后在空气中冷却。

## 6. 实验方法指导

（1）实验内容及步骤。

① 淬火部分的内容及具体步骤。根据淬火条件不同，分 5 个小组进行，见表 7-13。

表 7-13　　　　　　　　　　　　　　　　淬火实验

| 组别 | 淬火加热温度（℃） | 冷却方式 | 20 钢 | | 45 钢 | | T12 钢 | |
|---|---|---|---|---|---|---|---|---|
| | | | 处理前硬度 | 处理后硬度 | 处理前硬度 | 处理后硬度 | 处理前硬度 | 处理后硬度 |
| 1 | 1 000℃ | 水冷 | | | | | | |
| 2 | 750℃ | 水冷 | | | | | | |
| 3 | 860℃ | 空冷 | | | | | | |
| 4 | 860℃ | 油冷 | | | | | | |
| 5 | 860℃ | 水冷 | | | | | | |

注：1~4 组每种钢号各 1 块；5 组除 20、T12 钢各 1 块外，45 钢取 5 块，以供回火用。

加热前先将全部试样测定硬度。为便于比较，一律用洛氏硬度测定。

根据试样钢号，按照 Fe-Fe$_3$C 相图确定淬火加热温度及保温时间（可按 1min/mm 直径计算）。

各组将淬火及正火后的试样表面用砂纸（或砂轮）磨平，并测出硬度值（HRC）填入表 7-14 中。

② 回火部分的内容及具体步骤。根据回火温度不同，分 5 个小组进行，见表 7-10。各小组将已经正常淬火并测定过硬度的 45 钢试样分别放入指定温度的炉内加热，保温 30min，然后取出空冷。

用砂纸磨光表面，分别在洛氏硬度机上测定硬度值。

将测定的硬度值分别填入表 7-14 中。

表 7-14　　　　　　　　　　　　　　　　回火实验

| 组　　别 | 1 | 2 | 3 | 4 | 5 |
|---|---|---|---|---|---|
| 回火温度 | 200℃ | 300℃ | 400℃ | 500℃ | 600℃ |
| 回火前 HRC | | | | | |
| 回火后 HRC | | | | | |

（2）实验设备及材料。

① 箱式电炉及控温仪表。

② 水银温度计。

③ 洛氏硬度机。

④ 冷却剂：水，油（使用温度约 20℃）。

⑤ 试样：20 钢，45 钢，T12 钢。

（3）注意事项。

① 本实验加热都为电炉，由于炉内电阻丝距离炉腔较近，容易漏电，所以电炉一定要接地，

在放、取试样时必须先切断电源。

② 往炉中放、取试样必须使用夹钳，夹钳必须擦干，不得沾有油和水。开关炉门要迅速，炉门打开时间不宜过长。

③ 试样由炉中取出淬火时，动作要迅速，以免温度下降，影响淬火质量。

④ 试样在淬火液中应不断搅动，否则试样表面会由于冷却不均而出现软点。

⑤ 淬火时水温应保持 20℃～30℃，水温过高要及时换水。

⑥ 淬火或回火后的试样均要用砂纸打磨，去掉氧化皮后再测定硬度值。

（4）实验报告要求。

① 明确本次实验目的。

② 分析加热温度与冷却速度对钢性能的影响。

③ 绘制出 45 钢回火温度与硬度的关系曲线图。

④ 分析实验中存在的问题。

# 7.6 工业用钢、铸铁、有色合金、粉末冶金的金相组织观察

## 1. 实验目的

（1）了解工业用钢、铸铁、有色合金、粉末冶金的金相组织及特征。

（2）分析上述金属材料金相组织及其与性能的关系。

## 2. 实验原理概述

（1）合金结构钢。合金结构钢的组织特征与碳钢相似。由于合金元素的加入，使其组织细化、淬透性增加。图 7-24 所示为 45 钢和 40Cr 的淬火组织。

(a) 45 钢淬火的显微组织　　　　　(b) 40Cr 淬火的显微组织

图 7-24　45 钢和 40Cr 淬火的显微组织

（2）合金工具钢。合金工具钢中主要观察高速钢 W18Cr4V 的金相组织。

高速钢的铸态组织。由于大量合金元素的存在（大于 20%），虽然碳的质量分数只有 0.7%～0.8%，但是其组织为共晶莱氏体（白色骨骼状碳化物）+马氏体（白色）+残余奥氏体（白色）+托氏体（黑色），如图 7-25（a）所示。

铸态组织中由于存在大块状的碳化物，因而使高速钢的性能变得硬而脆，不能直接使用，必须经过锻打、退火处理，使其成为碳化物呈细小颗粒并且均匀分布。退火组织为索氏体+碳化物，如图 7-25（b）所示。

淬火组织。为了获得高的热硬性，高速钢淬火时必须淬火加热到很高温度（1 280℃），以保证合金元素充分溶解到奥氏体中。淬火后的组织为马氏体+大量的残留奥氏体+一次碳化物颗粒，如图 7-25（c）所示。

回火组织。为了消除大量的残留奥氏体，需经 3 次 560℃高温回火。其金相组织为回火马氏体（黑色）+少量残留奥氏体+碳化物（白色小颗粒），如图 7-25（d）所示。

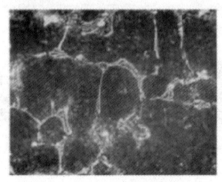 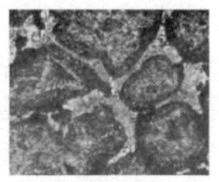

（a）W18Cr4V 钢的铸态显微组织　　　　（b）W18Cr4V 钢经锻造和退火后的显微组织

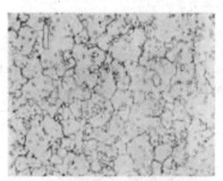 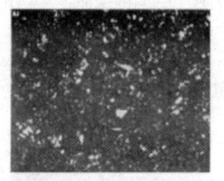

（c）W18Cr4V 钢淬火后的显微组织　　　　（d）W18Cr4V 钢淬火及回火后的显微组织

图 7-25　W18Cr4V 钢的显微组织

（3）不锈钢。不锈钢在大气、海水及化学介质中具有良好的抗腐蚀能力，如 1Cr18Ni9Ti。其中铬主要是产生钝化作用，提高电极电位而使钢的抗腐蚀性加强。镍的加入使 $\gamma$ 相区扩大及 $Ms$ 点降低，以保证室温下获得奥氏体组织。1Cr18Ni9Ti 钢自 1 050℃水冷至室温的组织是单相奥氏体晶粒，并有明显的孪晶面，如图 7-26 所示。

图 7-26 1Cr18Ni9Ti 钢自 1 050℃水冷至室温的显微组织

（4）铸铁。根据石墨的形态、大小和分布情况不同，铸铁可分为灰铸铁（石墨呈片条状），可锻铸铁（石墨呈团絮条状）和球墨铸铁（石墨呈圆球状）。

灰铸铁。根据石墨化程度及基体组织的不同，灰铸铁可分为铁素体灰铸铁；铁素体—珠光体灰铸铁；珠光体灰铸铁。图 7-27（a）所示为珠光体（暗黑色）加少量铁素体（白色）灰铸铁。

可锻铸铁。可锻铸铁是由白口铸铁经石墨化退火处理而得。退火过程中渗碳体发生分解形成团絮状石墨。根据基体组织不同，可锻铸铁又分为铁素体可锻铸铁和珠光体可锻铸铁。图 7-27（b）所示为铁素体可锻铸铁。

球墨铸铁。根据基体组织不同，球墨铸铁分为铁素体球墨铸铁；铁素体—珠光体球墨铸铁；珠光体球墨铸铁。图 7-27（c）所示为铁素体球墨铸铁。

 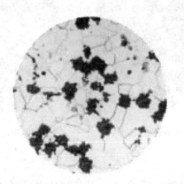 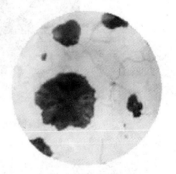

（a）珠光体加少量铁素体灰铸铁的显微组织　　（b）铁素体可锻铸铁显微组织　　（c）铁素体球墨铸铁显微组织

图 7-27 铸铁显微组织

（5）有色合金。

① 铝合金。铸造铝合金中常用的是铝-硅系合金（$w_{Si}10\%\sim13\%$），常称"铝硅明"。由 Al-Si 合金相图可知该成分在共晶点附近，所以铸造性能优良，产生铸造裂纹的倾向小。但组织是 $\alpha$ 固溶体和粗大针状的硅晶体组成的共晶体及少量呈多面体状的初生硅晶体，如图 7-28（a）所示。粗大的硅晶体极脆，严重地降低了合金的塑性和韧性。为了改善合金的性能，通常采用变质处理。经变质处理后，不仅组织细化，还可得到由枝晶状的 $\alpha$ 固溶体和细密共晶体组成的亚共晶组织，因而使铝合金的强度和塑性显著提高。变质后的组织如图 7-28（b）所示。

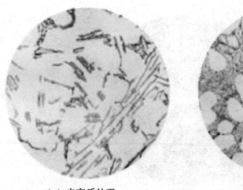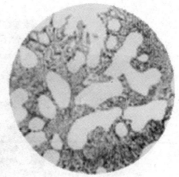

（a）未变质处理 　　　　　　　　　　　　（b）已变质处理

图 7-28　铸造铝合金（Zl102）的显微组织

②　铜合金。工业上最常用的铜合金有铜锌合金（黄铜）、铜锡合金（锡青铜）、铜铝合金（铝青铜）、铜铍合金（铍青铜）、铜镍合金（白铜）等。以黄铜为例，常用的黄铜锌的质量分数均在 45% 以下。由 Cu-Zn 合金相图可知，锌的质量分数少于 39% 的黄铜组织为单相 $\alpha$ 固溶体，称为 $\alpha$ 黄铜或单相黄铜，如图 7-29（a）所示。

锌的质量分数在 39%～45% 的黄铜呈 $\alpha+\beta$ 两相组织，称两相黄铜，黄铜 H62 的显微组织如图 7-29（b）所示。

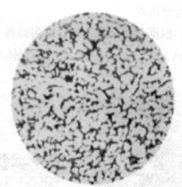

（a）单相黄铜 (H70) 的显微组织 　　　　　　（b）两相黄铜 (H62) 的显微组织

图 7-29　黄铜的显微组织

③　轴承合金。轴承合金又称巴氏合金，用来制造滑动轴承的轴瓦和内衬。常用的锡基轴承合金为 $ZSnSb_{11}Cu_6$，该合金的成分中除 $w_{Sn}83\%$ 外还含有 $w_{Sb}11\%$ 及 $w_{Cu}6\%$。合金中的组织主要有以 Sb 溶于 Sn 中的的 $\alpha$ 固溶体为软基体和以 Sn-Sb 为基体的有序固溶体 $\beta'$ 相为硬质点。为消除由于 $\beta'$ 相密度小而易上浮所造成的密度偏析，合金中加入铜形成 $Cu_6Sn_5$。$Cu_6Sn_5$ 在液体冷却时最先结晶成树枝状晶体，能阻碍 $\beta'$ 相上浮，因而使合金获得较均匀的组织。图 7-30 所示为 $ZSnSb_{11}Cu_6$ 合金的金相组织，暗黑色基体为软的 $\alpha$ 相，白色方块为硬的 $\beta'$ 相，白色枝晶状析出物为 $Cu_6Sn_5$，它也起硬质点的作用。这种软基体硬质点混合组织能保证轴承合金具有必要的强度、塑性和韧性，以及良好的减磨性。

（6）粉末冶金。粉末冶金主要有钨钴类和钨钴钛类。

钨钴类硬质合金的显微组织一般由两相组成：WC+Co 相。WC 为三角形、四边形及其他不

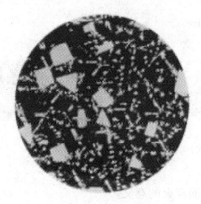

图 7-30 ZSnSb$_{11}$Cu$_6$ 轴承合金的显微组织

规则形状的白色颗粒；Co 相是 WC 溶于 Co 内的固溶体，作为粘接相，呈黑色。随着 Co 的质量分数的增加，Co 相增多，如图 7-31（a）所示。

钨钴钛类硬质合金的显微组织一般由三相组成：WC+Ti 相+Co 相。WC 为三角形、四边形及其他不规则形状的白色颗粒，Ti 相是 WC 溶于 TiC 内的固溶体，在显微镜下呈黄色；Co 相是 WC、TiC 溶于 Co 内的固溶体，作为粘接相，呈黑色，如图 7-31（b）所示。

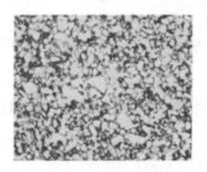
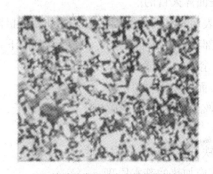

（a）钨钴类硬质合金的显微组织　　　　（b）钨钴钛类硬质合金的显微组织

图 7-31 硬质合金的显微组织

## 3. 设备及材料

（1）金相显微镜。

（2）上述材料的金相试样及金相放大照片。

## 4. 实验方法

（1）观察试样，分清各组织形态特征。

（2）画出带试样的组织图，并标出各物相。

## 5. 实验报告及要求

（1）写出实验名称及目的。

（2）画出所要求的金相组织示意图，并标出各物相。

（3）根据观察，分析各类材料的显微组织特征及组织对性能的影响。

# 7.7 | 钢的中频感应加热表面淬火实验

## 1. 实验目的

（1）了解中频感应加热表面淬火的意义。

（2）掌握中频感应加热表面淬火的操作过程。

（3）比较45钢表面热处理前和后的硬度。

## 2. 实验原理

表面淬火是指在不改变钢的化学成分及心部组织情况下，利用快速加热将表层奥氏体化后进行淬火以强化零件表面的热处理方法。

（1）表面淬火目的。

① 使表面具有高的硬度、耐磨性和疲劳极限。

② 心部在保持一定的强度、硬度的条件下，具有足够的塑性和韧性，即表硬里韧。适用于承受弯曲、扭转、摩擦和冲击的零件。

（2）表面淬火用材料。

① $0.4\%\sim0.5\%C$ 的中碳钢。含碳量过低，则表面硬度、耐磨性下降；含碳量过高，心部韧性下降。

② 铸铁。提高其表面耐磨性。

（3）感应加热的基本原理。

如图7-32所示，给感应器通以一定频率的交流电，在其周围便产生频率相同的交变磁场，将工件放入感应器内，在工件中就感应出频率相同、方向相反的感应电流，该电流沿零件表面形成封闭回路，称为"涡流"，涡流在工件内分布不均匀，表面密度大，心部密度小。通入绕组的电流频率越高，感应电流就越集中在工件表面，这种现象称为"集肤效应"。由于感应电流的热效应，使工件表面迅速加热到淬火温度，然后快速冷却，从而达到表面淬火的目的。中频感应加热的频率为2 500～8 000Hz，淬硬层深度2～10mm。

## 3. 实验设备及材料

（1）硬度计。

（2）中频淬火机床。

（3）可控硅变频装置。

（4）45钢。

## 4. 实验步骤

（1）在硬度计上测45钢的硬度。

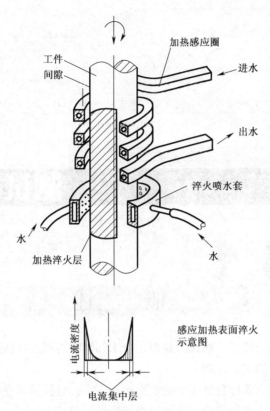

图 7-32　感应加热表面淬火示意图

（2）将工件用卡盘固定在淬火机床上。

（3）可控硅变频装置设置为中频，通电中频淬火机床，感应器通交变电流工作，将工件送入感应器中间，加热后，快速以水冷却。

（4）测试硬度，并与实验前比较。

## 5. 实验报告及要求

（1）写出实验名称及目的。

（2）简述实验过程及原理。

（3）试验中存在的问题及体会。

# 第8章

# 测试技术实验

## 8.1 概　述

测试是具有试验性质的测量，而试验是对迄今未知事物的探索性认识过程，测量则是为确定被测对象的量值而进行的实验过程。

测试是人类认识自然、掌握自然规律的实践途径之一，是科学研究中获得感性材料，接受自然信息的途径，是形成、发展和检验自然科学理论的实践基础，因此测试的研究过程也就是实验的进行过程。测试实验在测试教学过程中有相当重要的作用，学生只有通过足够和必要的实验能力的训练，才能获得关于动态测试工作的比较完整的概念，才能初步具有处理实际测试工作的能力。

测试技术实验是针对《传感器与自动检测技术》课程开设的一门实践性环节，旨在检验学生对传感器理论知识的掌握程度，引导学生将理论知识应用到实践中，并将计算机技术、数据采集处理技术与传感器技术融合在一起，拓宽传感技术的应用领域，逐步建立工程应用的概念。通过实验，帮助广大学生加强对书本知识的理解，培养学生实际动手能力，增强学生对各种不同的传感器及测量原理如何组成测量系统有直观而具体的感性认识；培养学生对材料力学、电工学、物理学、控制技术、计算技术等知识的综合运用能力；同时在实验的进行过程中通过信号的拾取、转换、分析，掌握作为一个科技工作者应具有的基本的操作技能与动手能力。

测试技术实验在"THQGD—1型光电传感器特性测试实验仪"和"THSRZ—2型传感器系统综合实验装置"上进行，该实验台为完全模块式结构，分主机、实验模块和实验桌3部分。主机由实验工作平台、传感器综合系统、高稳定交、直流信号源，温控电加热源，旋转源、位移机构、振动机构、仪表显示、电动气压源、数据采集处理和通信系统（RS232接口）、实验软件等组成；全套12个实验模块中均包含一种或一类传感器及实验所需的电路和执行机构（位移装置均由进口精密导轨组成，以确保纯直线性位移），实验时模块可按实验要求灵活组合。

机械测试实验体系涉及传感器工作原理及其特性分析，测试装置的分析和选择，系统动态特性和测定方法，信号时域和频域描述方法，建立明确的信号频谱概念，掌握频谱分析和相关分析的基本原理和方法，了解功率谱分析原理及其应用，了解数字信号分析的基本概念。

## 1. 传感器

应变传感器：金属应变传感器，量程 0～1kg，应变片阻值 350Ω×4。

差动变压器：铁芯、初级线圈和次级线圈构成，量程≥5mm。

差动电容传感器：两组定片和一组动片构成，量程≥5mm。

霍尔位移传感器：线性霍尔片置于梯度磁场中，量程≥3mm。

扩散硅压力传感器：摩托罗拉集成扩散硅压力传感器，量程 20kPa，极限压力 100kPa。

光纤位移传感器：Y 形导光型传感器。

电涡流传感器：多股漆包线与金属涡流片组成，量程≥3mm。

压电加速度传感器：双片压电晶体和铜质量块构成，谐振频率>10kHz。

磁电传感器：线圈和永久磁钢构成，灵敏度 0.5V/m/s。

PT100：金属铂电阻传感器，0℃电阻值 100Ω，测温范围-200℃～850℃。

AD590：电流输出型集成温度传感器，测温范围-550℃～1 550℃，灵敏度 1μA/℃。

K 型热电偶：镍铬 – 镍硅热电偶，测温范围-500℃～1 800℃。

E 型热电偶：镍铬 – 康铜热电偶，测温范围-1 000℃～1 100℃。

Cu50：铜热电阻，0℃电阻值 50Ω，测温范围-500℃～1 000℃。

PN 结温度传感器：测温范围-1 000℃～1 500℃，灵敏度 2.2mV/℃，线性误差 1%。

NTC：负温度系数半导体热敏电阻，测温范围-500℃～3 500℃。

PTC：正温度系数半导体热敏电阻，测温范围-500℃～1 500℃。

气敏传感器：酒精敏感，测量范围 $50×10^{-6}$～$2 000×10^{-6}$。

湿敏传感器：电容型湿度传感器，测量范围 1%～99%RH。

可燃气体检测传感器：对一氧化碳、甲烷有很好的灵敏度，探测范围 $100×10^{-6}$～$1 000×10^{-6}$ 可燃气体。

光敏电阻：硫化镉（CdS）材料，暗阻≥50MΩ，亮阻≤2kΩ。

硅光电池：光谱响应 420～675nm，光敏区 $7.34mm^2$。

声电传感器：驻极体电容式，频响 20～20kHz，灵敏度-27dB。

红外传感器：红外热释电传感器，检测距离 0.1～5m。

磁阻传感器：锑化铟（InSb）差分磁敏电阻传感器。

光电开关传感器：射式光电开关，包含光轴相对放置的发射器和接收器。

霍尔开关传感器：集成霍尔开关传感器，工作电压 DC5V。

## 2. 配置及技术性能

实验装置由主控台、检测源模块、传感器及调理（模块）、数据采集卡组成。

（1）主控台。

① 信号发生器：1～10kHz 音频信号，$V_{P-P}=0～17V$ 连续可调。

② 1～30Hz 低频信号，$V_{P-P}=0～17V$ 连续可调，有短路保护功能。

③ 4 组直流稳压电源：+24V，±15V，+5V、±2～±10V 分五挡输出、0～5V 可调，有短路保护功能。

④ 恒流源：0～20mA 连续可调，最大输出电压 12V。

⑤ 数字式电压表：量程 0～20V，分为 200mV、2V、20V 三挡、精度 0.5 级。

⑥ 数字式毫安表：量程 0～20mA，三位半数字显示、精度 0.5 级，有内测外测功能。

⑦ 频率/转速表：频率测量范围 1～9999Hz，转速测量范围 1～9999r/min。

⑧ 计时器：0～9999s，精确到 0.1s。

⑨ 高精度温度调节仪：多种输入输出规格，人工智能调节以及参数自整定功能，先进控制算法，温度控制精度 ±0.50℃。

（2）检测源。

① 加热源：0～220V 交流电源加热，温度可控制在室温～200℃。

② 转动源：2～24V 直流电源驱动，转速可调在 0～3 000r/min。

③ 振动源：振动频率 1～30Hz（可调），共振频率 12Hz 左右。

（3）处理电路。

① 包括电桥、电压放大器、差动放大器、电荷放大器、电容放大器、低通滤波器、涡流变换器、相敏检波器、移相器、V/I、I/V、F/V 转换电路、直流电机驱动等。

② 高速 USB 数据采集卡：含 4 路模拟量输入/2 路模拟量输出，8 路开关量输入/8 路开关量输出，14 位 A/D 转换，12 位 D/A 转换，A/D 采样速度最大 100kHz。

③ 上位机软件：本软件配合 USB 数据采集卡使用，实时采集实验数据，对数据进行动态或静态处理和分析，具有传感器虚拟仿真、双通道虚拟示波器、虚拟函数信号发生器、脚本编辑器等功能。

## 3. 装置特点

① 实验台桌面采用高绝缘度、高强度、耐高温的高密度板，具有接地、漏电保护、采用高绝缘的安全型插座，安全性符合相关国家标准。

② 完全采用模块化设计，将被测源、传感器、检测技术有机结合，使学生能够更全面地学习和掌握信号传感、信号处理、信号转换、信号采集和传输的整个过程。

③ 紧密联系传感器与检测技术的最新进展，全面展示传感器相关的技术。

## 4. 实验操作须知

在实验前务必详细阅读"CSY2001B 型传感器系统综合实验台"实验指导与使用说明、本实验指导书。

① 使用本仪器前，请先熟悉仪器的基本状况，对各传感器激励信号的大小、信号源、显示仪表、位移及振动机构的工作范围做到心中有数。主机面板上的钮子开关都应选择好正确的倒向。

② 了解测试系统的基本组成：合适的信号激励源→传感器→处理电路（传感器状态调节机构）→仪表显示（数据采集或图像显示）。

③ 在更换接线时，应断开电源，只有在确保接线无误后方可接通电源。

④ 实验操作时，在用实验连接线接好各系统并确认无误后方可打开电源，各信号源之间严禁用连接线短路，主机与实验模块的直流电源连接线插头与插座连接时尤要注意标志端对准后插入，如开机后发现信号灯、数字表有异常状况，应立即关机，查清原因后再进行实验。

⑤ 实验连接线插头为灯笼状簧片结构，插入插孔即能保证接触良好，不须旋转锁紧，使用时应避免摇晃。为延长使用寿命，操作时请捏住插头连接叠插。

⑥ 实验指导书中的"注意事项"不可忽略。传感器的激励信号不准随意加大，否则会造成传感器永久性的损坏。

# 8.2 应变片与直流电桥（单臂、半桥、全桥比较）

## 1. 实验目的

（1）了解金属箔式应变片，单臂单桥的工作原理和工作情况。

（2）观察了解箔式应变片的结构及粘贴方式。

（3）了解金属箔式应变片的电路特性。

（4）掌握应变片单臂、半桥、全桥的工作原理和工作情况。

（5）验证应变片单臂、半桥、全桥的性能及相互之间的关系。

## 2. 实验类型——验证型

## 3. 实验所需部件

直流稳压电源、电桥、差动放大器、测微头、一片应变片、F／V表。

## 4. 实验原理

应变片是最常用的测力传感元件。当用应变片测试时，应变片要牢固地粘贴在测试体表面，测件受力发生形变，应变片的敏感栅随同变形，其电阻值也随之发生相应的变化。通过测量电路，转换成电信号输出显示。

电桥电路是最常用的非电量电测电路中的一种，当电桥平衡时，桥路对臂电阻乘积相等，电桥输出为零，在桥臂 4 个电阻 $R_1$、$R_2$、$R_3$、$R_4$ 中，电阻的相对变化率分别为 $\Delta R_1/R_1$、$\Delta R_2/R_2$、$\Delta R_3/R_3$、$\Delta R_4/R_4$，桥路的输出与 $\varepsilon_R = \dfrac{\Delta R_1}{R_1} - \dfrac{\Delta R_2}{R_2} - \dfrac{\Delta R_3}{R_3} + \dfrac{\Delta R_4}{R_4}$ 成正比。当使用一个应变片时，$\varepsilon_R = \dfrac{\Delta R}{R}$；当使用两个应变片时，$\varepsilon_R = \dfrac{\Delta R_1}{R_1} - \dfrac{\Delta R_2}{R_2}$；若两个应变片组成差动状态工作，则有 $\varepsilon_R = \dfrac{2\Delta R}{R}$；用 4 个应变片组成二个差动对工作，且 $R_1 = R_2 = R_3 = R_4 = R$，$\varepsilon_R = \dfrac{4\Delta R}{R}$。

根据戴维南定理可以得出电桥的输出电压近似等于 $\dfrac{1}{4}E\varepsilon_R$，电桥的电压灵敏度 $K_u = V/\Delta R/R$，于是对于单臂、半桥和全桥的电压灵敏度分别为 $\dfrac{1}{4}E$、$\dfrac{1}{2}E$ 和 $E$。由此可知，单臂、半桥、全桥电路的灵敏度依次增大；当 $E$ 和电阻相对变化一定时，电桥的输出电压及其电压灵敏度与各桥臂阻值的大小无关。

### 5. 实验步骤

（1）单臂单桥实验内容。

① 观察双平行梁上的应变片、测微头的位置，每一应变片在传感器实验操作台上有引出插座。

② 将差动放大器调零。方法是用导线将正负输入端相连并与地端连接起来，然后将输出端接到电压表的输入插口。接通主、副电源。调整差动放大器上的调零旋钮使表头指示为零。关闭主副电源。

③ 根据图 8-1 所示的电路结构，利用电桥单元上的接线座用导线连接好测量线路（差动放大器接成同相反相均可）。

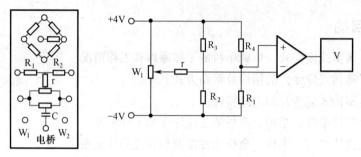

图 8-1 仪器上的电桥模块及单臂电桥接线图

④ 检查测微头安装是否牢固，转动测微头至 10mm 刻度处，并调整旋紧固定螺钉，使测微头上下移动至双平行梁处于水平位置（目测），测微头与梁的接触紧密。

⑤ 将直流稳压电源开关打到 ±4V 挡，打开主副电源，预热数分钟，调整电桥平衡电位器 $W_1$，使表头指示为零。调零时逐步将电压表量程 20V 挡转换到 2V 挡。

⑥ 旋动测微头，记下梁端位移与表头显示电压的数值，每 0.5mm 记一个数值。根据所得结果计算系统灵敏度 S，并作出 V—X 关系曲线。$S = \dfrac{\Delta V}{\Delta X}$ 其中 $\Delta V$ 为电压变化，$\Delta X$ 为相应的梁端位移变化。

⑦ 按最小二乘法求出拟合直线，并求线性度误差，最后根据拟合直线求灵敏度。

⑧ 在最大位移处，以每 0.5mm 减至原始值，把正反行程下的示值记录表 8-1 中，根据所得结果算出滞后误差 $r_H$。

表 8-1                           电压随位移变化值

| 位移（mm） | 10 | 10.5 | 11 | 11.5 | 12 | 12.5 | 13 | 13.5 | 14 | 14.5 |
|---|---|---|---|---|---|---|---|---|---|---|
| 电压（mV）正行程 | | | | | | | | | | |
| 电压（mV）反行程 | | | | | | | | | | |

（2）单臂、半桥、全桥比较。

① 按单臂电桥实验中的方法将差动放大器调零。

② 按图 8-2 所示接线，图中 $R_4$ 为应变片，其余为固定电阻，r 及 $W_1$ 为调平衡网络。

③ 调整测微头使双平行梁处于水平位置（目测），将直流稳压电源打到 ±4V 挡。选择适当的放大增益。然后调整电桥平衡电位器，使表头指零（需预热几分钟表头才能稳定下来）。

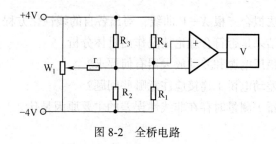

图 8-2　全桥电路

④ 向上旋转测微头，使梁向上移动每隔 0.5mm 读一个数，将测得数值填入表 8-2 中。

表 8-2　　　　　　　　　　　位移与电压对应值

| 位移（mm） | 10 | 10.5 | 11 | 11.5 | 12 | 12.5 | 13 | 13.5 | 14 | 14.5 |
|---|---|---|---|---|---|---|---|---|---|---|
| 电压（mV） | | | | | | | | | | |

⑤ 保持差动放大器增益不变，将 $R_3$ 换为与 $R_4$ 工作状态相反的另一应变片（一片为拉时，另一片为压），形成半桥，调好零点，同样测出读数，填入表 8-3 中。

表 8-3　　　　　　　　　　半桥时的位移对应的电压值

| 位移（mm） | 10 | 10.5 | 11 | 11.5 | 12 | 12.5 | 13 | 13.5 | 14 | 14.5 |
|---|---|---|---|---|---|---|---|---|---|---|
| 电压（mV） | | | | | | | | | | |

⑥ 保持差动放大器增益不变，将 $R_1$、$R_2$ 两个电阻换成另两片相反工作的应变片，接成一个直流全桥，调好零点，将读出数据填入表 8-4 中。

表 8-4　　　　　　　　　　全桥时位移对应的电压值

| 位移（mm） | 10 | 10.5 | 11 | 11.5 | 12 | 12.5 | 13 | 13.5 | 14 | 14.5 |
|---|---|---|---|---|---|---|---|---|---|---|
| 电压（mV） | | | | | | | | | | |

⑦ 在同一坐标纸上描出 3 根 $X—V$ 曲线，比较 3 种接法的灵敏度，并分析实验结果。

## 6. 注意事项

直流稳压电源打到 0V 挡，F/V 表打到 2V 挡，如实验过程中指示溢出则改为 20V 挡，接线过程注意电源不能短接。实验时位移起始点不一定在 10mm 处，可根据实际情况而定。为确保实验过程中输出指示不溢出，差动放大增益不宜过大，可先置中间位置，如测得的数据普遍偏小，则可适当增大，但一旦设定，在整个实验过程中不能改变。

（1）在更换应变片时应将直流稳压电源打到 0V 挡。

（2）在实验过程中如有发现电压表过载，应将量程扩大。

（3）在本实验中只能将放大器接成差动形式，否则系统不能正常工作。

（4）直流稳压电源电压不能打得过大，以免损坏应变片或造成严重自热效应（读数不稳定）。

（5）接全桥时请注意区别各应变片的工作状态与方向，不得接错。

## 7. 思考题

（1）本实验电路对直流稳压源、差动放大器有何要求？它们对输出结果影响怎样？

（2）如用最小二乘法拟合三根 $X-V$ 曲线，写出各自的线性化方程。理论上 3 种接法中哪一种线性最好？对实际结果是否符合理论情况作出具体分析。

（3）本实验对直流稳压电源和差动放大器有何要求？

（4）应变片桥路（差动电桥）连接应注意哪些问题？

（5）桥路（差动电桥）测量时存在非线性误差的主要原因是什么？

## 8. 补充资料

（1）螺旋测微器的使用方法。

螺旋测微器的测量数据读取由两部分组成，第一部分是固定刻度，如图 8-3 中①所示，第二部分为可动刻度，如图 8-3 中②所示。固定刻度的右边刻度每小格代表 1mm，固定刻度的左边刻度线位于 1mm 的中间位置，表示半个毫米。可动刻度在螺旋杆上，有 50 个分度，每旋转一圈固定刻度移动半个毫米，即可动刻度的每个分度表示 1/100mm，所以螺旋测微器可精确到 0.01mm。

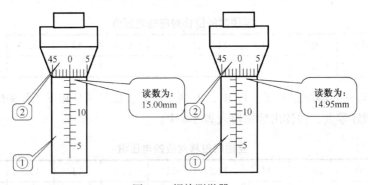

图 8-3　螺旋测微器

（2）螺旋测微器的读数。

测量值=固定刻度值+可动刻度值，如图 8-3 所示。

（3）应变片的方向性。

同一材料做成的箔式应变片，当受力方向不同时，其输出特性也不一样，所以同一材料做成的应变片可贴在悬臂梁上以形成不同特性的应变片，从而满足实验的需要，现根据其特性分类如下：上下拉伸型、上下压缩型、左右拉伸型和左右压缩型，这四种均可构成差动方式。

# 8.3

## 应变片温度效应及补偿实验

## 1. 实验目的

（1）了解温度对应变测试系统的影响。

（2）熟悉箔式应变电桥和半导体应变电桥的温度特性。

（3）掌握应变片温度补偿原理及方法。

## 2．实验类型——验证型

## 3．实验所需部件

贴于双平行悬臂梁（或双孔悬臂梁）上的温度补偿片（1片）、金属箔式应变片（1片）、半导体应变片（1片）、直流稳压电源（±4V），应变式传感器实验模块、电压表、应变片加热器（双平行悬臂梁的加热开关位于主机面板的温控单元）、温度计（自备）。

## 4．实验原理

当应变片所处环境温度发生变化时，由于其敏感栅本身的温度系数，自身的标称电阻值发生变化，而贴应变片的测试件与应变片敏感栅的热膨胀系数不同，也会引起附加形变，产生附加电阻。因此，当温度变化时，在被测体受力状态不变时，输出也会有变化。

为避免温度变化时引入的测量误差，在实用的测试电路中要进行温度补偿。本实验中采用的是电桥补偿法（又称补偿片法），而补偿片法是应变片补偿方法中的一种，如图8-4所示，$R_1$为工作应变片，$R_2$为补偿应变片，$R_1$与$R_2$是完全相同的，因此当温度变化时，两个应变片的电阻变化$\Delta R_1$与$\Delta R_2$的符号相同，数量相等，$R_1 R_4 = R_2 R_3$，电桥仍满足平衡条件，电桥无输出，工作时补偿片则不感受应变。

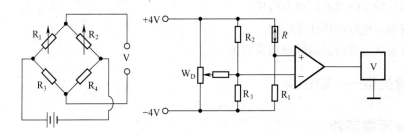

图 8-4　应变式传感器的接线

## 5．实验步骤

（1）按图 8-4 所示接成单臂应变电桥，开启主机电源，调整系统输出为零。记录环境温度。

（2）开启"应变加热"电源，观察电桥输出电压随温度升高而发生的变化，待加热温度达到一个相对稳定值后（加热器加热温度约高于环境温度30℃），记录电桥输出电压值，并求出大致的温漂$\Delta V / \Delta T$，然后关闭加热电源，待其冷却。

（3）将电桥中接入的一个固定电阻换成一片与应变片在同一应变梁上的补偿应变片，重新调整系统输出为零。

（4）开启"应变加热"电源，观察经过补偿的电桥输出电压的变化情况，求出温飘，然后与未进行补偿时的电路进行比较。

（5）按图 8-4 所示接成单臂应变电桥，开启"应变加热"电源，分别测得箔式应变电桥与半导体应变电桥的温漂，进行温度特性比较。

### 6. 注意事项

（1）在箔式应变片接口中，从左至右6片箔式片分别是：第1、3工作片与第2、4工作片受力方向相反，第5、6片为上、下梁的补偿片，请注意应变片接口上所示符号表示的相对位置。

（2）"应变加热"源温度是不可控制的，只能达到相对的热平衡。

### 7. 思考题

（1）箔式应变片温度误差产生的原因是什么，有哪些补偿方法，它们之间有什么区别？

（2）补偿片法作为应变片温度补偿法中的一种，能否完全进行温度补偿，为什么？

（3）归纳比较箔式应变片与半导体应变片的温度特性。

# 8.4

# 热敏电阻测温实验

### 1. 实验目的

（1）了解热敏电阻测温原理及应用。

（2）了解铂热电阻的特性及应用。

（3）了解集成温度传感器的原理及应用。

### 2. 实验类型——验证型

### 3. 实验所需部件

MF型热敏电阻、温控电加热器、温度传感器实验模块、电压表、温度计、铂热电阻（$Pt_{100}$）、加热炉、温控器、集成温度传感器。

### 4. 实验原理

（1）热敏电阻是利用半导体的电阻值随温度升高而急剧下降这一特性制成的热敏元件。$R_T = Ae^{B/T}$，它呈负温度特性，灵敏度高，可以测量小于0.01℃的温差变化，如图8-5所示。

（2）$Pt_{100}$铂热电阻的电阻值在0℃时为100Ω，测温范围一般为-200℃～650℃，铂热电阻的阻值与温度的关系近似线性，当温度在0℃≤$T$≤650℃时，

$$R_T = R_0\left(1 + A_T + B_T^2\right)$$

式中，$R_T$ 为铂热电阻 $T$℃时的电阻值；$R_0$ 为铂热电阻在 0℃时的电阻值；$A$ 为系数（$3.968\,47 \times 10^{-31}$/℃）；$B$ 为系数（$-5.847 \times 10^{-71}$/℃）。

将铂热电阻作为桥路中的一部分在温度变化时电桥失衡便可测得相应电路的输出电压变化值。

（3）用集成工艺制成的双端电流型温度传感器，在一定的温度范围内按 1μA/K 的恒定比值输出与温度成正比的电流，通过对电流的测量即可得知温度值（K 氏温度），经 K 氏-摄氏转换电路直接显示摄氏温度值。

### 5. 实验步骤

（1）热敏电阻。

① 观察已置于加热炉上的热敏电阻,温度计置于与传感器相同的感温位置。连接主机与实验模块的电源线及传感器接口线，热敏电阻测温电路输出端接数字电压表。

② 打开主机电源,调节模块上的热敏转换电路电压输出电压值，使其值尽量大但不饱和。

③ 设定加热炉加热温度后开启加热电源。

④ 观察随温度上升时输出电压值变化，待温度稳定后将 $V—T$ 值记入表 8-5 中。

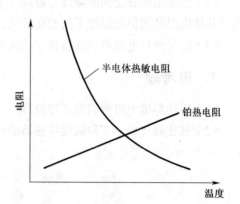

图 8-5　金属和热敏电阻的温度特性曲线

⑤ 作出 $V—T$ 曲线，得出用热敏电阻测温结果的结论。

（2）铂热电阻。

① 观察已置于加热炉顶部的铂热电阻,连接主机与实验模块的电源线及传感器与模块处理电路接口，铂热电阻电路输出端 $V_0$ 接电压表，温度计置于热电阻旁感受相同的温度。

② 开启主机电源，调节铂热电阻电路调零旋钮，使输出电压为零，电路增益适中，由于铂电阻通过电流时产生自热其电阻值要发生变化，因此电路有一个稳定过程。

③ 开启加热炉，设定加热炉温度为≤100℃，观察随炉温上升铂电阻的阻值变化及输出电压变化,（实验时主机温度表上显示的温度值是加热炉的炉内温度，并非是加热炉顶端传感器感受到的温度）。并记录数据填入表 8-5 中。

④ 做出 $V—T$ 曲线，观察其工作线性范围。

（3）集成温度传感器。

① 观察置于加热炉上的集成温度传感器，温度计置于传感器同一感温处。连接主机与实验模块电源，按图标对应连接传感器接口与处理电路输入端，输出端接电压表。

② 打开主机电源，根据温度计示值调节转换电路电位器，使电压表（2V 挡）所示当前温度值（已设定电压显示值最后一位为 1/10℃值，如电压表 2V 挡显示 0.256 就表示 25.6℃）。

③ 开启加热开关，设定加热器温度，观察随温度上升，电路输出的电压值，记录数据填入表 8-5 中，并与温度计显示值比较，得出定性结论。

表 8-5　　　　　　　　　　　　热电阻的温度对应的电压值

| 温度（℃） | 40 | 50 | 60 | 70 | 80 | 90 | 100 | 110 | 120 | 130 | 140 | 150 | 160 | 170 | 180 |
|---|---|---|---|---|---|---|---|---|---|---|---|---|---|---|---|
| 热敏电阻 $V_T$ | | | | | | | | | | | | | | | |
| 铂热电阻 $V_T$ | | | | | | | | | | | | | | | |
| 集成温度 $V_T$ | | | | | | | | | | | | | | | |
| | $V_T$ | | | | | | | | | | | | | | | |

### 6. 注意事项

（1）加热炉温度请勿超过 200℃，以免损坏传感器的包装。当加热开始，热电偶一定要插入炉内，否则炉温会失控，同样做温度实验时需用热电偶来控制加热炉温度。

（2）热敏电阻感受到的温度与温度计上的温度相同，并不是加热炉数字表上显示的温度。而且热敏电阻的阻值随温度不同变化较大，故应在温度稳定后记录数据。

（3）因为热敏电阻负温度特性呈非线性，所以实验时建议多采几个点。

### 7. 思考题

（1）简述热敏电阻测温的工作原理。
（2）试比较实验中 3 种温度传感器的性能。

# 8.5 | 气敏传感器实验

### 1. 实验目的

掌握气敏传感器的工作原理及应用。

### 2. 实验类型——验证型

### 3. 实验所需部件

气敏传感器（MQ3）、湿敏气敏传感器实验模块、公共电路实验模块、酒精、电压表、示波器。

### 4. 实验原理

气敏传感器的核心器件是半导体气敏元件，不同的气敏元件对不同的气体敏感度不同，当传感器暴露于使其敏感的气体之中时，电导率会发生变化，当加上激励电压且负载条件确定时，负载电压就会发生相应变化，由此可测得被测气体浓度的变化。其原理如图 8-6 所示。

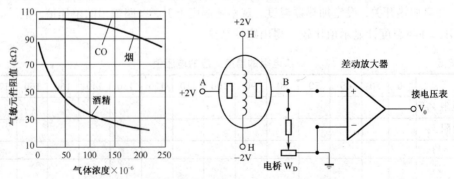

图 8-6  电阻与气体浓度关系曲线和气敏电阻原理图

## 5. 实验步骤

（1）连接主机与实验模块的电源线及传感器接口，观察气敏传感器探头，探头 6 个管脚中 2 个是加热电极，另 4 个接敏感元件，探头的红线接加热电源，黄线为信号输出端，工作时加热电极应通电 2～3min，温度稳定后传感器才能进入正常工作。模块的输出 $V_0$ 端接电压表或示波器，并用电桥调节到一设定值（必要时电桥 $W_D$ 电位器的另一端可接稳压电源的+2V 挡或−2V 挡）。

（2）开启主机电源，待稳定数分钟后记录初始输出电压值。

打开酒精瓶盖，瓶口慢慢地接近传感器，用电压表或示波器观察输出电压上升情况，当将气敏传感器最靠近瓶口时电压上升至最高点，超过警告设定电压，电路警告红灯亮。

（3）移开酒精瓶，传感器输出特性曲线立刻下降，这说明传感器的灵敏度是非常高的。

## 6. 注意事项

实验时气敏探头勿浸入酒精中，酒精气就足够了。

# 8.6 差动变压器的性能实验

## 1. 实验目的

（1）了解差动变压器的基本结构及原理，验证差动变压器的基本特性。
（2）了解差动变压器零点残余电压产生的原因及补偿方法。
（3）了解差动变压器的实际应用。

## 2. 实验类型——验证型

## 3. 实验所需部件

差动变压器、电感传感器实验模块、音频信号源、螺旋测微仪、示波器、公共电路实验模块、电压/频率表、砝码、振动平台。

## 4. 实验原理

电感传感器是一种将位置量的变化转为电感量变化的传感器，差动变压器由衔铁、初级线圈、次级线圈和线圈骨架组成，初级线圈作为差动变压器激励用，相当于变压器原边。次级线圈由两个结构尺寸和参数相同的线圈反相串接而成，相当于变压器副边。差动变压器是开磁路，工作是建立在互感基础上的，其原理及输出特性如图 8-7 所示。

由于零点残余电压的存在会造成差动变压器零点附近的不灵敏区，此电压经过放大器还会使放大器末级趋向饱和，影响电路正常工作，因此必须采用适当的方法进行补偿使之减小。

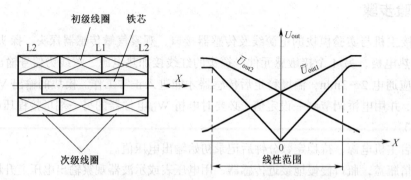

图 8-7　差动变压器结构原理图与位移输出特性曲线

零点残余电压中主要包含两种波形成分。

（1）基波分量。这是由于差动变压器两个次级绕组因材料或工艺差异造成等效电路参数（$M$、$L$、$R$）不同，线圈中的铜损电阻及导磁材料的铁损、线圈中线间电容的存在，都使得激励电流与所产生的磁通不同相。

（2）高次谐波。主要是由导磁材料磁化曲线的非线性引起，由于磁滞损耗和铁磁饱和的影响，使激励电流与磁通波形不一致，产生了非正弦波（主要是三次谐波）磁通，从而在二次绕组中感应出非正弦波的电动势。

减少零点残余电压的办法如下。

① 从设计和工艺制作上尽量保证线路和磁路的对称。

② 采用相敏检波电路。

③ 选用补偿电路。

## 5．实验步骤

（1）按图 8-8 所示接线，差动变压器初级线圈必须从音频信号源 $L_V$ 功率输出端接入，两个次级线圈串接。双线示波器第一通道灵敏度 500mV/格，第二通道 10mV/格。

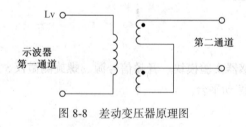

图 8-8　差动变压器原理图

（2）打开主机电源，调整音频输出信号频率，输出 $V_{p\text{-}p}$ 值 2V，以示波器第二通道观察到的波形不失真为好。

（3）前后移动改变变压器磁芯在线圈中的位置，观察示波器第二通道所示波形能否过零翻转，否则改变接次级二个线圈的串接顺序。

（4）用螺旋测微仪带动铁芯在线圈中移动，从示波器中读出次级输出电压 $V_{p\text{-}p}$ 值，同时注意初次级线圈波形相位，填入表 8-6 中。

| 表 8-6 | | | | | | | 差动变压器的位移对应的输出电压值 | | | | | | | |
|---|---|---|---|---|---|---|---|---|---|---|---|---|---|---|
| 位移（mm） | | | | | | | | | | | | | | |
| 电压 $V_{\text{p-p}}$ | | | | | | | | | | | | | | |

根据表 8-6 所列结果，作出 $V$—$X$ 曲线，指出线性工作范围。

（5）仔细调节测微仪使次级输出波形无法再小时，即为差动变压器零点残余电压，提高示波器第二通道灵敏度，观察零点残余电压波形，分析其频率成分。

（6）按图 8-9 所示接线，示波器第一通道 500mV/格，第二通道 1V/格（根据波形大小适当调整），差动放大器增益置最大。

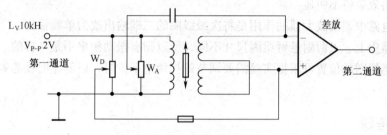

图 8-9　差动变压器实验接线图

（7）打开主机电源，调节音频输出频率，以第二通道波形不失真为好（为此音频信号频率可调至 10kHz 左右），音频幅值 $V_{\text{p-p}}$=2V。

调节铁芯在线圈中的位置，使差动放大器输出的电压波形最小，再调节电桥中 $W_D$、$W_A$ 电位器，使输出更趋减小。

（8）提高示波器二通道灵敏度，将零点残余电压波形与激励电压波形作比较。

（9）将模块单元上的电感传感器拆下安装在主机振动平台旁的支架上，铁芯安装在振动圆盘的固定螺丝上，仔细调节，使之能自由振荡，电感连接线不够长可串接。按图 8-10 所示接线，并调节电桥 $W_D$、$W_A$ 电位器使系统输出电压为零。

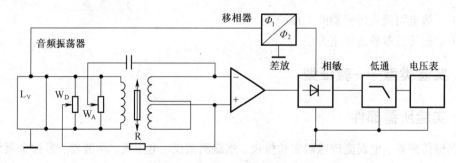

图 8-10　差动变压器实验接线图

（10）激振选择开关倒向"激振 I"，开启主机电源，调节低频信号源，使铁芯在振动台的带动下在线圈中上下振动。

（11）维持低频信号源输出信号幅值不变，改变振荡频率从 5～30Hz（用频率表监控低频 $V_0$ 端），示波器观察低通滤波的输出，将各激振频率下 $V_{\text{p-p}}$ 值记入表 8-7 中。

**表 8-7** 振荡频率对应的电压值

| F（Hz） | 5 | 6 | 7 | 8 | 9 | 10 | 11 | 12 | 13 | 14 | 15 | 18 | 20 | 22 | 24 | 26 | 30 |
|---------|---|---|---|---|---|----|----|----|----|----|----|----|----|----|----|----|----|
| $V_{p\text{-}p}$ | | | | | | | | | | | | | | | | | |

作出 $V$—$F$ 曲线，指出安装平台的悬臂梁的自振频率。

### 6．注意事项

（1）示波器第二通道为悬浮工作状态（即示波器探头二根线都不接地）。

（2）音频信号频率一定要调整到次级线圈输出波形基本无失真，否则由于失真波形中有谐波成分，补偿效果将不明显。

（3）此电路中差动放大器的作用是将次级线圈的二端输出改为单端输出。

（4）仪器中上、下两副悬臂梁因尺寸不同，所以固有振动频率不是一样的。

（5）电感线圈的位置可根据实验需要调节螺杆稍上下位置，以静止时铁芯置于线圈中间位置为好。

### 7．思考题

（1）简述差动变压器的工作原理，并说明差动变压器与普通变压器有什么区别。

（2）差动变压器零点残余电压产生是如何产生的，如何消除零点残余电压？

# 8.7

## 电涡流式传感器的精态标定

### 1．实验目的

（1）了解电涡流式传感器的工作原理。

（2）掌握传感器静态标定方法。

### 2．实验类型——验证型

### 3．实验所需部件

电涡流传感器、电涡流传感器实验模块、螺旋测微仪、电压表、示波器、多种金属涡流片。

### 4．实验原理

电涡流传感器由平面线圈和金属涡流片组成，如图 8-11 所示。当线圈中通以高频交变电流后，在与其平行的金属片上会感应产生电涡流，电涡流的大小影响线圈的阻抗 $Z$，而涡流的大小与金属涡流片的电阻率、导磁率、厚度、温度以及与线圈的距离 $X$ 有关，当平面线圈、被测体（涡流片）、激励源确定，并保持环境温度不变，阻抗 $Z$ 只与距离 $X$ 有关，将阻抗变化转为

电压信号 $V$ 输出，则输出电压是距离 $X$ 的单值函数。

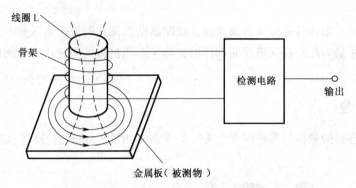

图 8-11　涡流式位移传感器的基本结构及工作原理

### 5.　实验步骤

（1）连接主机与实验模块电源及传感器接口，电涡流线圈与涡流片需保持平行，安装好测微仪，涡流变换器输出接电压表 20V 挡。

（2）开启主机电源，用测微仪带动涡流片移动，当涡流片完全紧贴线圈时输出电压为零（如不为零可适当改变支架中的线圈角度），然后旋动测微仪使涡流片离开线圈，从电压表有读数时每隔 0.2mm 记录一个电压值，将 $V$、$X$ 数值填入表 8-8 中，作出 $V—X$ 曲线，指出线性范围，求出灵敏度。

表 8-8　　　　　　　　　　　　　　$V—X$ 对应关系值

| $X$（mm） | 0 | 0.2 | 0.4 | 0.6 | 0.8 | 1 | 1.2 | 1.4 | 1.6 | 1.8 | 2 |
| --- | --- | --- | --- | --- | --- | --- | --- | --- | --- | --- | --- |
| $V$（mV） | | | | | | | | | | | |

（3）示波器接电涡流线圈与实验模块输入端口，观察电涡流传感器的激励信号频率，随着线圈与电涡流片距离的变化，信号幅度也发生变化，当涡流片紧贴线圈时电路停振，输出为零。

（4）按实验步骤（1）、（2）分别对铁、铜、铝涡流片进行测试与标定，记录数据填入表 8-9 中，在同一坐标上作出 $V—X$ 曲线。

表 8-9　　　　　　　　　　　　不同介质位移对应的电压值

| $X$（mm） | 0 | 0.2 | 0.4 | 0.6 | 0.8 | 1 | 1.2 | 1.4 | 1.6 | 1.8 | 2 |
| --- | --- | --- | --- | --- | --- | --- | --- | --- | --- | --- | --- |
| 铁 $V$（mV） | | | | | | | | | | | |
| 铜 $V$（mV） | | | | | | | | | | | |
| 铝 $V$（mV） | | | | | | | | | | | |

（5）分别找出不同材料被测体的线性工作范围、灵敏度、最佳工作点（双向或单向）并进行比较，并做出定性的结论。

### 6.　注意事项

（1）模块输入端接入示波器时由于一些示波器的输入阻抗不高（包括探头阻抗）以至影响

线圈的阻抗，使输出 $V_0$ 变小，并造成初始位置附近的一段死区，示波器探头不接输入端即可解决这个问题。

（2）换上铜、铝和其他金属涡流片时，线圈紧贴涡流片时输出电压并不为零，这是因为电涡流线圈的尺寸是为配合铁涡流片而设计的，换了不同材料的涡流片，线圈尺寸须改变输出才能为零。

### 7. 思考题

电涡流传感器的量程与哪些因素有关？如果需要测量±5mm 的量程应如何设计传感器？

# 8.8

# 半导体霍尔式传感器

### 1. 实验目的

（1）了解霍尔式传感器的原理与特性。
（2）了解交流激励时霍尔式传感器的特性。
（3）了解霍尔式传感器在振动测量中的应用。

### 2. 实验类型——验证型

### 3. 实验所需部件

霍尔传感器、直流稳压电源（2V）、霍尔传感器实验模块、电压表、测微仪、音频信号源、公共电路实验模块、螺旋测微仪、示波器、低频信号源、激振器（I）。

### 4. 实验原理

磁电式传感器是一种能将非电量的变化转为感应电动势的传感器，所以也称为感应式传感器。根据电磁感应定律，$\omega$ 匝线圈中的感应电动势 $e$ 的大小取决于穿过线圈的磁通 $\psi$ 的变化率

$$e = -\omega \frac{\mathrm{d}\psi}{\mathrm{d}t}$$

霍尔式传感器是一种磁电传感器，它利用材料的霍尔效应而制成。该传感器是由工作在两个环形磁钢组成的梯度磁场和位于磁场中的霍尔元件组成。当霍尔元件通以恒定电流时，霍尔元件就有电势输出。霍尔元件在梯度磁场中上、下移动时，输出的霍尔电势 $V$ 取决于其在磁场中的位移量 $X$，所以测得霍尔电势的大小便可获知霍尔元件的静位移。

### 5. 实验步骤

（1）了解霍尔传感器的结构和在实验仪上的位置，熟悉实验面板上霍尔片的符号。霍尔

片安装在实验仪的振动圆盘上，两个半圆形永久磁钢固定在实验仪的顶板上，二者组成霍尔式传感器。

（2）差动放大器调零。之后关闭电源，放大器增益调到最小，按图 8-12 所示接线。

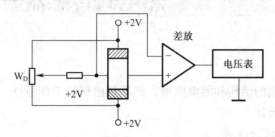

图 8-12　直流激励时霍尔传感器实验接线图

（3）装好测微头，调节它带动振动台位移，使霍尔片置于半圆形磁钢上下正中位置。打开电源，调节 $W_D$ 或微调测微头使电压表示数为零。

（4）以此为起点，向上和向下位移测微头，每次 0.5mm，记录输出数据，分别填入表 8-10、表 8-11 中。

表 8-10　　　　　　　　　　　　　　测微头上升过程测试结果

| $X$（mm） | -2.0 | -1.5 | -1.0 | -0.5 | 0 | 0.5 | 1.0 | 1.5 | 2.0 |
|---|---|---|---|---|---|---|---|---|---|
| $V$（V） | | | | | | | | | |

表 8-11　　　　　　　　　　　　　　测微头下降过程测试结果

| $X$（mm） | -2.0 | -1.5 | -1.0 | -0.5 | 0 | 0.5 | 1.0 | 1.5 | 2.0 |
|---|---|---|---|---|---|---|---|---|---|
| $V$（V） | | | | | | | | | |

根据表中所测数据计算灵敏度 $S$，$S = \Delta V / \Delta X$，并在同一坐标图上做出 $V—X$ 关系曲线。

## 6. 注意事项

（1）实验前应检查实验接插线是否完好，连接电路时应尽量使用较短的接插线，以避免引入干扰。

（2）接插线插入插孔，以保证接触良好，切忌用力拉扯接插线尾部，以免造成线内导线断裂。

（3）稳压电源不要对地短路。所有单元电路的地均须与电源地相连。

（4）一旦调整好，测量过程中不能移动磁路系统。

（5）直流激励电压须严格限定在 2V，绝对不能任意加大，以免损坏霍尔传感器。

## 7. 思考题

（1）什么是霍尔效应？霍尔元件常用什么材料，为什么？

（2）本实验中霍尔元件位移的线性度实际上反映的是什么量的变化？

（3）交直流激励时，霍尔式传感器测量位移有什么区别？

（4）在振幅测量中，移相器、相敏检波器、低通滤波器各起什么作用？

# 8.9 热电式传感器——热电偶

## 1. 实验目的

（1）观察了解热电偶的结构和测温原理，熟悉热电偶的工作特性。

（2）对热电偶进行验证。

（3）学会查阅热电偶分度表。

（4）验证热电偶的冷端补偿。

## 2. 实验类型——验证型

## 3. 实验所需部件

加热器、电压表（0.1～10V）、镍铬—铜热电偶及与之配套的补偿导线、0～100℃水银温度计、0℃恒温瓶。

## 4. 实验原理

热电偶是热电式传感器的一种，它可将温度变化转化成电势的变化，其工作原理是建立在热电效应的基础上的。即将两种不同材料的导体组成一个闭合回路，如果两个结点的温度不同，回路中将产生一定的电流（电势），其大小与材料的性质和结点的温度有关。因此只要保持冷端温度 $t_0$ 不变，当加热结点时，热电偶的输出电势 $E$ 会随温度 $t$ 变化，通过测量此电势即可知道两端温差，从而实现温度的测量。

电势 $E$ 和温度 $t$ 之间的关系是利用分度表的形式来表达的。分度表通常是在热电偶的冷端温度 $t_0=0℃$ 条件下测得，所以在使用热电偶时，只有满足 $t_0=0℃$ 的条件，才能直接使用分度表。在实际工况环境中，由于冷端温度不是 0℃而是某一温度 $t_n$，因此在使用分度表前要对所测电动势进行修正。

$$E(t,\ 0) = E(t,\ t_n) + E(t_n,\ 0)$$

即：热偶电动势 = 仪表指示值+室温修正值

以 ITS—90 标准为基础的铜—康铜热电偶（T 型）的热电动势 $E$（mV）和温度 $t$（℃）的近似关系式为

$$E(t,\ 0) = 0.038\,75\,t + 3.329 \times 10^{-5}\,t^2$$

## 5. 实验步骤

（1）将热电偶和水银温度计一同插入马峰炉中，用水银温度计测出环境温度时的热电偶的电压值。

（2）接通电源使炉子加热，在 0℃～300℃之间测 10 个点，读出电压填入表 8-12 中，并验证热电偶的分度表。

| 表 8-12 | | | | 不同温度下热电偶输出 | | | | | |
|---|---|---|---|---|---|---|---|---|---|
| 温度（℃） | 室温 | 80 | 100 | 120 | 150 | 180 | 200 | 220 | 250 | 280 |
| 电压（mV） | | | | | | | | | |
| 分度表（℃） | | | | | | | | | |

（3）取出水银温度计，继续升温，测出 10 个电阻值，计算所测炉子温度，填入表 8-13 中。

| 表 8-13 | | | 升温后的热电偶输出 | | | | | | |
|---|---|---|---|---|---|---|---|---|---|
| 电压（mV） | | | | | | | | | |
| 温度（℃） | | | | | | | | | |
| 温度误差（℃） | | | | | | | | | |

（4）接上补偿导线，将其输出端浸入 0℃恒温瓶中，然后关掉电源，让炉子慢慢冷却。当电压值下降到表 8-13 中相应的电压时，读一次数据，计算出温度值，分别填入表 8-14 中，计算出温度误差。

| 表 8-14 | | | 冷却过程中的热电偶输出 | | | | | | |
|---|---|---|---|---|---|---|---|---|---|
| 电压（mV） | | | | | | | | | |
| 温度（℃） | | | | | | | | | |
| 温度误差（℃） | | | | | | | | | |

（5）温度降至 300℃时，将热电阻温度计和水银温度计再次插入炉子中，测出温度下降至各点温度下的电压、电阻值，填入表 8-15 中并计算出误差。

| 表 8-15 | | | | 不同温度下热电偶输出 | | | | | |
|---|---|---|---|---|---|---|---|---|---|
| 温度（℃） | 280 | 250 | 220 | 200 | 180 | 150 | 120 | 100 | 80 | 室温 |
| 电压（mV） | | | | | | | | | |
| 分度表（℃） | | | | | | | | | |

## 6. 思考题

（1）炉子的实际温度与实测温度之间的误差产生的原因是什么？

（2）补偿导线能否完全进行冷端补偿，为什么？

# 8.10 光纤位移传感器实验

## 1. 实验目的

（1）熟悉光纤的结构及传光原理。

（2）了解光纤位移传感器的工作原理和性能。

## 2．实验类型——验证型

## 3．实验所需部件

光纤（光电转换器）、光纤光电传感器实验模块、电压表、示波器、螺旋测微仪、反射镜片、安装支架、低频信号源。

## 4．实验原理

反射式光纤传感器工作原理如图 8-13 所示，光纤采用 Y 型结构，两束多模光纤合并于一端组成光纤探头，一束作为接收，另一束为光源发射，近红外二极管发出的近红外光经光源光纤照射至被测物，由被测物反射的光信号经接收光纤传输至光电转换器件转换为电信号，反射光的强弱与反射物与光纤探头的距离成一定的比例关系，通过对光强的检测就可得知位置量的变化。

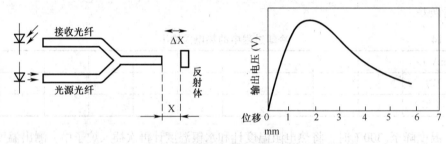

图 8-13　反射式光纤位移传感器原理图及输出特性曲线

## 5．实验步骤

（1）观察光纤结构。本实验仪所配的光纤探头为半圆型结构，由数百根导光纤维组成，一半为光源光纤，一半为接收光纤。

（2）连接主机与实验模块电源线及光纤变换器探头接口，光纤探头装上探头支架，探头垂直对准反射片中央（镀铬圆铁片），螺旋测微仪装上支架，以带动反射镜片位移。

（3）开启主机电源，光电变换器 $V_0$ 端接电压表，首先旋动测微仪使探头紧贴反射镜片（如两表面不平行可稍许扳动光纤探头角度使两平面吻合），此时 $V_0$ 端输出的电压≈0，然后旋动测微仪，使反射镜片离开探头，每隔 0.5mm 记录一数值并记入表 8-16 中。

表 8-16　　　　　　　　　　　　光纤测量的位移对应的电压值

| $X$（mm） | 0 | 0.2 | 0.4 | 0.6 | 0.8 | 1 | 1.2 | 1.4 | 1.6 | 1.8 | 2 |
|---|---|---|---|---|---|---|---|---|---|---|---|
| $V$（mV） | | | | | | | | | | | |

位移距离如再加大，就可观察到光纤传感器输出特性曲线的前坡与后坡波形，作出 $V—X$ 曲线，通常测量用的是线性较好的前坡范围。

（4）关闭主机电源，将光纤探头装至主机振动平台旁的支架上，在圆形振动台上的安装螺丝上装好反射镜片，选择"激振 I"，调节低频信号源，反射镜片随振动台上下振动。

（5）调节低频振荡信号频率与幅值，以最大振动幅度时反射镜片不碰到探头为宜，用示波器观察振动波形，并读出振动频率。

### 6. 注意事项

（1）光纤请勿呈锐角曲折，以免造成内部断裂，端面尤要注意保护，否则会使光通量衰耗加大造成灵敏度下降。

（2）每台仪器的光电转换器（包括光纤）与转换电路都是单独调配的，请注意与仪器编号配对使用。

（3）实验时注意增益调节，输出最大信号以 3V 左右为宜，避免过强的背景光照射。

### 7. 思考题

（1）光纤位移传感器测量位移时对被测体的表面有些什么要求？

（2）如何利用光纤位移传感器测量被测物体的振动频率？

# 8.11 | 光电传感器的应用——光电转速测试

### 1. 实验目的

（1）了解和掌握采用光电传感器测量的原理和方法。

（2）了解和掌握转速测量的基本方法。

### 2. 实验类型——设计型

### 3. 实验所需部件

光电传感器、光电变换器、测速电机及转盘、F/V 表（2kHz）挡、示波器、+5V 电源、可调±2V～±10V 直流稳压电源、主副电源。

### 4. 实验原理

光电传感器由红外发射二极管、红外接收管、达林顿输出管及波形整形电路组成。它为遮断式工作方式。发射红外线经电机反射面反射，接收管接收反射信号，经放大，波形整形输出方波，再经 F/V 转换测出频率。

### 5. 实验步骤

（1）光电传感器"光电"端接光电变换器的相应端，传感器的 3 根引线分别接入传感器安装顶板上的 3 个插孔中（棕色接+5V，黑色接地，蓝色接 UF 端），再把地端接示波器和数显表的地端。

（2）调整好光电传感器位置，光电传感器探头对准小电机上小白圆圈（反射面），调节传感器高度，以离反射机 2～3m 距离为宜，使其勿与转盘盘面接触。

（3）开启主、副电源，将可调±2V～±10V 直流稳压电源的开关切换到±10V，在电机控制单元的 U+处接入+10V 电压，调节转速旋钮电机转动。

（4）将 F/V 表的切换开关切换到 2K 挡测频率，F/V 表显示频率值。可用示波器观察频率 $f$ 与输出端的转速脉冲信号（$U_{p-p}$>2V）。

（5）根据测到的频率及电机上反射机的数值算出此时的电机转速。

（6）电机转速 $N$ = F/V 表显示值÷2×60（r/min）。

（7）实验完毕，关闭主、副电源。

## 6. 思考题

（1）转速测量还可以采用其他哪些传感器进行？

（2）采用光电传感器测量转速的精度如何，怎样保证测量的准确性？

（3）反射型光电传感器测转速产生误差大、稳定性误差的原因是什么？

# 第9章 机械传动与动平衡实验

## 9.1 带传动效率测试实验

### 1. 概述

带传动通常是由主动轮、从动轮和张紧在两轮上的环形带所组成。根据传动原理不同，带传动可分为摩擦传动型和啮合传动型两大类。本实验台的带传动是靠带与带轮间的摩擦力来传递运动和动力的。在传递转矩时，带在传动过程中紧边与松边所受到的拉力不同，因此，在带与带轮间会产生弹性滑动。这种弹性滑动是不可避免的。当带传动的负载增大到一定程度时，带与带轮间会产生打滑现象。通过本实验台，可以观察带传动的弹性滑动和打滑现象，形象地了解带传动的弹性滑动、打滑现象与有效拉力的关系，掌握带传动的滑差率及效率的测试方法。

### 2. 实验目的

（1）了解实验台结构原理及带传动效率的测试方法。
（2）观察带传动中的弹性滑动和打滑现象。
（3）测定滑差率和传动效率，绘制滑动曲线及效率曲线。

### 3. 实验设备及参数

THMDC—2 型带传动效率测试实验台。

（1）实验台的主要技术参数。

① 输入电源：单相三线，AC220V±10%，50Hz。

② 设有电流型漏电保护，额漏电电流 $I\triangle n \leqslant 30\text{mA}$，动作时间 $\leqslant 0.1\text{s}$，容量 10A。

③ 电机额定功率：80W。

④ 主动电机调速范围：0～1 500r/min。

⑤ 额定转矩：$T=0.51\text{N} \cdot \text{m}$。

（2）实验台电源仪表控制部分操作说明。

本实验台由电源仪表控制部分和机械部分两部分组成。电源仪表控制部分包括电源总开关

（即漏电保护器）、电源指示灯、两只数显转速表、两只数显转矩表、控制按键和电机调速部分。

① 实验前先将实验台左后侧的单相电源线插头与实验室内电源接通。

② 实验台面板左侧的漏电保护器是整个实验台的电源总开关，打开后，红色指示灯亮，4只数显仪表可以正常显示。

③ "功能设定"区有3个按键："加载""清零"和"保持"。

"加载"键。可以控制发电机加载的大小，每按一次"加载"键，就会在发电机电枢电路上并联一个负载电阻，使发电机负载逐步增加，电枢电流增大，发电机电磁转矩随之增大，即发电机的负载转矩增大，实现了带传动负载的变化。每按一次"加载"键，对应的"负荷指示"灯就会点亮一个，连续按8次，8个指示灯全亮。继续按第9次时，第1个指示灯亮，其他指示灯不亮，再继续按"加载"键，指示灯会根据按键次数，依次循环点亮。

"清零"键。可以控制发电机的卸载，按一次"清零"键，"负荷指示"灯全部熄灭，即发电机所带负载全部卸掉。

"保持"键。可以控制实验台面板上数显转速表和转矩表的显示数值变化，便于记录数据。每次加载数据基本稳定后，按一下"保持"键，可使转速和转矩稳定在当时的显示值不变；再按"保持"键可脱离"保持"状态。

④ 实验台面板右边是电机调速部分，控制直流电机的转动，由"调速开关"和"电机调速"电位器组成。按下红色"调速开关"按钮，指示灯亮，顺时针旋转"电机调速"电位器，主动电机会带动从动电机顺时针旋转。

（3）实验台的结构特点。

① 机械结构。本实验台的机械部分主要由两台直流电机组成。其中一台作为原动机，另一台则作为负载的发电机。

对原动机，由直流调速器供给电动机电枢以不同的电压实现无级调速。原动机的机座设计成浮动结构（滚动滑槽），与牵引钢丝绳、定滑轮、砝码一起组成带传动预拉力形成机构，改变砝码大小，即可准确预定带传动的预拉力。

两台电机均为悬挂支承，由拉力传感器检测主动电机力矩和从动电机力矩，并以数字仪表显示。

采用直流调速电路和光电测速电路，对电机进行转速控制，并以数字仪表显示。

可分级控制发电机负载大小，能直观地观察到发电机的功率变化。

② 结构装置。两个直径相同的带轮分别安装在实验台的固定支座和可移动支座上，左边主动带轮由直流电动机驱动，右边从动带轮与发电机相连。实验前，加上张紧砝码通过定滑轮，使移动支座沿滚珠导轨方向左右移动，从而使平带具有一定的初始预紧力。实验时，启动直流电动机后靠平带驱动，使发电机随之转动。

③ 加载。实验过程中带传动上负载的改变是通过改变并联在发电机输出口上的电阻负载来实现加载的。

④ 转速。为了求出不同负载下的带传动的滑差率，必须测出主动轮和从动轮的转速，本实验台上主、从动轮的转速分别通过两套光电式转速传感器测量，由面板上两只数显转速表显示。

⑤ 转矩。主动带轮的驱动转矩 $T_1$ 和从动带轮的负载转矩 $T_2$ 是通过直流电机外部的反力矩来测定的。当主动电动机启动和从动发电机加负载后，由于定子与转子间磁场的相互作用，电动机的外壳（定子）将朝转子回转的反向（逆时针）反转，而从动发电机的外壳将朝转子回转的同向（顺时针）反转。主动带轮上的转矩（即电动机的输出转矩）和从动带轮的转矩（即输

入发电机的转矩）分别通过两个拉力传感器测量，由面板上两只数显转矩表显示。

### 4. 实验原理

（1）电机的输出功率可由输出的转矩及转速值计算得到，计算公式为

$$P=T \cdot n/9\,550$$

式中，$P$ 为输出功率（kW）；$T$ 为转矩值（N·m）；$n$ 为转速值（r/min）。

（2）带传动的滑差率 $\varepsilon$。由于带传动存在弹性滑动，使 $n_2<n_1$，其速度降低程度用滑差率 $\varepsilon$ 表示。

$$\varepsilon = \frac{n_1 - n_2}{n_1} \times 100\%$$

式中，$n_1$ 为主动电机转速、$n_2$ 为从动电机转速。主、从动带轮转速 $n_1$、$n_2$ 可以从实验台面板上两只转速表读出。

（3）带传动的效率 $\eta$。

$$\eta = \frac{P_2}{P_1} = \frac{T_2 n_2}{T_1 n_1} \times 100\%$$

式中，$P_1$ 为主动电机带轮的输出功率，$P_2$ 为从动电机带轮输出功率，$T_1$ 为主动电机转矩，$T_2$ 为从动电机转矩。主、从动带轮转矩 $T_1$、$T_2$ 可以从实验台面板上两只转矩表读出。

（4）带传动的弹性滑动曲线和效率曲线。改变带传动的负载，其 $T_1$、$T_2$、$n_1$、$n_2$ 也会随之改变，这样可以计算出不同的滑差率 $\varepsilon$ 和效率 $\eta$ 值，以 $T_2$ 为横坐标，分别以 $\varepsilon$、$\eta$ 为纵坐标，可以绘制出弹性滑动曲线和效率曲线。

### 5. 实验步骤

（1）打开电源开关前，应先将"电机调速"电位器逆时针轻旋转到底，电机调速开关应是弹起状态，避免打开电源时电动机突然启动。

（2）根据实验要求加初拉力（挂砝码）。

（3）顺时针轻调"电机调速"电位器旋钮，电动机启动，逐渐增速，最终将转速稳定在 1\,000 r/min 左右。

（4）记录空载时（负荷指示灯不亮）主、从动带轮的转速和转矩。

（5）按"加载"键一次，加载指示灯亮 1 个，调整电动机转速，使其保持在预定工作转速内（1\,000 r/min 左右），记录主、从动轮的转速和转矩。

（6）重复第（5）步，依次加载并记录数据，直至负荷指示灯全亮为止。

（7）根据所记数据作出带传动的滑动曲线（$\varepsilon$—$T_2$）和效率曲线（$\eta$—$T_2$）。

（8）先将电机转速调至零，再关闭电源。避免以后的使用者因误操作而使电动机突然启动，损坏传感器，以及发生危险。

### 6. 思考题

（1）实验台上的初拉力是如何加上的，而实际的带传动机械的初拉力（张紧力）是如何加上的，如何调整的？

（2）根据实验结果分析带传动的初拉力对带的传动能力有何影响，初拉力过大、过小有何不利影响？

（3）影响带传动效率的因素有哪些？

（4）带传动的弹性滑动和打滑是如何发生的？在实验过程中你如何观察到这两种现象？

（5）为什么带传动的传动比随载荷的变化而变化，如何变化的？

## 7. 注意事项

（1）打开电源前要检查是否空载启动，弹簧是否钩住电动机外壳，以防止启动力矩较大而引起翻转，损坏传感器，以及发生意外事故。

（2）实验前应反复推动主动电机可移动支座，使其运动灵活。

（3）关闭电源前要卸掉全部负载；在挂轮架上加一定的砝码，使带张紧。

（4）实验台要保持清洁，特别是平带及带轮。如不清洁，可用汽油或酒精清洗，再用干抹布擦干。

（5）实验铸件平台要经常维护，喷防锈油，防止生锈。

（6）当带加到打滑时，运转时间不要太长，以防止平带过度磨损。

## 8. 实验报告

（1）分别把两种初拉力时的转速 $n_1$、$n_2$，转矩 $T_1$、$T_2$ 值记录下来，计算出对应的效率及滑差率。

第一次初拉力：$F_1 = $ _____

| | | | | | | | |
|---|---|---|---|---|---|---|---|
| | | | | | | | |
| | | | | | | | |
| | | | | | | | |
| | | | | | | | |
| | | | | | | | |
| | | | | | | | |

第二次初拉力：$F_2 = $ _____

| | | | | | | | |
|---|---|---|---|---|---|---|---|
| | | | | | | | |
| | | | | | | | |
| | | | | | | | |
| | | | | | | | |
| | | | | | | | |
| | | | | | | | |

（2）在同一坐标系中画出不同初拉力下带传动关于转矩 $T_2$ 的效率曲线和滑动曲线。

| 第一次初拉力：$F_1 =$ _____； | 第二次初拉力：$F_2 =$ _____。 |
| --- | --- |
|  |  |

# 9.2 齿轮与蜗杆传动测试实验

## 1. 概述

本装置主要由实验台、蜗轮蜗杆减速器（单头、双头）、圆柱齿轮减速器、直流调速电机及一些实验所需的仪器仪表等组成。各减速机之间可互换测试，使学生掌握齿轮传动和蜗杆传动主要性能参数的测试方法。适合各大中专院校机械类专业机械设计课程的实验教学需要。

## 2. 实验目的

（1）测试单、双头蜗轮蜗杆减速器传动效率。

（2）检验蜗杆头数对传动性能的影响。

（3）测试圆柱齿轮减速器传动效率。

## 3. 实验设备

THMCY—2 型齿轮与蜗杆传动测试实验台。

（1）实验台的主要技术参数。

① 输入电源：单相三线，AC220V±10%，50Hz。

② 实训台外形尺寸：750mm×600mm×1 160mm。

③ 单、双头蜗轮蜗杆减速器各 1 台。

④ 圆柱齿轮减速器 1 台。

⑤ 直流调速电机 1 台：额定功率 355W，调速范围 0～1 500r/min。

⑥ 直流调速器 1 个：PWM 脉宽调速，为直流电机提供可调电源。

⑦ 恒流源 1 路：输出电流 0～0.8A，为磁粉制动器提供工作电流。

⑧ 磁粉制动器 1 台：额定转矩 50N·m。

（2）实验台电源仪表控制部分操作说明。本实验台由电源仪表控制部分和机械部分两部分组成。电源仪表控制部分包括电源总开关（即漏电保护器）、电源指示灯、一只数显转速表、一只数显激磁电流表、激磁电流调节旋钮和电机调速部分。

① 实验前先将实验台左后侧的单相电源线插头与实验室内电源接通。

② 实验台面板左侧的漏电保护器是整个实验台的电源总开关，打开后，红色指示灯亮，两只数显仪表可以正常显示。

③ 磁粉制动器加载电流的调节，是通过实验台面板上磁粉制动器方格内的"激磁电流调节"旋钮来调节的。旋钮慢慢地顺时针旋转，激磁电流数显表的数值会增大，磁粉制动器的加载电流增大，即减速器输出轴的负载转矩增大，实现了减速器传动负载的变化。

④ 实验台面板右边是电机调速部分，控制直流电机的转动，由"调速开关"和"电机调速"电位器组成。按下红色"调速开关"按钮，指示灯亮，顺时针旋转"电机调速"电位器，电机会带动减速器旋转。

（3）实验台的结构特点。

① 机械结构。本实验台的机械部分主要由直流电机、减速器、磁粉制动器组成。直流电机作为输入功率的动力装置，磁粉制动器则作为输出功率的加载装置。

对直流电机，由直流调速器供给电动机电枢以不同的电压实现无级调速。直流电机可在两电机的机座上旋转，由于定子与转子间磁场的相互作用，电动机的外壳（定子）将朝转子回转的反向反转。通过与摆动臂、压力传感器一起组成可测试电机转矩的装置。改变输入磁粉制动器激磁电流的大小，即可准确预定电机的转矩。

磁粉制动器，有一路恒流源通过调节磁粉制动器输入电流的大小，来调节磁粉制动器的转矩，改变输入磁粉制动器激磁电流的大小，即可准确预定磁粉制动器的转矩。

采用直流调速电路和光电测速电路，对电机进行转速控制，并以数字仪表显示。

可无级控制电机负载大小，能直观地观察到电机的功率变化。

② 结构装置。将减速器（单、双头蜗轮蜗杆减速器、圆柱齿轮减速器）的输入轴，通过联轴器与电机的输出轴相连，输出轴通过联轴器与磁粉制动器的输入轴相连。

③ 加载。实验过程中减速器负载的改变是通过改变磁粉制动器输入激磁电流的大小来实现加载的。

④ 转速。由于本实验装置原理的原因，必须测出直流电机的转速，通过减速器上铭牌上标识的速比，可以计算出磁粉制动器的输入转速。本实验台上电机的转速通过光电式转速传感器测量，由面板上数显转速表显示。

⑤ 激磁电流。激磁电流主要由一路恒流源提供，通过改变供给磁粉制动器电流的大小，来实现磁粉制动器的加载，激磁电流的大小可由面板上数显激磁电流表显示。

## 4. 齿轮与蜗杆传动测试原理

（1）电机的输出功率可由输出的转矩及转速值计算得到，计算公式为

$$P=\frac{Tn}{9550}, \quad T=F \cdot L$$

式中，$P$ 为输出功率（kW）；$T$ 为转矩值（N·m）；$n$ 为转速值（r/min）；$F$ 为压力传感器值（N）；$L$ 为电机中心到压力传感器垂直距离值（力臂）为 0.112m。

（2）减速器的传动效率 $\eta$。

$$\eta = \frac{P_2}{P_1} = \frac{T_2 n_2}{T_1 n_1} \times 100\%$$

式中，$P_1$ 为直流电机的输出功率，$P_2$ 为磁粉制动器的输出功率，$T_1$ 为直流电机的转矩，$T_2$ 为磁粉制动器的转矩。其中直流电机的转矩 $T_1$ 通过电脑采集的压力传感器值和力臂计算出，$T_2$ 可以通过电脑采集的电流值，对应电流值与力矩的曲线图读出。

（3）减速器的效率曲线。改变激磁电流的大小即负载，其 $T_1$、$T_2$、$n_1$、$n_2$ 也会随之改变，这样可以计算出不同的效率 $\eta$ 值，以 $T_2$ 为横坐标，以 $\eta$ 为纵坐标，可以绘制出效率曲线。

## 5. 实验步骤

（1）打开电源开关前，应先将"电机调速"和"激磁电流调节"电位器逆时针轻旋转到底，电机调速开关应是弹起状态，避免打开电源时电动机突然启动。

（2）顺时针轻调"电机调速"电位器旋钮，电动机启动，逐渐增速，最终将转速稳定在 1 000 r/min 左右。

（3）顺时针旋动"激磁电流调节"旋钮， 激磁电流数显表值变大，作单、双头蜗轮蜗杆传动效率时，应把激磁电流的值调整为一致时，绘制传动效率曲线。

（4）重复第（3）步，每调节一次激磁电流，记录一次数据，依次记录多个数据，并绘制曲线。

（5）先将电机转速调至零，再关闭电源。避免以后的使用者因误操作而使电动机突然启动，损坏传感器，以及发生危险。

## 6. 思考题

（1）单、双头蜗轮蜗杆减速器的传动效率如何，为什么？
（2）影响蜗轮蜗杆和圆柱齿轮减速器效率的因素有哪些？

## 7. 注意事项

（1）打开电源前要检查是否空载启动，电机外壳上的摆动臂是否距离压力传感较近，以防止启动力矩较大而引起压力传感器突然过载，损坏传感器，及发生意外事故。

（2）实验前应检查主动电机在支座上旋转灵活。

（3）关闭电源前要卸掉全部负载。

（4）实验台要保持清洁。如不清洁，可用汽油或酒精清洗，再用干抹布擦干。

（5）实验铸件平台要经常维护，喷防锈油，防止生锈。

## 8. 实验报告

（1）测试数据记录
把每种减速器的转速 $n_1$、$n_2$，转矩 $T_1$、$T_2$ 值记录下来，计算出对应的效率。

| 加载 | 电机 | | 磁粉制动器 | | 效率 η（%） |
|---|---|---|---|---|---|
| | 转速 $n_1$（r/min） | 转矩 $T_1$（N·m） | 转速 $n_2$（r/min） | 转矩 $T_2$（N·m） | |
| 1 | | | | | |
| 2 | | | | | |
| 3 | | | | | |
| 4 | | | | | |
| 5 | | | | | |
| 6 | | | | | |
| 7 | | | | | |
| 8 | | | | | |
| 9 | | | | | |
| 10 | | | | | |

（2）传动效率曲线

（3）实验结果分析（实验中的新发现、设想或建议）。

# 9.3 螺旋传动测试分析实验

## 1. 概述

本实验台是为机械设计专业设计的，螺旋传动一般是将旋转运动转变成直线运动，或将直线运动变为旋转运动，并同时进行能量和力传递。螺旋传动分为滑动螺旋副、滚动螺旋副和静压螺旋副3种形式。本螺旋传动实验台研究的对象是滑动螺旋副，对其在不同载荷情况下进行传动效率和对传动精度的分析。

## 2. 实验设备

THMLC—2 型螺旋传动测试分析实验台。

（1）技术性能。

① 带减速器的交流调速电机：$N$=40W，$n$=0～50r/min（1 台）。

② 转矩转速传感器：$T$=5N·m，$n$=0～4 500r/min（1 台）。

③ 负载砝码 8 块：2kg/块。

④ 外形尺寸：1 000mm×680 mm×1 280mm。

⑤ 被测螺旋副（附件含 9 组不同的牙型、头数的螺旋副）。有关参数见表 9-1。

表 9-1 不同螺纹型号的有关参数

| 螺纹型号 | 牙型 | 螺距 | 头数 | 导程 | 螺纹大径 | 螺纹中径 | 螺纹小径 | 牙形角 | 数量 |
|---|---|---|---|---|---|---|---|---|---|
| Tr40×10-8e | 梯形 | 10 | 1 | 10 | 40 | 35 | 29 | 15° | 1 |
| Tr40×20-8e | 梯形 | 10 | 2 | 20 | 40 | 35 | 29 | 15° | 1 |
| Tr40×30-8e | 梯形 | 10 | 3 | 30 | 40 | 35 | 29 | 15° | 1 |
| Tr40×40-8e | 梯形 | 10 | 4 | 40 | 40 | 35 | 29 | 15° | 1 |
| Tr40×50-8e | 梯形 | 10 | 5 | 50 | 40 | 35 | 29 | 15° | 1 |
| B40×6-8e | 锯齿形 | 6 | 1 | 6 | 40 | 35.5 | 29.5 | 3° | 1 |
| B40×12-8e | 锯齿形 | 6 | 2 | 12 | 40 | 35.5 | 29.5 | 3° | 1 |
| 方牙 40×10-8e | 矩形 | 10 | 1 | 10 | 40 | 35 | 29 | 0° | 1 |
| 方牙 40×20-8e | 矩形 | 10 | 2 | 20 | 40 | 35 | 29 | 0° | 1 |

（2）实验台结构。螺旋传动实验台由带减速器的交流调速电机驱动，螺旋传动输入端装有转矩转速传感器，螺杆轴向装有负载装置。

实验台配有数据采集放大传输系统和计算机软件数据处理和分析系统，可通过面板数显表读取测试数据或由计算机显示各种测试数据和曲线。

① 电机（90YT40GV22，$N$=40W，$n$=0～50r/min）。在进行螺旋传动效率实验时，作为驱动电机为实验装置提供动力（螺杆主动、螺母被动）。

② 转矩转速传感器（HX—901，$T$=5N·m）。转矩转速传感器是一种测量机械传动转矩、转速的精密测量仪器，用途十分广泛。这里用于测量螺杆传动时的转矩与转速。

③ 滚子链联轴器。用于传递动力，也可方便调整转矩转速传感器的零位。

④ 实验用的螺旋副。设计安装了 3 种牙形的螺杆螺母副，供实验选用，分别是不同导程的 5 组梯形螺旋副、两组矩形螺旋副与两组锯齿形螺旋副（见表 9-1）。

⑤ 砝码组。该砝码组用于对实验螺旋副加轴向载荷，每块质量 2kg，共 8 块。

⑥ 实验台外观结构如图 9-1 所示。

图 9-1 实验工作台外观结构

⑦ 电源控制部分如图 9-2 所示。

图 9-2　电源控制面板

电源总开关：带电流型漏电保护，控制实验装置总电源。

电源指示：当接通装置的工作电源，并且打开电源总开关时，指示灯亮。

调速器：为交流减速电机提供可调电源。

"复位"按钮：当螺母座运动时，触发限位开关停止后，转动旋钮把调速器值调小，拨动钮子开关改变运动方向，按下复位开关，使其恢复正常运行。

电源操作及注意事项如下。

① 打开电源总开关，将调速器上的调速旋钮逆时针旋转到底，然后把调速器上的开关切换到"RUN"，顺时针旋转调速旋钮，电机开始运行。

② 关闭电机电源时，首先将调速器上的调速旋钮逆时针旋转到底，电机停止运行，然后把调速器上的开关切换到"STOP"，最后关闭电源总开关。

③ 螺母座运动时碰到限位开关停止后，必须先通过钮子开关换方向，然后按下面板上的"复位"按钮，当螺母座离开限位开关后，松开"复位"按钮。

禁止没有改变钮子开关方向就按下面板上的"复位"按钮。

④ 在做实验时，建议电机的转速不要大于 20r/min，螺母座尽量在接近限位开关时，把电机的速度调为零，然后改变运动方向，尽量不要触碰到限位开关。

## 3. 实验内容

（1）矩形、梯形、锯齿形螺旋副几何尺寸的测定实验。
（2）矩形、梯形、锯齿形传动螺旋副的受力测定实验。
（3）矩形、梯形、锯齿形传动螺旋副的传动效率测定实验。

## 4. 实验原理

（1）螺纹几何参数与运动关系。螺纹的主要几何参数包括大径 $d$（与外螺纹牙顶相重合的假想圆柱面的直径，称为公称直径），小径 $d_1$（与外螺纹牙底相重合的假想圆柱面的直径，中径 $d_2 \approx (d+d_1)/2$），螺距 $P$（螺纹相邻两个牙型上对应点间的轴向距离），导程 $S$（同一条螺纹线相邻两牙对应点的轴向距离 $S=nP$）。在实验中可以测出这些几何参数。

由公式螺纹升角 $\varphi = \arctan \dfrac{S}{\pi d_2} = \arctan \dfrac{nP}{\pi d_2}$（$n$ 为线数，选择单线螺纹（$n=1$）和双线螺纹（$n=2$）分别进行实验）可以算出螺纹升角 $\varphi$（在中径圆柱上螺旋线的展开线与垂直于螺杆轴线的平面间的夹角）。在螺旋副中，当螺母相对螺杆转过 $\varphi$ 角时，螺母将沿螺杆的轴向移动距离 $L=S\varphi/2\pi$。

（2）螺旋副的受力。螺旋副工作时主要承受转矩和轴向力的作用

$$T = \frac{1}{2}Fd_2\tan(\varphi + \varphi_v)$$

式中，$T$ 为转矩；$F$ 为轴向力；$\varphi_v$ 为螺旋副的当量摩擦角，数值可以根据螺纹的牙型决定。

$$\varphi_v = \arctan \mu_v = \arctan\left(\frac{\mu}{\cos\dfrac{\alpha}{2}}\right)$$

其中 $\mu$ 为摩擦因数（钢和青铜的摩擦因数 $\mu$~0.08～0.10，启动时 $\mu$ 取最大值，运转中取最小值），$\alpha$ 为螺纹牙型角。

（3）螺旋传动效率。轴向载荷和运动方向相反，螺杆转动所需的转矩为

$$T = \frac{1}{2}Fd_2 \tan(\varphi + \varphi_v)$$

理论效率计算式为

$$\eta_1 = \frac{(0.95\sim0.99)\tan\varphi}{\tan(\varphi + \varphi_v)}$$

实际效率计算式为

$$\eta_2 = \frac{输出功率}{输入功率} \approx \frac{9550Fv}{Tn}$$

根据上面的实验数据和公式可以计算出螺杆的传动，螺母移动的传动效率，并做比较。对于不同牙形和不同头数的螺旋副，其效率会有所不同，将实验数据和理论计算结果进行比较。

（4）螺纹升角和传动效率曲线。牙型和公称直径相同而线数不同的螺旋副，其螺纹升角不同。螺旋升角与传动效率曲线能清晰地反映二者之间的关系。图 9-3 所示即为理论曲线图。

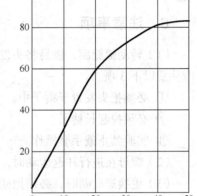

图 9-3 螺旋升角与传动效率曲线

### 5. 实验步骤

（1）操作说明。

① 首先接好实验台的电源，以及电脑的信号线和电源线。

② 打开实验台的总电源开关，将调速器上的调速旋钮逆时针旋转到底，然后把调速器上的开关切换到"RUN"，顺时针旋转调速旋钮（转速调在 5～20r/min 之间），电机带动螺杆传动，数显窗口显示转速、转矩等实测数据。

③ 打开电脑，进入该螺旋传动测试系统软件界面。

（2）螺纹几何参数与运动关系测试。

① 先选用矩形单线螺旋副进行实验，用游标卡尺分别测出 $d$、$P$，将数据填入丝杆的几何参数表格内。

② 利用公式 $d_2 = (d+d_1)/2$（$d_1$ 是丝杆的小径，按已知值进行计算），将数据填入丝杆的几何参数表格。

③ 利用公式 $\varphi = \arctan\dfrac{S}{\pi d_2} = \arctan\dfrac{nP}{\pi d_2}$，计算出螺旋升角 $\varphi$，将数据填入丝杆的几何参数表格。

④ 把单线螺旋副换成双线螺旋副进行实验，重复上述实验步骤。

⑤ 更换不同牙形螺旋副进行实验，重复上述实验步骤。

（3）螺旋传动效率测试（可选择不同的外力来进行实验）

① 选用单线矩形螺旋副进行实验，记录实测的效率，和由公式计算出来的效率进行比较。

② 选用双线矩形螺旋副进行实验，重复以上实验步骤，并比较单线与双线螺旋副的效率。

③ 把矩形螺旋副更换为梯形螺旋副进行实验，重复以上实验步骤。

④ 把矩形螺旋副更换为锯齿形螺旋副进行实验，重复以上实验步骤。

⑤ 比较所有的实验数据。

（4）螺旋升角与传动效率关系实验（可选择不同的外力来进行实验）

① 选用单线梯形螺旋副进行实验，记录实测的效率，和由公式计算出来的效率进行比较。

② 选用双线梯形螺旋副进行实验，重复以上实验步骤。

③ 选用三线梯形螺旋副进行实验，重复以上实验步骤。

④ 选用四线梯形螺旋副进行实验，重复以上实验步骤。

⑤ 选用五线梯形螺旋副进行实验，重复以上实验步骤。

⑥ 整理实验数据，绘制螺旋升角与传动效率关系曲线。

## 6. 注意事项

（1）转动螺旋副，极易将头发和衣服卷入其中，造成不应有的伤害事故，在操作实验台时应注意以下 3 项。

① 必须把头发置于帽子中。

② 必须挽起长袖子。

③ 实验禁止戴手套操作。

（2）螺母在进行往返运动时，禁止把手放在螺母和轴承座之间，避免压伤手指。

（3）更换螺旋副时，必须把砝码取下再进行更换，以免砝码重力下落砸伤腿、脚等。

（4）设备必须可靠接地。

（5）底板要经常防锈保养，丝杆用脂润滑。

## 7. 实验报告

（1）丝杆的几何参数

| 名称 | 矩形螺旋副 | | 梯形螺旋副 | | 锯齿形螺旋副 | |
|---|---|---|---|---|---|---|
| | $n=1$ | $n=2$ | $n=1$ | $n=2$ | $n=1$ | $n=2$ |
| 大径 $d$ | | | | | | |
| 小径 $d_1$ | | | | | | |
| 螺距 $P$ | | | | | | |
| 中径 $d_2 \approx (d+d_1)/2$ | | | | | | |
| 螺纹升角 $\varphi = \arctan \dfrac{nP}{\pi d_2}$ | | | | | | |

（2）螺旋传动效率测试数据

| 名称 | 梯形螺旋副 | | 矩形螺旋副 | | 锯齿形螺旋副 | |
|---|---|---|---|---|---|---|
| | $n=1$ | $n=2$ | $n=1$ | $n=2$ | $n=1$ | $n=2$ |
| 螺纹升角 $\varphi$ | | | | | | |
| 当量摩擦角 $\varphi_v$ | | | | | | |
| 实测 $\eta'$ | | | | | | |
| 计算 $\eta = \dfrac{\tan\varphi}{\tan(\varphi+\varphi_v)}$ | | | | | | |

（3）螺旋升角与传动效率关系测试数据

| 梯形螺纹线数 | $n=1$ | $n=2$ | $n=3$ | $n=4$ | $n=5$ |
|---|---|---|---|---|---|
| 导程 $S=nP$ | | | | | |
| 螺纹升角 $\varphi = \arctan\dfrac{nP}{\pi d_2}$ | | | | | |
| 实测 $\eta'$ | | | | | |
| 计算 $\eta = \dfrac{\tan\varphi}{\tan(\varphi+\varphi_v)}$ | | | | | |

# 9.4 机械速度波动调节实验

## 1. 实验目的

（1）观察机械的周期性速度波动现象，并掌握利用飞轮进行速度波动调节的原理和方法。

（2）通过利用传感器、工控机等先进的实验技术手段进行检测，训练掌握现代化的实验测试手段和方法，增强工程实践能力。

（3）对实验结果与理论数据进行比较，分析产生误差的原因，增强工程意识，树立正确的设计理念。

（4）掌握飞轮调速的原理。

（5）利用实验数据计算飞轮的转动惯量，学习初步设计飞轮。

## 2. 实验设备

THMBT—2 型实验台，如图 9-4 所示。

实验台是基于飞轮调速原理，调节周期性速度波动的实验装置，使学生从抽象的概念转换到机械实测，从实践当中领会速度波动的调节方法，从而加深对理论课程的理解，为日后从事设计工作提供一个知识平台。

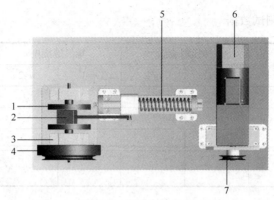

图 9-4　实验台效果图

1—曲柄　2—连杆　3—轴承座　4—飞轮　5—负载　6—减速电机　7—带轮

本实验台主要由曲柄、连杆、轴承座、飞轮、负载、减速电机、带轮组成的曲柄滑块机构组成。曲柄轴采用两个轴承座支撑，一端连接速度波动调节飞轮，一端安装有光电编码器。

曲柄在驱动力作用下对系统产生一个较大的惯性力，连杆带动滑块往复运动。工作阻力由弹簧产生一交变周期性力，这样主轴在一个周期性力作用下将产生速度波动。

通过与主轴连接的光电编码器可以测得主轴在曲轴旋转一周（滑块往返运动）内速度的变化情况，以及速度不均匀系数。通过增加飞轮和改变飞轮转动惯量来调节速度不均匀系数。

### 3. 实验原理

机器的运动规律是由各构件的质量、转动惯量和作用于各构件上的力等多方面因素决定的。作用在机器上大小、方向不断变化的力，导致了机器运动和动力输入轴（主轴）角速度的波动和驱动力矩的变化。机器主轴速度过大的波动如图 9-5 所示，这对机器完成其工艺过程是十分有害的，它可以使机器产生震动和噪声，使运动副中产生过大的动负荷，从而缩短机器的使用寿命。然而这种波动大多又是不可避免的。因此，应在设计中采用经济的措施将过大的波动予以调节。

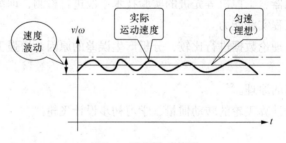

图 9-5　速度波动简图

工程实际中的大多数机械，其稳定运转过程中都存在着周期性速度波动。为了将其速度限制在工作允许的范围内，需要在系统中安装飞轮。

由于等效力矩和等效转动惯量的周期性变化会引起速度的周期性波动，如图 9-6 所示，例如冲床工作时，冲头每冲一个零件，速度就波动一次。在波动的一个周期内，输入功和总耗功是相等的，因此机器的平均速度是稳定的。但在一个周期中，任一时间间隔中输入功和总耗功并不相等，所以瞬时速度又是变化的。这种速度波动的大小可以用飞轮来控制。装置飞轮的实质就是增加机械的转动惯量，减少周期性速度波动的程度。需要指出，使用飞轮不能使机械运转速度绝对不变，也不能解决非周期性速度波动问题，因为如在一个周期内，输入功一直小于总耗功，则飞轮能量将没有补充的来源，也就起不了存储和放出能量的调节作用。

作用在机械上的驱动力矩和阻抗力矩是主动件转角 $\varphi$ 的周期性函数，且在等效驱动力矩和等效阻力矩及等效转动惯量变化的公共周期内（这里均为360°）。驱动功等于阻抗功时，在稳定运转期间主动件的速度（角速度）波动亦按周期性波动，其运转不均匀程度通常采用角速度的变化量和其平均角速度的比值来反映，这个比值以 $\delta$ 表示，称为速度波动系数或称为速度不均匀系数，大小为

$$\delta = \frac{\omega_{\max} - \omega_{\min}}{\omega_m}$$

式中，$\omega_{\max}$ 为周期中最大角速度；$\omega_{\min}$ 为周期中最小角速度；$\omega_m$ 为平均角速度，$\omega_m = (\omega_{\max} + \omega_{\min})/2$，如图 9-7 所示。

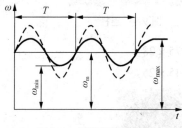

图 9-6　周期性速度波动

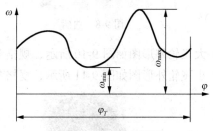

图 9-7　平均角速度

周期性速度波动的调节方法是在机器中安装一个具有很大转动惯量的构件，即所谓飞轮。

其调速原理简述如下。在一个周期中最大动能 $E_{\max}$ 与最小动能 $E_{\min}$ 之差称为最大盈亏功，以 $\Delta W_{\max}$ 示之，即

$$\Delta W_{\max} = E_{\max} - E_{\min} = \frac{1}{2}\left(J_e + J_F\right)\left(\omega_{\max}^2 - \omega_{\min}^2\right)$$

式中，$J_e$ 为机械系统原来的等效转动惯量（忽略等效转动中变量部分的等效转动惯量）；$J_F$ 为飞轮的转动惯量。

在机器的等效力矩已给定的情况下，最大盈亏功是一个确定值，由上式可知，欲减小（$\omega_{\max}^2 - \omega_{\min}^2$）值，可增大等效转动惯量 $J_e + J_F$ 或增大 $\omega_{\min}$。机器制成后，$J_e$ 是一个确定值，故在机器中外加一个转动惯量为 $J_F$ 的飞轮，即可减小（$\omega_{\max}^2 - \omega_{\min}^2$），以达到调速的目的。

为了使设计的机械系统在运转过程中的速度波动在允许范围内，设计时应保证 $\delta \leqslant [\delta]$，$[\delta]$ 为许用值。飞轮设计的关键是根据机械的平均角速度和允许的速度波动系数 $[\delta]$ 来确定飞轮的转动惯量。飞轮转动惯量公式为

$$J_F = \frac{900[W]}{\pi^2 n^2 [\delta]}$$

式中，$[W]$ 为最大盈亏功（kJ）；$n$ 为转速（r/min）；$[\delta]$ 为允许的速度波动系数，常用机械的速度不均匀系数许用值 $[\delta]$ 见表 9-2。

表 9-2　　　　　　　　　　常用机械的速度不均匀系数许用值[δ]

| 机械的名称 | [δ] | 机械的名称 | [δ] |
|---|---|---|---|
| 碎石机 | 1/5～1/20 | 水泵、鼓风机 | 1/30～1/50 |
| 冲床、剪床 | 1/7～1/10 | 造纸机、织布机 | 1/40～1/50 |
| 轧压机 | 1/10～1/25 | 纺纱机 | 1/60～1/100 |
| 汽车、拖拉机 | 1/20～1/60 | 直流发电机 | 1/100～1/200 |
| 金属切削机床 | 1/30～1/40 | 交流发电机 | 1/200～1/300 |

## 4. 实验主要元器件参数

（1）曲柄外形图如图 9-8 所示，长度为 50mm。

（2）连杆外形图如图 9-9 所示，长度为 160mm。

图 9-8　曲柄

图 9-9　连杆

（3）大飞轮外形图如图 9-10 所示，规格参数为 $\phi175 \times 28$。

（4）小飞轮外形图如图 9-11 所示，规格参数为 $\phi145 \times 25$。

图 9-10　大飞轮

图 9-11　小飞轮

（5）刚度不同的弹簧：3 根，如图 9-12 所示。

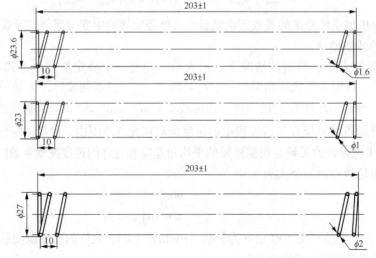
图 9-12　弹簧

（6）交流调速电机：$P$=90W，$U$=220V；$n$=0～280r/min。

（7）光电编码器：2 个，5V/1 000p/r（1 024p/r）

（8）偏心距：$e$=0mm。

## 5. 实验内容

（1）曲柄真实运动规律的实测。通过曲柄上的角位移传感器和 A/D 转换器进行数据采集、转换和处理，并输入计算机显示出实测的曲柄角速度线图，与理论角速度线图对比分析，使学生了解机构组成对曲柄的速度波动的影响。

（2）机械速度波动调节实验。

① 改变飞轮的大小（两种飞轮），观测机械速度波动变化情况，并与理论计算结果进行比较，进而掌握周期性速度波动的调节方法，利用数据计算飞轮的转动惯量。

② 改变负载的大小（3 种弹簧），观测机械速度波动变化情况，并与理论计算结果进行比较，进而掌握周期性速度波动的调节方法，利用数据计算飞轮的转动惯量。

## 6. 实验步骤

（1）打开计算机，单击"THMBT—2"图标，进入速度波动调节实验装置软件系统的登录界面，点击"进入"按钮将进入软件的主界面。

（2）将串口线的一端接实验台右侧的串口座上，另一端通过 485 转 232 的转换器接到电脑的串口上，然后将实验台的电源线接入 220V 的电源，面板上的空气开关合上后，红色的指示灯亮，表示实验台已进入工作状态。

（3）将调速器的开关打开，旋动电位器调节转速，使最高转速显示 1 000 转左右，单击上位机软件界面中的"开始采集"按钮，则界面中显示曲柄角速度的曲线，根据曲线及结合右侧显示的数据来读取曲柄一个周期中的最大角速度和最小角速度，并求速度不均匀系数。

（4）如果要保存和打印角速度曲线图，单击"停止"键后，在曲线上方点击"保存"和"打印"图标进行操作。

（5）在曲柄轴上装上大飞轮进行测试。

（6）将大飞轮卸下，装上小飞轮进行测试。

（7）不装飞轮测试。

（8）将 3 次实验测试运动曲线记录下来。

（9）关机。

## 7. 实验操作注意事项

（1）开机前的准备。初次使用时，需仔细参阅本产品的说明书，特别是注意事项。

① 用清洁抹布将实验台，特别是机构各运动构件清理干净，加少量 N68～48 机油至各运动构件滑动轴承处。

② 面板上调速旋钮逆时针旋到底（转速最低）。

③ 用手转动曲柄盘 1～2 周，检查各运动构件的运行状况，各螺母紧固件应无松动，各运动构件应无卡死现象。

④ 一切正常后，方可开始运行，按实验指导书的要求操作。

（2）开机后注意事项。

① 开机后，人不要太靠近实验台，更不能用手触摸运动构件。

② 调速稳定后才能用软件测试。测试过程中不能调速，不然曲线混乱，不能正确反映周期性。

③ 测试时，转速不能太快或太慢。以免传感器超量程，软件采集不到数据，影响实验。

（3）实验结束后注意事项。

① 将调速旋钮逆时针旋转到底（转速最低），调速器开关（黑色按钮）打在"STOP"状态。

② 关闭采集软件，关闭电脑，将面板上"电源总开关"关闭（向上推为开，向下推为关）。

③ 在外露的金属表面涂抹防锈油，做好设备的保养工作，以免长时间不用产生锈迹，影响以后使用。

## 8. 思考题

（1）分析大飞轮、小飞轮调速对传动平稳性的影响？

（2）飞轮调速在实际生产中有哪些应用，用于哪类机械？

## 9. 实验报告

（1）实验目的。

（2）实验数据及曲线。

（3）实验结果分析。

# 9.5 液体动压滑动轴承实验

## 1. 实验目的

（1）观察径向滑动轴承动压润滑油膜的形成过程和现象。

（2）测定和绘制径向滑动轴承径向油膜压力曲线，并求轴承的承载能力。

（3）观察载荷和转速改变时，油膜压力的变化情况。

（4）观察径向滑动轴承油膜的轴向压力分布情况。

（5）了解径向滑动轴承的摩擦系数 $f$ 的测量方法和摩擦特性曲线绘制。

## 2. 实验设备

THMHZ-1 型液体动压滑动轴承实验台，实验台主要结构如图 9-13 所示。

（1）实验台传动装置，如图 9-14 所示。实验台主轴 4 由两个高精度轴承支撑，由直流电动机 1 通过 V 带 2 驱动主轴顺时针方向转动（面对实验台面板）。其速度由操作面板上的主轴调速旋钮控制直流调速电源进行无级调速。主轴转速由装在主轴后部的光电测速传感器采集，最后由操作面板上的主轴转速显示窗数码管直接读出。本实验台的转速范围为 3～375r/min。

图 9-13　滑动轴承试验台结构图

1—操作面板　2—电机　3—三角带　4—轴向油压
表接头　5—螺旋加载杆　6—百分表测力计装置
7—径向油压表（7只）　8—传感器支撑板
9—主轴　10—主轴瓦　11—主轴箱

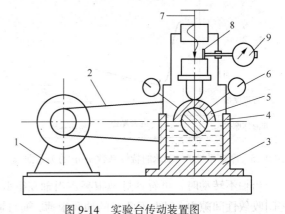

图 9-14　实验台传动装置图

1—直流电动机　2—V带传动　3—箱体　4—轴
5—轴瓦　6—压力表　7—加载装置
8—测力片　9—百分表

（2）轴与轴瓦间的油膜压力测量装置。轴的材料为 40Cr，经表面淬火、磨光，由滚动轴承支撑在箱体 3 上，轴的下半部浸泡在润滑油中，本实验台采用润滑油的牌号为 N68（即油牌号的 40 号机械油）。该油在 20℃时的动力黏度为 0.34Pa·s。轴瓦 5 的材料为铸锡铅青铜，牌号为 ZCuSn5PbZn5（即油牌号 ZQSn6-6-3）。轴瓦前端装有 7 只测径向油膜压力的压力表，其油膜压力测量采集点位于轴瓦全长 1/2 截面处。沿轴瓦径向平面上钻有 7 只小孔，每个小孔沿圆周相隔 20° 对称均匀分布。每个小孔连接一个压力表，用来测量该径向平面内相应点的油膜压力，由此可绘制出径向油膜压力曲线。另在轴瓦全长 1/4 处还装有一个压力表，这样即沿轴瓦的一个轴向剖面上装有两个压力表，可观察有限长滑动轴承沿轴向的油膜压力情况。

（3）外载荷加载装置。油膜的径向压力分布曲线是在一定的载荷和一定的转速下绘制的。当外载荷改变或轴的转速改变时，所测试出的压力值是不同的，绘出的压力分布曲线的形状也是不同的。旋转面板调速旋钮即可改变转速。转动加载装置 7 螺杆即可改变载荷的大小，所加载荷之值通过载荷传感器数字显示窗直接读出。这种加载方式的主要优点是结构简单，可靠性高，使用方便，载荷大小可任意调节。

（4）摩擦系数 $f$ 与测量装置。径向滑动轴承的摩擦系数 $f$ 随轴承的特性系数 $\eta_n/p$ 值的改变而改变。如图 9-15 所示（$\eta$ 为油的动力黏度，$n$ 为轴的转速，$p$ 为压力；$p=W/Bd$，$W$ 为轴上的载荷，$B$ 为轴瓦的长度，$d$ 为轴的直径，本实验台 $B$=110mm，$d$=60mm），在边界摩擦时，$f$ 随 $\eta_n/p$ 的增大而变化很小，进入混合摩擦后，$\eta_n/p$ 的改变引起 $f$ 的急剧变化，在刚形成液体摩擦时 $f$ 达到最小值，此后，随 $\eta_n/p$ 的增大，油膜厚度随之增大，因而 $f$ 亦有所增大。

摩擦系数 $f$ 之值可通过测量轴承的摩擦力矩得到。轴转动时，轴对轴瓦产生周向摩擦力 $F$，其摩擦力矩为 $Fd/2$，摩擦力矩使轴瓦 5 翻转。为保持轴瓦不翻转，则需要有一个反力矩 $L_Q$ 与其相平衡，即 $Fd/2=LQ$（$L$ 为测力杆的长度，$Q$ 为作用在 8 处的力）。其翻转力矩 $L_Q$ 可通过测力装置上的百分表 9 测出测力片 8 的变形量 $\Delta$，后经计算得到。通过计算可得到摩擦系数 $f$ 之值。

（5）在操作面板上，有一个无油膜指示灯，其指示装置的原理如图 9-16 所示。

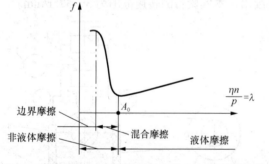

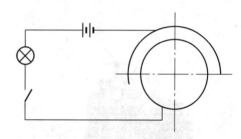

图 9-15　摩擦系数 $f$ 与轴承的特性系数 $\eta_n/p$ 的关系曲线　　　　图 9-16　指示灯的原理图

当轴不转动时，可看到灯泡很亮，当轴在很低的转速下转动时，轴将润滑油带入轴和轴瓦之间收敛性间隙内，但由于此时的油膜很薄，轴与轴瓦之间部分微观不平度的峰高处仍在接触，故灯忽亮忽暗，当轴的转速达到一定值时轴与轴瓦之间形成的压力油膜厚度完全遮盖两表面之间微观不平度的凸峰高度，即油膜完全将轴与轴瓦隔开，灯泡就不亮了。

## 3. 实验方法与步骤

（1）绘制径向油膜压力分布曲线与承载曲线。本实验台设定实验数据、主轴转速：350r/min，外加载荷 70kg。在此预定条件下进行实验，并将实验数据填入表 9-3 中。（注：按轴瓦各压力表排列顺序从左至右即 1～8）

表 9-3　　　　　　　轴瓦各压力表实验数据（轴瓦全长 1/4 处压力表）

| 表1压力值 | 表2压力值 | 表3压力值 | 表4压力值 | 表5压力值 | 表6压力值 | 表7压力值 | 表8压力值 |
| --- | --- | --- | --- | --- | --- | --- | --- |
|  |  |  |  |  |  |  |  |

① 首先按下电源开关，无油膜指示灯亮，并预热 5min 以上。

② 启动电机，缓慢旋转主轴调速旋钮，主轴缓慢增速，同时观察各压力表指针逐渐上升。无油膜指示灯熄灭，则表示轴与轴瓦已处于完全液体润滑状态。

③ 此时可慢慢旋转外加载螺杆逐渐加载，同时观察到各个压力表指针逐渐上升。

④ 将主轴调速旋钮旋至设定转速 350r/min，数据由显示窗读出（当示数跳字时取中间值）。

⑤ 同时将外加载螺杆旋至设定外载荷 70kg，数据由显示窗读出（当示数跳字时取中间值）。

⑥ 待各压力表数值稳定不变后即可由左至右依次记录在表 9-3 内。

⑦ 停机时先卸载，旋转加载螺杆，使之与加载传感器脱离，加载显示窗显示零。

⑧ 接着旋转主轴调速旋钮使主轴逐渐停止转动，主轴转速显示窗显示零。

⑨ 按下电源开关按钮，关断电源。

⑩ 根据测出的各压力表的压力值 $p_i$ 按一定比例绘制出油压分布曲线与承载曲线，如图 9-17 所示。

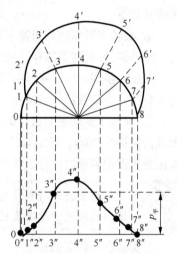

此图的具体画法是沿着圆周表面从左到右画出角度分别为 30°、50°、70°、90°、110°、130°、150° 等分点分别得出油孔点 1、2、3、4、5、6、7 的位置。通过这些点与圆心 $O$ 连线，在各连线的延长线上，将压力表测出的压力值 $p_i$（比例：0.01MPa=5mm）画出压力线 1-1′,2-2′,3-3′…7-7′。将 1′,2′,…,7′各点连成光滑曲线，此曲线就是所测轴承的一个径向截面的油膜径向压力分布曲线。

为了确定轴承的承载量，用 $p_i\sin\varphi_i$（$i$=1,2,…,7）求得各点压力值在载荷方向的分量 1-1′,2-2′,3-3′,…,7-7′（即 $y$ 轴的投影值）。角度 $\varphi_i$ 与 $\sin\varphi_i$ 的数值见表 9-4。

图 9-17　压力分布曲线与承载曲线

表 9-4　　　　　　　　　　角度 $\varphi_i$ 与 $\sin\varphi_i$ 的数值

| $\varphi_i$ | 30° | 50° | 70° | 90° | 110° | 130° | 150° |
|---|---|---|---|---|---|---|---|
| $\sin\varphi_i$ | 0.5000 | 0.7660 | 0.9397 | 1.0000 | 0.9397 | 0.7660 | 0.5000 |

然后将 $p_i\sin\varphi_i$ 这些平行于 $y$ 轴的分量移到直径 0-8 上。为清楚起见，将直径 0-8 平移到图的下部，在直径 0″-8″ 上先画出轴承表面上的油孔位置的投影点 1″、2″、…、8″，然后通过这些点画出上述相应的各点压力在载荷方向的分量，即 1‴,2‴,…,7‴ 等点，将各点平滑连接起来，所形成的曲线即为在载荷方向的压力分布。

用数格法计算出曲线所围的面积。以 0″-8″ 线为底边作一矩形，使其面积与曲线所围面积相等。其高 $p_平$ 即为轴瓦中间截面处的 $Y$ 向平均压力。

轴承处在液体摩擦工作时，其油膜承载量与外载荷平衡，轴承内油膜的承载量可用下式求出

$$q=\psi \cdot p_平 \cdot d \cdot B=W$$

式中，$q$ 为轴承内油膜承载量；$\psi$ 为端泄对承载能力影响系数，一般取 0.7；$p_平$ 为径向平均单位压力；$B$ 为轴瓦长度；$W$ 为外载荷；$d$ 为轴的直径。

（2）测量绘制摩擦系数 $f$ 与摩擦特征曲线。

本实验台设定：外加载荷 70kg 保持不变。

主轴转速：350、240、180、120、80、30、10、5、3r/min

实验方法：在保证外加载荷 70kg 不变的情况下从较高转速 350r/min，依次降速测量各设定主轴转速时的摩擦力所产生的百分表读数值 $\Delta$（格），并做出记录，填入表 9-5 中。

表 9-5 不同主轴转速下的百分表读数

| 转速（r/min） | 350 | 240 | 180 | 120 | 80 | 30 | 10 | 5 ~ 3 |
|---|---|---|---|---|---|---|---|---|
| 百分表读数（格） | | | | | | | | |

实验方法与步骤。

① 先按下电源开关按钮，无油膜指示灯亮，并预热 5min 以上。

② 用手将轴瓦向左边转动，使轴瓦上的测力杆与测力片脱开后，再转动百分表表盘使百分表指针对零。

③ 旋转主轴调速旋钮使主轴转动，使主轴增速到设定值 350r/min（从显示窗读出）。

④ 同时旋转加载螺杆，使外加载荷达到 70kg（从显示窗读出）。

在进行步骤（3）、（4）操作时，需交替进行才能保持转速为 350r/min。待稳定运转 1 ~ 2min 后观察百分表读数值并记录在表 9-5 中。

⑤ 旋转主轴调速旋钮，降低主轴转速到设定的第二点 240r/min，同时旋转加载螺杆，使外加载荷保持在 70kg，稳定运转 1～2min 后将百分表读数记录于表 9-5 中。重复以上所步骤，依次记录各设定转速的百分表读数。

注意

当实验进行到主轴转速 20～10r/min，无油膜指示灯突然亮一下又熄灭或者闪烁，此时处于摩擦系数 $f$ 最小值区域。

当实验进行到主轴转速 5～3r/min，无油膜指示灯闪烁或长亮不熄灭，此时轴与轴瓦间处于混合摩擦与边界摩擦区域，这时百分表会突然回弹，示数值很大，即摩擦系数 $f$ 急剧变化。

在以上两设定转速（20～10r/min、5～3r/min）实验时应缓慢仔细调整才能取得较好的效果。

⑥ 停机时应先脱开加载螺杆后将主轴调速旋钮旋至零位。再按下电源开关，断开电源。

⑦ 根据整理记录的各测点转速和百分表值 $\Delta$ 计算相应的 $f$ 与 $\eta n/p$ 值，按自定的比例尺绘制，实测的摩擦特征曲线，如图 9-15 所示。

## 4．实验数据处理

（1）绘制径向油膜压力分布曲线与承载曲线。

（2）测量绘制摩擦系数 $f$ 与摩擦特征曲线。

# 9.6 转子动平衡测试实验

## 1. 实验目的

（1）加深对转子动平衡概念的理解。

（2）掌握刚性转子动平衡试验的原理及基本方法。

## 2. 实验设备

THMPH-1 型动平衡测试实验台。

## 3. 实验原理

（1）动平衡实验台的结构。动平衡机的简图如图9-18所示。待平衡的试件3安放在框形摆架1的支撑滚轮上，摆架的左端固定在工字形板簧2中，右端呈悬臂。电机9通过皮带10带动试件旋转；当试件有不平衡质量存在时，则产生离心惯性力使摆架绕工字形板簧上下周期性地振动，通过百分表5可观察振幅的大小。

通过转子不平衡测量装置，可测出试件的不平衡量（或平衡量）的大小和方位。这个测量装置由差速器4和补偿盘6组成。差速器4安装在摆架的右端，它的左端为转动输入端（$n_1$）通过柔性联轴器与试件连接；右端为输出端（$n_3$）与补偿盘相连接。

差速器由齿数和模数相同的3个圆锥齿轮和1个蜗轮（转臂H）组成一个周转轮系。

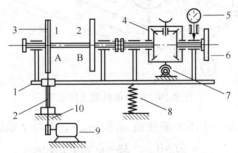

图9-18 动平衡机的简图

1—框架 2—工字形板簧 3—转子试件 4—差速器 5—百分表 6—补偿盘
7—蜗杆 8—弹簧 9—电机 10—皮带

① 当差速器的转臂蜗轮不转动时 $n_H=0$，则差速器为定轴轮系，其传动比为

$$i_{31}=n_3/n_1=-z_1/z_3=-1$$

$$n_3=-n_1 \tag{9-1}$$

这时补偿盘的转速 $n_3$ 与试件的转速 $n_1$ 大小相等转向相反。

② 当 $n_1$ 和 $n_H$ 都转动则差速器为差动轮系，用差动轮系公式

$$i_{31}^{H} = (n_3 - n_H)/(n_1 - n_H) = -z_1/z_3 = -1$$

$$n_3=2n_H-n_1 \tag{9-2}$$

蜗轮的转速 $n_H$ 是通过手柄摇动蜗杆，经蜗杆蜗轮副大速比的减速后得到。因此蜗轮的转速 $n_H \ll n_1$。当 $n_H$ 与 $n_1$ 同向由式（9-2）可看到 $n_3 < -n_1$，这时 $n_3$ 方向不变还与 $n_1$ 反向但速度减小。当 $n_H$ 与 $n_1$ 反向时由式（9-2）得到 $n_3 > -n_1$，这时 $n_3$ 方向还是不变但速度增加。由此可知当手柄不动时补偿盘的转速大小与试件相等转向相反，正向摇动手柄（蜗轮转速方向与试件转速方向相同）补偿盘减速，反向摇动手柄补偿盘加速。这样可改变补偿盘与试件圆盘之间的相对角位移。这个结论的应用将在后面叙述。

（2）转子动平衡的力学条件。由于转子材料的不均匀、制造安装的不准确、结构的不对称等诸多因素使转子存在不平衡质量。因此当转子旋转后就会产生离心惯性力 $F$，组成一个空间力系，使转子动不平衡。要使转子达到动平衡，则必须满足空间力系的平衡条件。

$$\sum F=0 \quad \sum M=0 \quad 或 \quad \sum M_A=0 \quad \sum M_B=0 \tag{9-3}$$

这就是转子动平衡的力学条件。

（3）动平衡机的工作原理。当试件上有不平衡质量存在时（见图 9-19），试件转动后则产生离心惯性力 $F=\omega^2 mr$，它可分解成垂直分力 $F_y$ 和水平分力 $F_x$，由于平衡机的工字形板簧和摆架在水平方向（绕 $y$ 轴）的抗弯刚度很大，所以水平分力 $F_x$ 对摆架的振动影响很小，可忽略不计。而在垂直方向（绕 $x$ 轴）的抗弯刚度小，因此在垂直分力产生的力矩 $M=F_y L=\omega^2 mrL\cos\varphi$ 的作用下，摆架产生周期性的上下振动。摆架振幅大小就取决于这个力矩的大小。

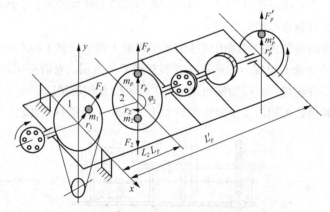

图 9-19　动平衡机的工作原理

设试件圆盘 1、2 上各有一个不平衡质量 $m_1$ 和 $m_2$，它们对 $x$ 轴的惯性力矩为

$$M_1=0 \qquad M_2=\omega^2 m_2 r_2 L_2 \cos\varphi_2$$

要使摆架不振动必须要平衡力矩 $M_2$。在试件上选择圆盘 2 作为平衡平面，加平衡质量 $m_p$ 则平衡块绕 $x$ 轴的惯性力矩

$$M_p=\omega^2 m_p r_p Lp\cos\varphi_p$$

要使这些力矩得到平衡可根据式（9-3）来解决。

$$\sum M_A=0 \qquad M_2+M_p=0$$

$$\omega^2 m_2 r_2 L_2 \cos\varphi_2+\omega^2 m_p r_p L_p\cos\varphi_p=0 \tag{9-4}$$

消去 $\omega^2$ 得

$$m_2 r_2 L_2 \cos\varphi_2+m_p r_p L_p\cos\varphi_p=0 \tag{9-5}$$

要使式（9-5）为零必须满足

$$m_2 r_2 L_2=m_p r_p L_p$$

$$\cos\varphi_2=-\cos\varphi_p=-\cos(180°+\varphi_p) \tag{9-6}$$

满足式（9-6）的条件摆架就不振动了。式中 $m$（质量）和 $r$（矢径）之积称为质径积，$mrL$ 称为质径矩，$\varphi$ 称为相位角。

转子不平衡质量的分布有很大的随机性，无法直观判断它的大小和相位。因此很难用公式来计算平衡量，但可用实验的方法来解决，其方法如下。

选补偿盘作为平衡平面，补偿盘的转速与试件的转速大小相等，但转向相反，这时的平衡条件也可按上述方法来求得。在补偿盘上加一质量 $m_p'$，如图 9-14 所示，刚产生离心惯性力对 $x$ 轴的力矩

$$M_p'=\omega^2 m_p' r_p' L_p'\cos\varphi_p'$$

根据力系平衡式（9-3）$\sum M_A=0 \qquad M_2+M_p'=0$

$$\omega^2 m_2 r_2 L_2\cos\varphi_2+\omega^2 m_p' r_p' L_p'\cos\varphi_p'=0$$

要使上式成立必须有

$$m_2 r_2 L_2=m_p' r_p' L_p'\cos\varphi_2=-\cos\varphi_p'=-\cos(180°-\varphi_p') \tag{9-7}$$

式（9-7）与式（9-6）基本上是一样，只有一个正负号不同。从图 9-20 所示中可进一步比较两种平衡面进行平衡的特点。图 9-20 是满足平衡条件时平衡质量与不平衡质量之间的相位关系。

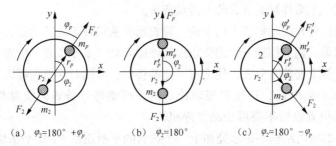

(a) $\varphi_2=180°+\varphi_p$     (b) $\varphi_2=180°$     (c) $\varphi_2=180°-\varphi_p$

图 9-20 满足平衡条件时平衡质量与不平衡质量之间的相位关系

图 9-20（a）所示为平衡平面在试件上的平衡情况，在试件旋转时平衡质量与不平衡质量始终在一个轴平面内，但矢径方向相反

$$\varphi_2=180°+\varphi_p$$

图 9-20（b）所示为补偿盘为平衡平面，$m_2$ 和 $m_p'$ 在各自的旋转中只有在 $\varphi_p'=0°$ 或 $\varphi_p=180°$，$\varphi_2=180°$ 或 $\varphi_2=0°$ 时它们处在垂直轴平面内与图 9-20（a）所示一样达到完全平衡。其他位置时它们的相对位置关系如图 9-20（c）所示，为 $\varphi_2=180°-\varphi_p'$，图 9-20（c）这种情况，$y$ 分力矩是满足平衡条件的，而 $x$ 分力矩未满足平衡条件。

用补偿盘作为平衡平面来实现摆架的平衡可这样来操作。在补偿盘的任何位置（最好选择在靠外缘处）试加一个适当的质量，在试件旋转的状态下摇动蜗杆手柄使蜗轮转动（正转或反转），这时补偿盘减速或加速转动。摇动手柄同时观察百分表的振幅使其达到最小，这时停止转动手柄。停机后在原位置再加（或减）一些平衡质量，再开机左右转动手柄如振幅很小可认为摆架已达到平衡。最后调整到最小振幅时的手柄位置请保持不动。停机后用手转动试件使补偿盘上的平衡质量转到最高位置，这时的垂直轴平面就是 $m_p$ 和 $m_2$ 同时存在的轴平面，这个垂直轴平面称平衡量轴平面。

摆架平衡不等于试件平衡，还必须把补偿盘上的平衡质量转换到试件的平衡面上。选试件圆盘 2 为平衡面，根据平衡条件

$$m_p r_p L_p = m_p' r_p' L_p'$$
$$m_p r_p = m_p' r_p' L_p' / L_p$$

（9-8）

或 $\qquad m_p = m_p' (r_p' L_p' / r_p L_p)$

若取 $\qquad r_p' L_p' / r_p L_p = 1$ 则 $m_p = m_p'$

式（9-8）中，$m_p' r_p'$ 是所加的平衡量质径积，$L_p$、$L_p'$ 是平衡面至板簧的距离，这些参数都是已知的，这样就求得了在平衡面2上应加的平衡量质径积 $m_p r_p$。一般情况先选择半径 $r$ 求出 $m$ 加到平衡面2上，其位置在 $m_p'$ 最高位置的垂直轴平面中。本动平衡机及试件在设计时已取 $r_p' L_p' / r_p L_p = 1$，所以 $m_p = m_p'$，这样可取下 $m_p'$（平衡块）直接加到平衡面相应的位置，这样就完成了第一步平衡工作。根据力系平衡条件式（9-3），到此才完成一项 $\sum MA = 0$，还必须做 $\sum MB = 0$ 的平衡工作，这样才能使试件达到完全平衡。

第二步工作。将试件从平衡机上取下重新安装成以圆盘2为驱动轮，再按上述方法求出平衡面1上的平衡量（质径积 $m_p r_p$ 或 $m_p$）。这样整个平衡工作全部完成。更具体的实验方法如下。

## 4. 实验方法和步骤

（1）将试件装到摆架的滚轮上，把试件右端的法兰盘与差速器轴端的法兰盘，用线绳松松地捆绑在一起组成一个柔性联轴器，装上传动皮带。

（2）用手转动试件和摇动蜗杆上的手柄，检查动平衡机各部分转动是否正常。松开摆架最右端的两对锁紧螺母，调节摆架下面的支承弹簧使摆架处于水平位置，检查摆架是否灵活。在差速器右端的支撑板上安放百分表，使之有一定的接触，并随时注意振幅大小。

（3）接上电源启动电机，待摆架振动稳定后，调整好百分表的位置并记录下振幅大小 $y_0$（格）百分表的位置以后不要再变动，停机。

（4）在补偿器的槽内距轴心最远处加上一个适当的平衡质量（2块平衡块）。开机后摇动手柄观察百分表振幅变化，手柄摇到振幅最小时停止摇动。记录下振幅大小 $y_1$ 和蜗轮位置角 $\beta_1$（差速器外壳上有刻度指示），停机。在不改变蜗轮位置情况下，停机后，按试件转动方向用手转动试件使补偿盘上的平衡块转到最高位置。取下平衡块安装到试件的平衡面（圆盘2）中相对应的最高位置槽内。

（5）在补偿盘内再加一点平衡量（1~2 平衡块）。按上述方法再进行一次测试。测得的振幅 $y_2$ 蜗轮位置 $\beta_2$，若 $y_2 < y_1 < y_0$；$\beta_1$ 与 $\beta_2$ 相同或略有改变，则表示实验进行正确。若 $y_2$ 已很小也可视为已达到平衡。停机，按步骤（4）方法将补偿盘上的平衡块移到试件圆盘2上。解开联轴器，开机让试件自由转动，若振幅依然很小则第一步平衡工作结束；若还存在一些振幅，可适当地调节一下平衡块的相位。即在圆周方向左右移动一个平衡块进行微调相位和大小。

（6）将试件两端180°对调，即这时圆盘2为驱动盘，圆盘1为平衡面。再按上述方法找出圆盘1上应加的平衡量。这样就完成了试件的全部平衡工作。

## 5. 注意事项

（1）动平衡的关键是找准相位，第一次就要把相位找准，当试件接近平衡时相位就不灵敏了。所以 $\beta_1$、$\beta_2$ 是主要相位角。

（2）若试件振动不明显，可人为地加一些不平衡块。

# 第10章

# 塑料成型工艺与模具设计实验

## 10.1 HY—350 注塑机

### 1. 实验目的

（1）了解注塑机的工作原理、种类、结构和功能。

（2）掌握注塑机的操作、注塑成型工艺特点以及应用。

### 2. 实验内容

（1）注塑成型机的工作原理如图 10-1 所示。注射成型机（简称注射机或注塑机）是将热塑性塑料或热固性塑料利用塑料成型模具制成各种形状的塑料制品的主要成型设备。注射成型是通过注塑机和模具来实现的。注塑机的工作原理与打针用的注射器相似，它是借助螺杆（或柱塞）的推力，将已塑化好的熔融状态（即黏流态）的塑料注射入闭合好的模腔内，经固化定型后取得制品的工艺过程。注射成型是一个循环的过程，每一周期主要包括：定量加料——熔融塑化——施压注射——充模冷却——启模取件。取出塑件后又再闭模，进行下一个循环。

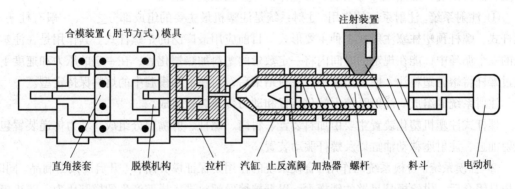

图 10-1　注塑机工作原理图

一般螺杆式注塑机的成型工艺过程如下。首先将粒状或粉状塑料加入机筒内，并通过螺杆的旋转和机筒外壁加热使塑料成为熔融状态，然后机器进行合模和注射座前移，使喷嘴贴紧模具的浇口道，接着向注射缸通入压力油，使螺杆向前推进，从而以很高的压力和较快的速度将熔料注入温度较低的闭合模具内，经过一定时间和压力保持（又称保压）、冷却，使其固化成型，便可开模取出制品（保压的目的是防止模腔中熔料的反流、向模腔内补充物料，以及保证制品具有一定的密度和尺寸公差）。注射成型的基本要求是塑化、注射和成型。塑化是实现和保证成型制品质量的前提，而为满足成型的要求，注射必须保证有足够的压力和速度。同时，由于注射压力很高，相应地在模腔中产生很高的压力（模腔内的平均压力一般在 20～45MPa 之间），因此必须有足够大的合模力。由此可见，注射装置和合模装置是注塑机的关键部件。

（2）注塑机的种类。注塑机根据塑化方式分为柱塞式注塑机和螺杆式注塑机，按机器的传动方式又可分为液压式、机械式和液压——机械（连杆）式，按操作方式分为自动、半自动、手动注塑机。

① 卧式注塑机。这是最常见的类型。其合模部分和注射部分处于同一水平中心线上，且模具是沿水平方向打开的。其特点是机身矮，易于操作和维修；机器重心低，安装较平稳；制品顶出后可利用重力作用自动落下，易于实现全自动操作。目前，市场上的注塑机多为此种类型。

② 立式注塑机。其合模部分和注射部分处于同一垂直中心线上，且模具是沿垂直方向打开的。因此，其占地面积较小，容易安放嵌件，装卸模具较方便，自料斗落入的物料能较均匀地进行塑化。但制品顶出后不易自动落下，必须用手取下，不易实现自动操作。立式注塑机宜用于小型注塑机，一般是在 60g 以下的注塑机采用较多，大、中型机不宜采用。

③ 角式注塑机。其注射方向和模具分界面在同一个面上，它特别适合于加工中心部分不允许留有浇口痕迹的平面制品。它占地面积比卧式注塑机小，但放入模具内的嵌件容易倾斜落下。这种类型的注塑机宜用于小机。

④ 多模转盘式注塑机。它是一种多工位操作的特殊注塑机，其特点是合模装置采用了转盘式结构，模具围绕转轴转动。这种类型的注塑机充分发挥了注射装置的塑化能力，可以缩短生产周期，提高机器的生产能力，因而特别适合于冷却定型时间长或因安放嵌件而需要较多辅助时间的大批量制品的生产。但因合模系统庞大、复杂，合模装置的合模力往往较小，故这种注塑机在塑胶鞋底等制品生产中应用较多。

（3）注塑机的结构和功能。注塑机通常由注射系统、合模系统、液压传动系统、电气控制系统、润滑系统、加热及冷却系统、安全保护与监测系统等组成。

① 注射系统。注射系统的作用。注射系统是注塑机最主要的组成部分之一，一般有柱塞式、螺杆式、螺杆预塑柱塞注射式 3 种主要形式。目前应用最广泛的是螺杆式。其作用是在注塑料机的一个循环中，能在规定的时间内将一定数量的塑料加热塑化后，在一定的压力和速度下，通过螺杆将熔融塑料注入模具型腔中。注射结束后，对注射到模腔中的熔料保持定型。

注射系统的组成。注射系统由塑化装置和动力传递装置组成。

螺杆式注塑机塑化装置主要由加料装置、料筒、螺杆、射嘴部分组成。动力传递装置包括注射油缸、注射座移动油缸以及螺杆驱动装置。

② 合模系统。合模系统的作用。合模系统的作用是保证模具闭合、开启及顶出制品。同时，在模具闭合后，供给模具足够的锁模力，以抵抗熔融塑料进入模腔产生的模腔压力，防止模具开缝，造成制品的不良状况。

合模系统的组成。合模系统主要由合模装置、调模机构、顶出机构、前后固定模板、移动模板、合模油缸和安全保护机构组成。

③ 液压传动系统。液压传动系统的作用是实现注塑机按工艺过程所要求的各种动作提供动力，并满足注塑机各部分所需压力、速度、温度等的要求。它主要由各种液压元件和液压辅助元件所组成，其中油泵和电机是注塑机的动力来源。各种阀控制油液压力和流量，从而满足注射成型工艺各项要求。

④ 电气控制系统。电气控制系统与液压系统合理配合，可实现注射机的工艺过程要求（压力、温度、速度、时间）和各种程序动作。主要由电器、电子元件、仪表、加热器、传感器等组成。一般有 4 种控制方式：手动、半自动、全自动、调整。

⑤ 加热/冷却系统。加热系统是用来加热料筒及注射喷嘴的，注塑机料筒一般采用电热圈作为加热装置，安装在料筒的外部，并用热电偶分段检测。热量通过筒壁导热为物料塑化提供热源；冷却系统主要是用来冷却油温，油温过高会引起多种故障，所以油温必须加以控制。另一处需要冷却的位置在料管下料口附近，防止原料在下料口熔化，导致原料不能正常下料。

⑥ 润滑系统是注塑机的动模板、调模装置、连杆机构等处有相对运动的部位提供润滑条件的回路，以便减少能耗和提高零件寿命，润滑可以是定期的手动润滑，也可以是自动电动润滑。

⑦ 安全保护与监测系统。注塑机的安全装置主要是用来保护人、机安全的装置。主要由安全门、液压阀、限位开关、光电检测元件等组成，实现电气——机械——液压的连锁保护。

监测系统主要对注塑机的油温、料温、系统超载，以及工艺和设备故障进行监测，发现异常情况进行指示或报警。

（4）注塑机的操作。

① 注塑机的动作程序：合模→预塑→倒缩→喷嘴前进→注射→保压→喷嘴后退→冷却→开模→顶出→开门→取工件→关门→合模。

② 注塑机操作项目。包括控制键盘操作、电器控制柜操作和液压系统操作 3 个方面。分别进行注射过程动作、加料动作、注射压力、注射速度、顶出形式的选择，料斗各段温度及电流、电压的监控，注射压力和背压压力的调节等。

一般注塑机既可手动操作，也可以半自动和全自动操作。

手动操作是在一个生产周期中，每一个动作都是由操作者拨动操作开关而实现的。一般在试机调模时才选用。

半自动操作时机器可以自动完成一个工作周期的动作，但每一个生产周期完毕后操作者必须拉开安全门，取下工件，再关上安全门，机器方可以继续下一个周期的生产。全自动操作时注塑机在完成一个工作周期的动作后，可自动进入下一个工作周期。在正常的连续工作过程中无须停机进行控制和调整。

如需要全自动工作，必须注意：中途不要打开安全门，否则全自动操作中断；要及时加料；若选用电眼感应，应注意不要遮蔽电眼。

实际上，在全自动操作中通常也是需要中途临时停机的，如给机器模具喷射脱模剂等。正常生产时，一般选用半自动或全自动操作。操作开始时，应根据生产需要选择操作方式（手动、半自动或全自动），并相应拨动手动、半自动或全自动开关。

半自动及全自动的工作程序已由线路本身确定好，操作人员只需在电柜面板上更改速度和压力的大小、时间的长短、顶针的次数等，不会因操作者调错键钮而使工作程序出现混乱。

当一个周期中各个动作未调整妥当之前，应先选择手动操作，确认每个动作正常之后，再选择半自动或全自动操作。

（5）预塑动作选择。根据预塑加料前后注座是否后退，即喷嘴是否离开模具，注塑机一般设有3种选择。

① 固定加料。预塑前和预塑后喷嘴都始终贴近模具，注座也不移动。

② 前加料。喷嘴顶着模具进行预塑加料，预塑完毕，注座后退，喷嘴离开模具。选择这种方式的目的是预塑时利用模具注射孔抵住喷嘴，避免熔料在背压较高时从喷嘴流出，预塑后可以避免喷嘴和模具长时间接触而产生热量传递，影响它们各自温度的相对稳定。

③ 后加料。注射完成后，注座后退，喷嘴离开模具然后预塑，预塑完注座前进。该动作适用于加工成型温度特别窄的塑料，由于喷嘴与模具接触时间短，避免了热量的流失，也避免了熔料在喷嘴孔内的凝固。

注射结束、冷却计时器计时完毕后，预塑动作开始。螺杆旋转将塑料熔融料挤送到螺杆头前面。由于螺杆前端单向阀的作用，熔融塑料积存在机筒的前端，将螺杆向后迫退。当螺杆退到预定的位置时（此位置由行程开关确定，控制螺杆后退的距离，实现定量加料），预塑停止，螺杆停止转动。紧接着是倒缩动作，倒缩即螺杆做微量的轴向后退，此动作可使聚集在喷嘴处的熔料的压力得以解除，克服由于机筒内外压力的不平衡而引起的"流涎"现象。若不需要倒缩，则应把倒缩停止，开关调到适当位置，让预塑停止。开关被压上的同一时刻，倒缩停止开关也被压上。当螺杆做倒缩动作后退到压上停止开关时，倒缩停止。接着注座开始后退。当注座后退至压上停止开关时，注座停止后退。若采用固定加料方式，则应注意调整好行程开关的位置。

一般生产多采用固定加料方式以节省注座进退操作时间，缩短生产周期。

# 10.2
## 注射模具拆装实验

### 1. 实验目的

（1）了解塑料成型工艺基本知识。

（2）掌握注射模装配及调整的基本方法。

（3）了解注射模各大组成部分的结构及功用。

（4）对所拆模具进行初步测绘。

### 2. 实验设备与工具

（1）场地条件：模具拆装实训室。

（2）设备条件：注射模若干套及相应设备。

（3）工具条件：游标卡尺、角尺、塞尺、活动扳手、内六角扳手、一字旋具、平行铁、台虎钳、锤子、铜棒等常用钳工工具每组一套。

### 3. 实验步骤

（1）先从外观分辨动模、定模部分，将模具拆为动模、定模两部分。

（2）观察型腔、流道等的组成、结构和特点。

（3）然后按"先外后里"原则分别对动、定模部分进行解体，边拆边观察零件结构上的特点、工作原理；然后深入了解凸、凹模的结构形状，加工要求与固定方法；导向零件的结构形式与加工要求；支承零件的结构及其作用；紧固件及其他零件的名称、数量和作用。

（4）在拆卸过程中，要记清各零件在模具中的位置及配合关系。

（5）装复时，将零件清洗干净，并于相对运动面蘸上机油，按"先里后外"的原则进行装配。

（6）测绘出所拆装的注射模结构简图。

（7）实验完毕，必须收拾好工具，保持实验场地卫生。

### 4. 思考题

（1）注射模的结构组成包括哪几部分？

（2）你所拆卸的注射模具的工作原理以及各零件的名称及作用是什么？

（3）简述你所拆装模具的拆装过程及注意事项。

# 10.3 注射模具零部件测绘实验

### 1. 实验目的

（1）拆装、测量模具的主要零部件尺寸，分析模具的结构。

（2）学习设计经验，进一步理解模具的结构和工作原理，为塑料模课程设计作准备。

（3）绘制主要零部件，型芯、型腔、顶杆的零件图。

### 2. 实验设备与工具

（1）场地条件：模具拆装实训室。

（2）设备条件：注射模若干套及相应设备。

（3）工具条件：游标卡尺、角尺、塞尺、活动扳手、内六角扳手、一字旋具、平行铁、台虎钳、锤子、铜棒等常用钳工工具每组一套。

### 3. 实验步骤

（1）小组人员分工。同组人员对拆卸、观察、测量、记录、绘图等分工负责。

（2）了解注射模的总体结构和工作原理。

（3）拆卸注射模，详细了解注射模每个零件的结构和用途。

（4）测绘主要结构的尺寸参数。

（5）将注射模重新组装好，进一步了解注射模的结构工作原理及装配过程。

（6）实验完毕，必须收拾好工具，保持实验场地卫生。

### 4．思考题

（1）模架的常见类型和主要参数有哪些？

（2）浇注系统的组成、分流道的截面形式、浇口的类型有哪些？

（3）推出机构的类型及其选用方法是什么？

（4）模具加热与冷却系统的设计原则如何在你所看到的模具中体现？

# 10.4
## 塑料成型工艺实验

### 1．实验目的

（1）分析制品成型工艺条件之间的关系。

（2）明确制品工艺分配关系和拟定合理的工艺条件。

（3）查找导致废品的成型工艺因素，学会调整成型参数。

### 2．实验设备与工具

（1）注射机一台。

（2）PS 原料若干。

（3）游标卡尺若干。

### 3．实验原理

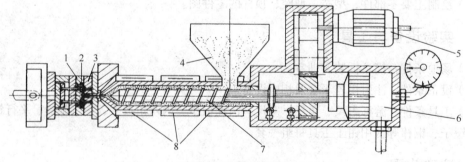

图 10-2　注射成型原理

1—动模　2—塑件　3—定模　4—料斗　5—电动机　6—注射缸　7—螺杆　8—加热器

注塑成型也称为注射成型，它是目前塑料加工中最普遍采用的方法之一，可用来生产空间几何形状非常复杂的塑料制件，注塑成型原理是将塑料颗粒定量加入到注塑机的料斗内，通过料斗的传热，以及螺杆转动时产生的剪切摩擦作用使塑料逐步熔化呈黏流状态熔体，然后在柱塞或螺杆的高压推挤下,以很大的流速通过机筒前端的喷嘴注入温度较低的闭合模具的型腔中,由于模具的冷却作用,使模腔内的熔融塑料逐渐凝固并定型,最后开启模具便可以从模腔中推出具有一定形状和尺寸的注塑件。

### 4. 实验步骤

（1）开机与调试。打开电源,预热注塑机。同时设定料温,让模具试运行,在升温过程中,通过开、闭模具,空顶出模具观察模具是否安装、调试停当,同时观察模具与注塑机的关系。

（2）闭模。动模快速进行闭合,与定模将要接触时,合模动力系统自动切换成低压（即试合模压力）以低速靠拢后,再切换成高压将模具合紧。

（3）注射装置前移动和注射。确认模具合紧后,注射装置前移,使喷嘴与模具贴合。确定注射压力、注射速度大小时,需考虑原料、制品、模具、注射机以及其他工艺条件等情况,参考经验数据,分析成型过程及制品外观,通过实际成型检验,最终确定。

（4）保压。保压时间以保持到浇口刚封闭为好。过早卸压会引起物料倒流,产生制品不足的毛病;而保压时间过长或保压压力过大,过量的填充会使浇口周围形成内应力,易引起开裂,还会造成脱模困难。

（5）冷却。料斗温度可以分为 2～5 段控制,由后段至前段逐渐增加温度,分布差通常在 60℃以内。应避免喷嘴温度过低,发生物料凝结阻塞喷嘴现象,或喷嘴温度过高,出现"流涎"现象。

（6）注射装置后退和开模推出制品。预塑过程完成时,为避免喷嘴与模具长时间接触散热而形成冷料,可将注射装置后退,让喷嘴脱开模具。模腔内物料冷却定型后,合模装置即行开模,由推出机构实现制品脱模动作。并准备再次闭模。

### 5. 思考题

（1）制件产生飞边的原因是什么?
（2）制件产生浇不足的原因是什么?
（3）合模力和温度对制件质量的影响是怎样的?
（4）料斗的温度为何要分段设置?

# 第11章 冲压工艺及模具设计实验

## 11.1 概 述

模具工业是国民经济发展的重要基础工业之一，也是一个国家加工行业发展水平的重要标志。在现代化工业生产中，60%～90%的工业产品需要使用模具加工，如航空航天、机械、电子、汽车、电器、仪器仪表和通信等领域，许多新产品的开发和生产在很大程度上也都依赖于模具生产，特别是汽车大型覆盖件模具、机电钣金类产品的模具和冲压模具等，其中以汽车覆盖件模具为代表的大型冲压模具的制造技术已取得很大进步。

本章通过冲压模的实验教学，培养学生学习和运用理论知识处理实际问题的能力，进而验证、消化和巩固所学的理论知识。

## 11.2 J—36 冲床

### 1. 实验目的

（1）了解冲床的工作原理、种类、结构和功能。
（2）掌握冲床的操作、冲压成型工艺特点以及应用。

### 2. 实验内容

（1）冷冲压加工。

冷冲压是在常温下利用装在压力机上的模具对材料施加压力，使其分离或产生塑性变形，从而获得一定形状、尺寸和性能的零件的加工方法。

冷冲压工序可分为 5 个基本工序，见表 11-1。

① 冲裁。使板料实现分离的冲压工序。

② 弯曲。将金属材料沿弯曲线弯成一定的角度和形状的冲压工序。

③ 拉深。将平面板料变成各种开口空心件，或者把空心件的尺寸作进一步改变的冲压工序。

④ 成型。用各种不同性质的局部变形来改变毛坯或冲压件形状的冲压工序。

⑤ 立体压制（体积冲压）。将金属材料体积重新分布的冲压工序。

表 11-1　　　　　　　　　冲压工件分类

| 类　　别 | 组　　别 | 工序名称 | 工序简图 | 特　点 |
|---|---|---|---|---|
| 分离工序 | 冲载 | 落　料 | 废料　　　工件 | 将板料沿封闭轮廓分离,切下部分是工件 |
| | | 冲　孔 | 工件　　　废料 | 将毛坯沿封闭轮廓分离,切下部分是废料 |
| | | 切　断 | | 将板料沿不封闭的轮廓分离 |
| | | 切　边 | 废料　工件 | 将工件边缘的多余材料冲切下来 |
| | | 剖　切 | | 将已冲压成形的半成品切开成为两个或数个工件 |
| | | 切　舌 | | 沿不封闭轮廓,将部分板料切开并使其下弯 |
| 变形工序 | 弯曲 | 压　弯 | | 将材料沿弯曲线弯成各种角度和形状 |
| | | 卷　边 | | 将毛坯端部弯曲成接近封闭的圆筒形 |
| | 拉深成型 | 拉　深 | | 将板料毛坯冲制成各种开口的空心件 |
| | | 翻　边 | | 将工件的孔边缘或工件的外缘翻成竖立的边 |
| | | 缩　口 | | 使空心件或管状毛坯的径向尺寸缩小 |

续表

| 类 别 | 组 别 | 工序名称 | 工序简图 | 特 点 |
|---|---|---|---|---|
| 变形工序 | 拉深成型 | 胀 形 | | 使空心件或管状毛坯向外扩张，胀出所需的凸起曲面 |
| | | 起伏成形 | | 在板料或工件的表面上制成各种形状的凸筋或凹窝 |
| | | 校 形 | | 将翘曲的平板件压平或将成形件不准确的地方压成准确形状 |
| | 立体压制 | 冷挤压 | | 对模腔内的毛坯加压使金属沿凹模模口或凸、凹模间隙流动，转变为实心杆件或薄壁空心件 |
| | | 顶 镦 | | 将杆状坯料局部镦粗 |

冷冲压工艺与其他加工方法相比，有以下特点。

① 用冷冲压加工方法可以得到形状复杂、用其他加工方法难以加工的工件，如薄板薄壳零件等。冷冲压件的尺寸精度是由模具保证的，因此，尺寸稳定，互换性好。

② 材料利用率高、工件重量轻、刚性好、强度高、冲压过程耗能少，因此，工件的成本较低。

③ 操作简单、劳动强度低、生产率高、易于实现机械化和自动化。

④ 冷冲压加工中所用的模具结构一般比较复杂，生产周期较长、成本较高。

（2）冲裁。冲裁是利用装在压力机上的模具，将板料分离的冲压工序，包括落料、冲孔、切口、剖切、修边等，其中以落料、冲孔工序应用最多。落料是从板料上冲下所需形状的工件（或毛坯），冲孔是在工件上冲出所需形状的孔。图 11-1 所示为垫圈由落料和冲孔两道工序完成。

图 11-2 所示为冲裁加工示意图。由图可见，冲裁加工必须使用模具。图 11-2（a）所示为冲裁前，图 11-2（b）所示为冲裁过程，凸模端部及凹模洞口边缘的轮廓形状与工件形状对应，并有锋利的刃口。凸模刃口轮廓尺寸略小于凹模，其差值称为冲裁间隙。

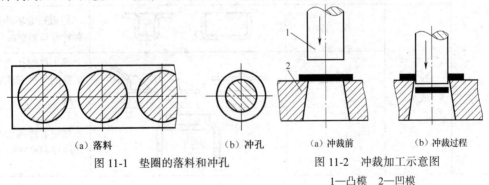

（a）落料　　　　　　（b）冲孔　　　　　（a）冲裁前　　　　（b）冲裁过程

图 11-1　垫圈的落料和冲孔　　　　图 11-2　冲裁加工示意图

1—凸模　2—凹模

　　板料放在凹模平面上，在压力机滑块连同凸模一起向下运动将凸模推入凹模的过程中，就会对板料实行剪切，将所需形状的工件从板料上分离下来。

　　图 11-3 所示为冲裁模典型结构，其主要部分一般用两个视图（主视图和俯视图）即可表达清楚。模具装配图的画法稍不同于一般机械制图，其主视图通常按上下模闭合状态作图，而其俯视图则往往是表示上模已经取走，只留下下模部分。

　　如果上模也需要画出，可另画一个上模的俯视图。如果下模左右两部分结构对称，为了简便，也可以用同一个俯视图来表示，左半部表示已取走上模，只画下模；右半部则表示上模没有取走时的情况。这一特殊规则在绘制和阅读冲压模具图时必须熟悉和适应。

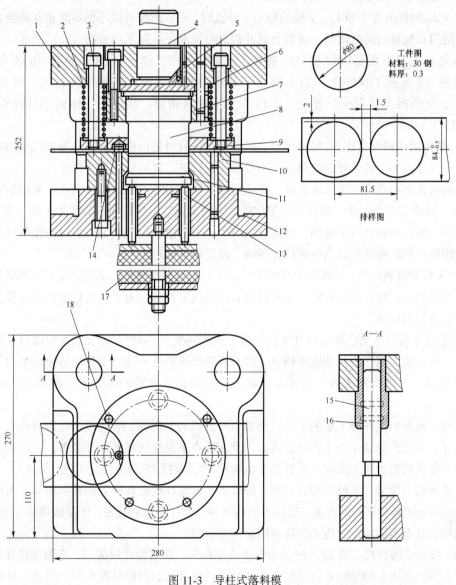

图 11-3　导柱式落料模

1—上模座　2—卸料弹簧　3—卸料螺钉　4—模柄　5—止转销　6—垫板　7—凸模固定板　8—落料凸模
9—卸料板　10—落料凹模　11—顶件板　12—下模座　13—顶杆　14—固定挡料销　15—导柱　16—导套
17—橡皮　18—导料销

除描述模具结构的主、俯视图外，还应将冲裁件及其在条料上的布置（排样）图画在结构图的右上方。如图 11-3 所示，可以看到的冲裁件是圆形垫片，在条料上成单行排列，依次送进。整个模具由工作零件、固定零件、导向装置、定位装置、卸料装置、顶件装置等部分组成。现逐项说明如下。

① 凸、凹模的固定。冲压模具一般都是由上模、下模两部分组成。如图 11-3 所示，凹模 10 直接固定在下模座 12 上，凸模 8 利用凸模固定板 7 固定在上模座 1 上。工作时，下模座可用螺钉压板紧固在压力机的工作台上，上模座则利用模柄 4 与压力机滑块牢固连接，随同滑块上下运动，实现对板料的冲裁。为了保护上模座不被凸模的巨大冲裁力压陷，在凸模顶部与上模座之间加设了一层垫板 6，以分散其压力。

② 凸、凹模的对中和上、下模的导向。冲裁时，凸、凹模刃口不但不能相互碰撞，而且还要保证沿刃口轮廓线间隙均匀，否则会对冲裁过程带来一系列不利影响。

因此，上、下模必需设置导向装置，包括导柱 15 和导套 16。导套 16 装在上模座上，导柱 15 装在下模座上。当上模向下运动，凸模还没有接触板料之前，导套已经套入导柱，对凸模实行导向，使上、下模不发生横向错移，保证凸、凹模准确地对板料进行剪切。

③ 条料的送进与定位。一般中小型落料件使用的材料是由板料裁成的条料。条料多宽多长，待冲的工件在条料上的位置如何布置，都要事先设计好，这一工作称为排样。

落料时条料必须沿一定方向送进，故必须设置导料装置，如图 11-3 所示，采用的是两个导料销 18。每冲下一个工件，条料必须按排样要求向前送进一定距离，简称为步距（进距）。

步距一般用挡料装置来控制，如图 11-3 所示，采用的是固定挡料销 14，当条料每次送进一个步距后，挡料销就在适当位置挡住条料，使之不再前进。

④ 工件和废料从凸、凹模上自动排除。由于材料有弹性变形，落料完成后，周围的废料会紧紧箍在凸模上，在凸模回程时，废料将会随凸模向上抬起。为了及时将废料从凸模上自动卸除，应设置卸料机构。

如图 11-3 所示，采用的是弹性卸料装置，由卸料板 9、卸料弹簧 2 和卸料螺钉 3 组成，随凸模上、下运动。但在凸模冲剪板料时，卸料板被凹模挡住不动，于是卸料弹簧被向下运动的上模座压缩。当落料完成后，凸模向上回程，卸料板在弹簧的推力下，将箍在凸模上的废料卸除。

同理，从条料上冲落下来的工件，会紧卡在凹模的洞口内，必须设法使之自动取出。如图 11-3 所示，采用的是逆（上）出件方式，即利用装在下模座底部的弹顶装置，在凸模退出凹模时，将工件从凹模中向上顶出。弹顶装置由橡皮 17、顶杆 13 和顶件板 11 组成。

上述冲裁、导向、定位及卸料、顶件等功能，都是冲模必须具备的基本功能。为实现这些功能，可以采用各种不同的方案，选用不同的结构，设计不同的装置，于是就出现了各种类型、各种式样、具有不同特点、适合于各种用途的冲裁模。

（3）导板式落料模。图 11-4 所示为导板式落料模，其结构比较简单，不用导柱导套，而是用固定在凹模平面上的导板 6 直接对凸模 5 导向，保证凸、凹模间隙均匀。因此，导板与凸模的配合间隙必须小于凸、凹模间隙。对于薄料（$t < 0.8\text{mm}$），导板与凸模的配合为 H6/h5；对于厚料（$t > 3\text{mm}$），其配合为 H8/h7。导板必须有足够的厚度，凸模始终套在导板孔中上下滑动，即使在凸模上升到上止点时，也不应脱离导板，即上、下模不应完全脱开。因此，这种模具只适合于行程较短的压力机，或者行程可以调节的偏心压力机。

（4）冲孔模。图 11-5 所示为在筒形件壁部冲孔的模具示例。因为要在筒形件的壁部冲孔，所以凹模 3 装在悬臂的支架 2 上。筒壁要求冲 3 个均布的 $\phi 8$ 孔，分别由 3 次行程冲出。

冲完第一个孔后将毛坯逆时针转动，将定位插销 1 插入已冲的孔后，依此冲第 2、3 个孔。孔的轴向位置尺寸由调整定位螺钉 6 保证。直接装在凸模 5 上的橡胶完成卸料工作。这副模具结构简单，适用于小批量生产。

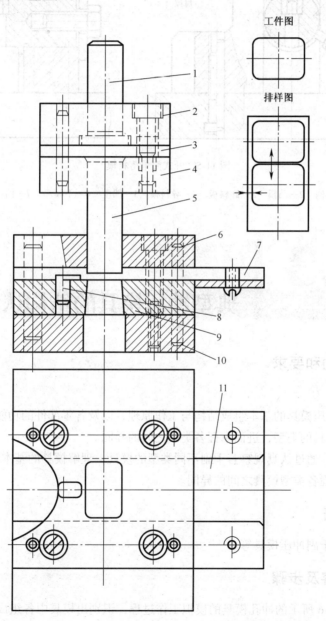

图 11-4　导板式落料模

1—模柄　2—上模座　3—垫板　4—凸模固定板　5—凸模　6—导板　7—导料板
8—固定挡料销　9—凹模　10—下模座　11—承料板

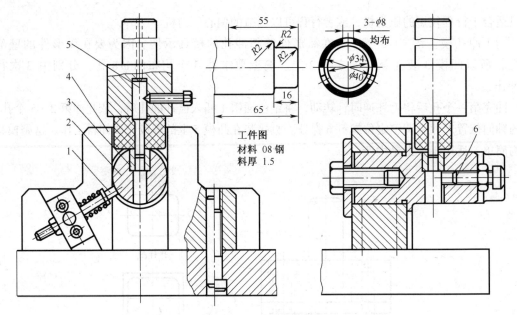

图 11-5　开式简单落料模

1—模柄　2—凸模　3—卸料板　4—导料板　5—凹模　6—下模座　7—挡料块

# 11.3

## 典型冲压模具的结构认知实验

### 1．实验目的和要求

（1）实验目的。

① 掌握典型冲压模具的基本组成结构与工作原理，以及各零部件的功能与作用。

② 了解冲压模具的类型，进而掌握各类型之间的异同。

（2）实验要求。通过认真观察若干副不同类型的模具，理解模具的基本组成结构及其工作过程原理，进而掌握各类型模具之间的异同。

### 2．实验设备

不同类型的若干副冲压模具等。

### 3．实验内容及步骤

（1）观察图 11-6 所示的冲孔模具的模拟工作过程，识别出模具中各组成零部件及其作用。

（2）观察图 11-7 所示的落料模具的模拟工作过程，识别出模具中各组成零部件及其作用。

（3）观察图 11-8 所示的复合模具的模拟工作过程，识别出模具中各组成零部件及其作用。

（4）观察图 11-9 所示的级进模具的模拟工作过程，识别出模具中各组成零部件及其作用。

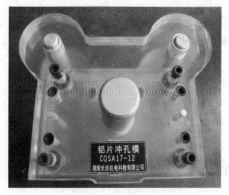

图 11-6　冲孔模具

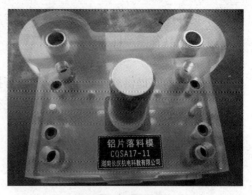

图 11-7　落料模具

图 11-8　复合模具

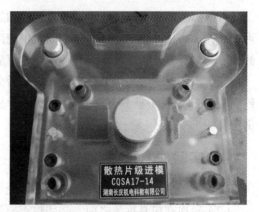

图 11-9　级进模具

### 4. 实验注意事项

（1）在搬运过程中必须注意安全，以免手被划伤、压伤。

（2）实验完毕，要把冲压模具安装复原、放回原处。收拾工具，打扫实验台，经指导老师同意后，方可离开实验室。

### 5. 实验报告

（1）写出典型冲压模具的基本组成结构与工作原理，以及各零部件的功能与作用。

（2）写出按照工序组合程度不同对冲压模具的分类，以及各类型之间的异同。

# 11.4

# 典型冲压模具拆装实验

### 1. 实验目的和要求

（1）实验目的。

① 掌握冲压模具的拆装过程，了解拆装步骤与冲压工艺，提高动手能力。

② 了解模具各零部件在模具中的位置，掌握其调整方法。

（2）实验要求。

① 根据实验室提供的模具，对模具进行拆分。

② 按照后拆先装，先拆后装的原则，进行装配。

## 2. 实验设备

冲压模具、台虎钳、橡皮锤子（铜棒）、内六角扳手、活动扳手等。

## 3. 实验内容及步骤

（1）拆装两套有导柱的冲模（复合模和级进模）。拆装模具之前，应先分清可拆卸件和不可拆卸件（一般冲模的导柱、导套以及用浇注或铆接方法固定的凸模等为不可拆卸件或不宜拆卸件），制订方案，提请实验教师审查同意后方可拆卸。

（2）拆卸时一般先将上下模分开，然后分别将上下模作紧固用的紧固螺钉拧松，再打出销钉，用拆卸工具将模具各板块拆分，最后从固定板中压出凸模、凹模等，达到可拆卸件全部分离。

## 4. 实验注意事项

（1）在拆装过程中必须注意安全，以免手被划伤、压伤。

（2）每次在模具拆装之前，必须检查模具上、下表面以及桌面，看它们是否干净，若有脏物应将其处理干净。

（3）装拆冲压模具零部件时，要保证位置正确，牢固可靠，重要的是要保证一定的垂直度。在拆、装过程中，只能用铜棒或木锤轻击，以防损坏模具。

（4）实验完毕，要把冲压模具安装复原、放回原处。收拾工具，打扫实验台，经指导老师同意后，方可离开实验室。

## 5. 实验报告

（1）简述主要组件的装配方法，以及间隙的控制措施。

（2）说明典型模具的总装步骤及注意事项。

# 11.5

## 典型冲压模具测绘实验

## 1. 实验目的和要求

（1）实验目的。通过冲压模具的拆装，对模具及各部件进行实测，掌握模具设计及各部件的计算方法。

（2）实验要求。根据所给模具，拆开冲压模具，分析并画出该模具所要生产零件的零件图。对于各零部件，按照拆装顺序排放好，完成模具中各主要零部件的测绘并最终画出总装配图。

## 2. 实验设备

冲压模具、销钉冲、镊子、游标卡尺、角尺、塞尺、活动扳手、内六角扳手、一字旋具、平行铁、台虎钳、锤子、铜棒等常用钳工工具。

## 3. 实验内容及步骤

（1）拟定模具拆卸顺序及方法，按拆模顺序将冲模拆为几个部件，再将其分解为单个零件，并进行清洗。

（2）使用游标卡尺等测量工具对各主要零部件进行测量。

（3）选择合适基准，完成模具装配图的绘制。

## 4. 实验注意事项

（1）在拆装过程中必须注意安全，以免手被划伤、压伤。

（2）实验完毕，要把各实验设备放回原处。收拾工具，打扫实验台，经指导老师同意后，方可离开实验室。

## 5. 实验报告

（1）画出所拆装模具装配图，并列出零件的明细表。

（2）说明典型模具的总装步骤及注意事项。

# 第12章
## 实验报告撰写

## 12.1 概　述

实验报告是显示并保存实验成果的依据，所以，在整个实验过程中，实验报告所起的作用是相当重要的。有的实验研究工作做得很出色，取得了重大的成果，而且在实验过程花费了大量的时间和精力，但是如果据此实验而撰写的论文或报告的质量很差，则势必极大地降低实验的价值，不利于扩大报告的影响，无形中湮没了实验的成果。为此，如同重视实验过程一样，也应重视实验报告的撰写。

按照实验的目的，实验报告有学生实验报告和学术报告两种。后一种报告多数是针对某一项目科研所进行的试验研究或论证，往往包含有新的探索或创造性的成果。而学生实验报告则以培养学生实验技能，验证某一理论等为主。

技术报告的读者，不一定只限于从事本学科、本专业工作的有关人员，如果实验研究的结果比较重要，也有可能被具有某种专业知识的其他方面人员所利用。因此实验报告的文字应该简洁易懂，对于所作的结论应明确指出其适用范围或局限性等。如果有的实验在某一方面取得了新的成果或有新的发现，则应作为重点加以较详细的阐述。这样，当有关读者认为有参考价值时，可以从中了解实验的具体过程和方法，以便结合自身的任务进行验证，并在此基础上进一步应用和发展作者所介绍的成果或方法。

实验报告的表达方式与文学作品不同，应该采取直叙式，力求以简短的文字将作者的意图和研究结果完整而明晰地告诉读者。为此，要注意用词、标点，避免冗长或含糊不清的文句，特别要注意避免采用一些易被误解的词句，尽量做到用词准确，含义确切。

为了正确地表达报告的内容和说明事实，在实验报告中应严格做到所用名词术语必须使用国家标准规定的名词术语，或按国家统一使用的名词。例如各有关工业部门审订使用的国家标准专业名词术语、中国科学院编辑出版委员会名词室编定的名词术语。实验报告中所用的计量单位的名称、代号亦应按照国家规定的统一的计量名称。

为了吸引读者，使作者的实验报告广泛传播，并被较多的实验研究者所采用，作为一份写得比较好的报告，特别要注意报告开头部分的编写，这是因为多数读者首先是从开头部分了解报告的内容，然后才决定是否需要仔细阅读报告全文。

# 12.2 学生实验报告的编写

学生实验是培养学生掌握实验技能和实验方法的一种重要训练。这种实验虽然与以实验研究获得成果为主要目的的实验不完全相同，但是却能为学生将来进入社会，参加科研实验创造条件，打好基础。因此对实验报告的编写，必须认真负责，切忌潦草马虎，那种不重视实验报告编写的观点是错误的。应该懂得，撰写文稿、报告等都是进入工作岗位后的工作内容之一。例如设计说明书、工作计划、科研报告、试验报告等，这些技术文件的撰写质量，往往会对今后工作的开展有着重要影响。

学生实验报告的内容，一般包括实验名称、实验目的、实验原理、实验装置、实验步骤、数据处理、实验结果、分析与结论、回答问题和附录等。对于某一项具体的实验，根据实际情况，对以上内容可以作适当的合并或删减。

### 1. 实验名称

学生所进行的有指定实验名称的实验，也有根据学生自己学习需要，自行设计的实验，后者如有些学校开设的综合实验。对于后一类实验，应按实验内容，精心推敲，拟定实验名称，以简洁的标题概括该实验的特性，使读者一目了然。

### 2. 实验目的

任何实验都应有明确的目的，并应在实验报告的开头部分写明。如实验目的可分成几点时，则宜用分行形式写出，务求简明扼要，以使读者一看就知道为什么要进行这一实验。对于自行设计的实验，要注意根据实验的目的合理确定实验的内容。

### 3. 实验原理

在这一部分，应扼要地叙述报告作者所进行实验的理论依据、实验的方案及重要的数学表达式。考虑到一般读者都具有基本的专业知识，因此对一些众所周知的原理宜简略，把重点放在叙述与本实验直接有关的原理。必要时，除文字说明外，还应给出本实验的原理框图或简图，例如简化的试验原理模型图、测量原理图等。数学表达式作为实验原理的一部分，一般只需列出结果，避免繁琐的推导过程，如有必要，则可放在附录中。

### 4. 实验装置及实验步骤

本节应包括介绍实验所用的主要仪器设备以及说明测量方法等内容。介绍仪器设备时应简要说明该设备或仪器的型号、结构与特点、主要组成部分、使用方法和操作程序等。说明方式可根据具体情况决定，可以采用文字说明，也可用文字与图形结合的方式来说明。

### 5. 数据处理和实验结果

实验测量所得的各种数据，由于受到各种因素的影响，不可避免地存在着一定的误差，所以即使名义上实验条件不变，测量的数据也不可能完全重复一致，总存在着一定的离散性。为此，要对测量数据进行适当的加工处理。实验数据处理正确与否，关系到能否得出精确可信的结果和正确的结论，因此必须认真对待。有关数据处理的一般原理见第 2 章。

用曲线表示实验结果具有直观、明了等优点，它能表明某一参数变化的趋势，而且便于与各种分析方法联系起来，并有助于得出经验公式，所以常作为数据的一种表达方式。有关数据的表达方式详见第 2 章。

把实验数据表格化，也是最常用的一种表达形式，表格的设计和表格中数据的排列既要有科学性，又要符合读者的逻辑思维，使读者能从试验数据的演变中，易于自然地得出某种科学的结论。

这里有必要重复强调的是，对数据的处理，应本着科学的实事求是的态度，不能无根据地、有意地掩盖有代表性的异常数据，更不能胡乱凑数据来"证明"理论的正确性。

### 6. 分析和结论

对实验的结果进行分析，找出某一物理的变化趋势或规律，从而得出正确的结论，这是实验的成果，也是实验报告的核心，同时也体现出学生综合运用自己所学知识的能力。为此，要对实验结果进行反复分析研究，以期得出正确的判断和推理。

在对实验结果进行分析的基础上所做出的实验结论，必须是十分明了而清楚的，不能似是而非。例如当读者看过本实验报告后，能马上明白实验所验证的理论是成立还是被否定；实验中所采用的方案是成功的还是失败的。此外，还应注意指出本实验所提供的结论的适用场合和局限性。

此外，对于实验中难以解释的现象，也可在此提出，以便作进一步分析研究。如果实验中走过的弯路或教训具有事实上的普遍意义，也可写出，以供借鉴。在本节中还可提出对本实验的改进意见或设想。

为了帮助学生思考，进一步加深对实验内容的理解，巩固掌握实验的原理和步骤，常常有针对性地提出若干问题供学生分析思考，学生应认真地以书面形式回答问题，写在附录的前面。

### 7. 附录

对于一些在实验报告正文中不便列入，但对读者进一步了解实验细节有益的内容和资料，例如实验的原始数据、数学公式的推导、计算程序等项，都可编排在附录中。

## 12.3 技术报告的编写

技术报告的格式与实验的目的和内容有关，很难规定一种统一的书写格式。不过，一般的技术报告可分为若干部分，各部分之间也有一定的先后次序，其大致内容包括概要、目的意义、实验的理论、测量原理、实验装置、实验方法、实验结果、讨论、结论、附录及参考文献等。这些内容也可列成如下标题。

标题、摘要、前言、正文、结论、参考文献

按照以上顺序撰写，层次比较分明，逻辑性强，前后连贯，也不至于遗漏内容，同时每一标题下都有要叙述的中心内容，有助于读者方便而迅速地了解报告的内容，领会作者的意图。

遵循这种通用的格式撰写技术报告，并不意味着每个作者没有选择编写方式的自由。根据具体实验的内容和性质，可以对上述节次顺序进行适当调整。

撰写技术报告时，最好能站在读者的地位去考虑，读者为什么要阅读这篇报告，读者能否理解这一篇报告议论的主题，用什么方式撰写才能使读者更好地理解报告的内容。

下面对有关内容的撰写提出一些参考意见。

### 1. 标题

一篇优秀的技术报告应该体现在报告的内容和撰写的文章上，但是对读者来说，技术报告的标题也相当重要，因为读者往往都是在阅读了标题之后，才决定是否有必要阅读报告，特别是检索文献时，读者总是依据标题来取舍的，因此，必须谨慎地拟定标题。

一个好的标题往往能体现试验研究的目的，反映报告的主题和一些特殊的要求，在一定的被允许范围内向读者提供有关报告内容方面尽可能多的信息。由于技术报告的特殊性，通常可以允许其标题比其他文章的标题稍长一些，不过太长的标题又显得累赘。为此，对于标题的每一个字都要精心推敲，尽量减少被除数而增加表达的内容。如果认为一个短的标题还不能完全表达报告的内容，有时可以在主标题下增添一个副标题。

技术报告中使用的各种符号的定义，应该在第一次使用时给出，如果报告中使用的符号数量较多，则应在报告的开头按照一定的排列规则列出文中使用的全部符号及其定义，以便于读者查阅。这里要注意的是，通常排列顺序的规则是先按字母分类，再按字母顺序排列，不按符号在文中出现的先后次序排列。

### 2. 摘要

摘要是技术报告的重要部分，它概括了实验研究的主要问题和得出的结论等主要内容。摘要要求单独刊印在文摘上（即不用未定义的符号等），可供读者看了文摘后确定是否需要查阅论文或报告的全文。由于摘要本身的作用及版面限制等原因，一篇摘要一般限在200～300字，通常只有一个自然段。

在撰写摘要时，用词要严格，要扼要说明实验研究报告的理论依据、主要成果、实用意义及结论。摘要中不要引用他人的文章，以避免注释。同样，除了特殊情况外，摘要中尽可能地不要出现数学公式，从而省去对公式中参数进行定义或说明。摘要带有全篇文章的小结性质，所以最好是在写完整篇技术报告之后再写。

### 3. 前言

设置前言的目的是引导读者便于阅读和理解全文。前言不是标题和摘要的简单重复而是它们的补充。前言可以分成两个方面来写。

（1）问题的提出，扼要地概括作者做过的工作，说明为什么要进行这个项目的实验研究，本课题想解决哪些问题，并指出实验研究的背景、历史。

（2）实验研究的经过，主要叙述前人做过的工作，他们在解决本课题时采取了哪些措施，作过哪些努力，解决到什么程度，达到什么样水平。本课题试图在哪一方面作深入理论分析，或致力于哪个问题的实验研究。在实验研究中应用了哪种新的方法，此方法或装置有何特点。同时也可提一下，目前进行到什么程度，存在着什么问题。

在叙述前人的工作时，只需写出结论或最后方程式等，因为与此有关的资料都已列在参考文献中，需要深入研究和对该项实验研究有兴趣的读者，自然会从这些参考文献中得到详情。

## 4. 正文

正文是指技术报告的主体内容。技术报告的类别不同，正文包括的内容也不一样，完整的正文内容可由4部分组成，即实验原理、实验设备、实验过程及实验结果和讨论。

（1）实验的原理。实验的原理是进行实验研究的理论基础。对理论部分阐述的详简程度，要根据该理论应用的广泛程度而定。对于一般且常用的原理并为读者所共知时，则只需指出实验依据什么原理，再在参考文献中列出载有这种原理的文献名称即可。在一些侧重于机理研究的实验技术报告中，除了对原理作必要介绍外，还应着重阐明本实验具有的独到见解，以便从事该项目研究的读者有可能借助本报告来证明作者阐述原理方案的正确性，并加以深化。

（2）实验设备和实验过程。实验所用的设备的型号、规格、特点及与其他实验设备不同之处应一一说明。如因本实验需要已经对设备进行改装，则应说明改装原因、改装部位和结构，并应说明改装后的特点。必要时，可以附结构简图或原理图。

实验过程是指实验方法或实验步骤，主要是描述实验的测量方法、操作步骤和注意事项。

（3）实验结果。技术报告的价值主要存在于实验的结果中，因此，在撰写技术报告时必须给予足够的重视。

实验结果包括实验数据的分析、实验误差的讨论。所得数据应按实验误差分析理论进行分析、处理。文中不必包括所有的数据和计算，只需将整理或处理后的数据以表格形式或线图表示出来，如有必要可将其他数据列于附录。在表达数据时，还应注意说明采用的符号、单位等。

（4）讨论。讨论在技术报告中也有其重要意义，对实验进行讨论的目的在于评述实验结果的意义。根据实验内容可以讨论本实验研究的结果与实验的原则或原理，并与以往其他实验研究者所得结果进行比较，不论结果相同与否，或者具有反常的情况，都应提出讨论，分析其原因，予以解释，即使有些见解还不很成熟，没有充分的证明时，还是可以提出来讨论的。

在对结果进行讨论时，要突出论证新的发现和新的观点，以便读者了解作者的工作的创新之处，而有些新内容也是读者关心本报告的原因。

讨论中还可指出实验过程发现实验的原则方案或操作上存在的缺点和错误，作为后继研究者的借鉴。同时如对本实验研究有进一步的设想或对设备的改进有建议的话，可以写在这一部分，也可另立一节。

## 5. 结论

结论是对实验研究工作的总结，也是对全文的总括。结论并不是罗列实验研究的结果，它比实验结果及其讨论要提高一步，在结论中写的是根据实验结果经过分析判断和推理而形成的主要论点，它反映出事物的本质，事物间的内在有机联系。结论的正确性有赖于正确的实验及数据处理方法以及严谨的理论分析。为此在判断的推理时，不能离开实验结果，不能凭主观做无根据的结论。总之，结论要有说服力，本着实事求是的态度，要恰如其分，同样，结论中用词要科学，对于肯定或否定的用语要明确。

## 6. 致谢

这是科学研究工作者的科学态度和优良传统，作者应对为实验研究和技术报告提供各种帮助和单位和个人表示感谢。同时，要提及参与本工作的合作单位和个人。

## 7. 参考文献

作为一篇实验研究的论文或技术报告都应在文章的末尾列出参考文献。这标志作者实验研究工作的广泛依据，并表示作者尊重他人的劳动成果，同时也便于读者深入了解有关内容时检索原始资料。参考文献也有助于读者了解这个领域内曾经做过的工作，已经获得的成果以及其水平和发展状况等。从中也可使读者阅读和评价技术报告时能获得广泛的背景材料和客观标准。

凡在技术报告中引用他人的论文、报告及书籍中的观点、研究结果或数据时，都应在引用处注上所附参考文献的编号。引用参考文献的内容限于与本文有密切关系、有助于对某些论点阐述的内容。

参考文献主要包括期刊、图书、专利文献。参考文献所引述内容及其排列次序有一定要求，不可任意列写。有关参考文献编排次序，各种书籍和科技刊物虽无统一规定的格式，但大体相同。通常按其在文中出现的先后次序排列序号，并用方括号小一号字体注在文中引用处的右上角。参考文献的一般写法是先写作者姓名，然后依次列出文献名称、出处、年份和页次，这样写的目的是为了节省读者查阅文献的时间。当参考文献的作者不超过 5 人时，一般应当全部写出作者的姓名，因为后面的作者也有可能是该项工作的领导或导师。列出他们的姓名将有助于读者了解该文背景和扩大查阅文献的范围。

## 8. 附录

附录部分可包括实验部分详细的原始数据，必要的数学公式推导，程序清单以及其他不便列入正文但有助于读者更深入理解本报告的资料。

# 附 录

附表1　　　　　　　　铜—康铜热电偶分度（自由端温度为 0℃）

| 工作端温度（℃） | 0 | 1 | 2 | 3 | 4 | 5 | 6 | 7 | 8 | 9 | de/dt（vu） |
|---|---|---|---|---|---|---|---|---|---|---|---|
| 0 | 0.000 | 0.039 | 0.078 | 0.116 | 0.155 | 0.194 | 0.234 | 0.273 | 0.312 | 0.352 | 38.6 |
| 10 | 0.391 | 0.431 | 0.471 | 0.510 | 0.550 | 0.590 | 0.630 | 0.671 | 0.711 | 0.751 | 39.5 |
| 20 | 0.792 | 0.832 | 0.873 | 0.914 | 0.954 | 0.995 | 1.036 | 1.077 | 1.118 | 1.159 | 40.4 |
| 30 | 1.201 | 1.242 | 1.284 | 1.325 | 1.367 | 1.408 | 1.450 | 1.492 | 1.534 | 1.576 | 41.3 |
| 40 | 1.618 | 1.661 | 1.703 | 1.745 | 1.788 | 1.830 | 1.873 | 1.916 | 1.958 | 2.001 | 42.4 |
| 50 | 2.044 | 2.087 | 2.130 | 2.174 | 2.217 | 2.260 | 2.304 | 2.347 | 2.391 | 2.435 | 43.0 |
| 60 | 2.478 | 2.522 | 2.566 | 2.610 | 2.654 | 2.698 | 2.743 | 2.787 | 2.831 | 2.876 | 43.8 |
| 70 | 2.920 | 2.965 | 3.010 | 3.054 | 3.099 | 3.114 | 3.189 | 3.234 | 3.279 | 3.325 | 44.5 |
| 80 | 3.370 | 3.415 | 3.491 | 3.506 | 3.552 | 3.579 | 3.643 | 3.689 | 3.735 | 3.781 | 45.3 |
| 90 | 3.27 | 3.873 | 3.919 | 3.965 | 4.012 | 4.058 | 4.105 | 4.151 | 4.198 | 4.224 | 46.0 |
| 100 | 4.291 | 4.388 | 4.385 | 40432 | 4.479 | 4.529 | 4.573 | 4.621 | 4.668 | 4.715 | 46.8 |

附表2　　　　　　　　E 型热电偶分度（参考端温度为 0℃）

| 温度（℃） | 0 | 10 | 20 | 30 | 40 | 50 | 60 | 70 | 80 | 90 |
|---|---|---|---|---|---|---|---|---|---|---|
| | 热电动势（mV） | | | | | | | | | |
| 0 | 0.000 | 0.591 | 1.192 | 1.801 | 2.419 | 3.047 | 3.683 | 4.329 | 4.983 | 5.646 |
| 100 | 6.317 | 6.996 | 7.683 | 8.377 | 9.078 | 9.787 | 10.501 | 11.222 | 11.949 | 12.681 |
| 200 | 13.419 | 14.161 | 14.909 | 15.661 | 16.417 | 17.178 | 17.942 | 18.710 | 19.481 | 20.256 |
| 300 | 21.033 | 21.814 | 22.597 | 23.383 | 24.171 | 24.961 | 25.754 | 26.549 | 27.345 | 28.143 |

续表

| 温度<br>（℃） | 0 | 10 | 20 | 30 | 40 | 50 | 60 | 70 | 80 | 90 |
|---|---|---|---|---|---|---|---|---|---|---|
| | 热电动势（mV） | | | | | | | | | |
| 400 | 28.943 | 29.744 | 30.546 | 31.350 | 32.155 | 32.960 | 33.767 | 34.574 | 35.382 | 36.190 |
| 500 | 36.999 | 37.808 | 38.617 | 39.426 | 40.236 | 41.045 | 41.853 | 42.662 | 43.470 | 44.278 |
| 600 | 45.085 | 45.891 | 46.697 | 47.502 | 48.306 | 49.109 | 49.911 | 50.713 | 51.513 | 52.312 |
| 700 | 53.110 | 53.907 | 54.703 | 55.498 | 56.291 | 57.083 | 57.873 | 58.663 | 59.451 | 60.237 |
| 800 | 61.022 | 61.806 | 62.588 | 63.368 | 64.147 | 64.924 | 65.700 | 66.473 | 67.245 | 68.015 |
| 900 | 68.783 | 69.549 | 70.313 | 71.075 | 71.835 | 72.593 | 73.350 | 74.104 | 74.857 | 75.608 |
| 1000 | 76.358 | — | — | — | — | — | — | — | — | — |

附表 3　　　　　　　　　　　常用正交表

（1）$L_4(2^3)$

| 试验号 ＼ 列号 | 1 | 2 | 3 |
|---|---|---|---|
| 1 | 1 | 1 | 1 |
| 2 | 1 | 2 | 2 |
| 3 | 2 | 1 | 2 |
| 4 | 2 | 2 | 1 |

（2）$L_8(2^7)$

| 试验号 ＼ 列号 | 1 | 2 | 3 | 4 | 5 | 6 | 7 |
|---|---|---|---|---|---|---|---|
| 1 | 1 | 1 | 1 | 1 | 1 | 1 | 1 |
| 2 | 1 | 1 | 1 | 2 | 2 | 2 | 2 |
| 3 | 1 | 2 | 2 | 1 | 1 | 2 | 2 |
| 4 | 1 | 2 | 2 | 2 | 2 | 1 | 1 |
| 5 | 2 | 1 | 2 | 1 | 2 | 1 | 2 |
| 6 | 2 | 1 | 2 | 2 | 1 | 2 | 1 |
| 7 | 2 | 2 | 1 | 1 | 2 | 2 | 1 |
| 8 | 2 | 2 | 1 | 2 | 1 | 1 | 2 |

（3）$L_9(3^4)$

| 试验号 ＼ 列号 | 1 | 2 | 3 | 4 |
|---|---|---|---|---|
| 1 | 1 | 1 | 1 | 1 |
| 2 | 1 | 2 | 2 | 2 |
| 3 | 1 | 3 | 3 | 3 |
| 4 | 2 | 1 | 2 | 3 |

| 试验号 \ 列号 | 1 | 2 | 3 | 4 |
|---|---|---|---|---|
| 5 | 2 | 2 | 3 | 1 |
| 6 | 2 | 3 | 1 | 2 |
| 7 | 3 | 1 | 3 | 2 |
| 8 | 3 | 2 | 1 | 3 |
| 9 | 3 | 3 | 2 | 1 |

（4）$L_{12}(2^{11})$

| 试验号 | 列号 | | | | | | | | | | |
|---|---|---|---|---|---|---|---|---|---|---|---|
| | 1 | 2 | 3 | 4 | 5 | 6 | 7 | 8 | 9 | 10 | 11 |
| 1 | 1 | 1 | 1 | 1 | 1 | 1 | 1 | 1 | 1 | 1 | 1 |
| 2 | 1 | 1 | 1 | 1 | 1 | 2 | 2 | 2 | 2 | 2 | 2 |
| 3 | 1 | 1 | 2 | 2 | 2 | 1 | 1 | 1 | 2 | 2 | 2 |
| 4 | 1 | 2 | 1 | 2 | 2 | 1 | 2 | 2 | 1 | 1 | 2 |
| 5 | 1 | 2 | 2 | 1 | 2 | 2 | 1 | 2 | 1 | 2 | 1 |
| 6 | 1 | 2 | 2 | 2 | 1 | 2 | 2 | 1 | 2 | 1 | 1 |
| 7 | 2 | 1 | 2 | 2 | 1 | 1 | 2 | 2 | 1 | 2 | 1 |
| 8 | 2 | 1 | 2 | 1 | 2 | 2 | 2 | 1 | 1 | 1 | 2 |
| 9 | 2 | 1 | 1 | 2 | 2 | 2 | 1 | 2 | 2 | 1 | 1 |
| 10 | 2 | 2 | 2 | 1 | 1 | 1 | 1 | 2 | 2 | 1 | 2 |
| 11 | 2 | 2 | 1 | 2 | 1 | 2 | 1 | 1 | 1 | 2 | 2 |
| 12 | 2 | 2 | 1 | 1 | 2 | 1 | 2 | 1 | 2 | 2 | 1 |

（5）$L_{16}(2^{15})$

| 试验号 | 列号 | | | | | | | | | | | | | | |
|---|---|---|---|---|---|---|---|---|---|---|---|---|---|---|---|
| | 1 | 2 | 3 | 4 | 5 | 6 | 7 | 8 | 9 | 10 | 11 | 12 | 13 | 14 | 15 |
| 1 | 1 | 1 | 1 | 1 | 1 | 1 | 1 | 1 | 1 | 1 | 1 | 1 | 1 | 1 | 1 |
| 2 | 1 | 1 | 1 | 1 | 1 | 1 | 1 | 2 | 2 | 2 | 2 | 2 | 2 | 2 | 2 |
| 3 | 1 | 1 | 1 | 2 | 2 | 2 | 2 | 1 | 1 | 1 | 1 | 2 | 2 | 2 | 2 |
| 4 | 1 | 1 | 1 | 2 | 2 | 2 | 2 | 2 | 2 | 2 | 2 | 1 | 1 | 1 | 1 |
| 5 | 1 | 2 | 2 | 1 | 1 | 2 | 2 | 1 | 1 | 2 | 2 | 1 | 1 | 2 | 2 |
| 6 | 1 | 2 | 2 | 1 | 1 | 2 | 2 | 2 | 2 | 1 | 1 | 2 | 2 | 1 | 1 |
| 7 | 1 | 2 | 2 | 2 | 2 | 1 | 1 | 1 | 1 | 2 | 2 | 2 | 2 | 1 | 1 |
| 8 | 1 | 2 | 2 | 2 | 2 | 1 | 1 | 2 | 2 | 1 | 1 | 1 | 1 | 2 | 2 |
| 9 | 2 | 1 | 2 | 1 | 2 | 1 | 2 | 1 | 2 | 1 | 2 | 1 | 2 | 1 | 2 |
| 10 | 2 | 1 | 2 | 1 | 2 | 1 | 2 | 2 | 1 | 2 | 1 | 2 | 1 | 2 | 1 |
| 11 | 2 | 1 | 2 | 2 | 1 | 2 | 1 | 1 | 2 | 1 | 2 | 2 | 1 | 2 | 1 |
| 12 | 2 | 1 | 2 | 2 | 1 | 2 | 1 | 2 | 1 | 2 | 1 | 1 | 2 | 1 | 2 |
| 13 | 2 | 2 | 1 | 1 | 2 | 2 | 1 | 1 | 2 | 2 | 1 | 1 | 2 | 2 | 1 |
| 14 | 2 | 2 | 1 | 1 | 2 | 2 | 1 | 2 | 1 | 1 | 2 | 2 | 1 | 1 | 2 |
| 15 | 2 | 2 | 1 | 2 | 1 | 1 | 2 | 1 | 2 | 2 | 1 | 2 | 1 | 1 | 2 |
| 16 | 2 | 2 | 1 | 2 | 1 | 1 | 2 | 2 | 1 | 1 | 2 | 1 | 2 | 2 | 1 |

（6）$L_{16}$（$4^5$）

| 列号<br>试验号 | 1 | 2 | 3 | 4 | 5 |
|---|---|---|---|---|---|
| 1 | 1 | 1 | 1 | 1 | 1 |
| 2 | 1 | 2 | 2 | 2 | 2 |
| 3 | 1 | 3 | 3 | 3 | 3 |
| 4 | 1 | 4 | 4 | 4 | 4 |
| 5 | 2 | 1 | 2 | 3 | 4 |
| 6 | 2 | 2 | 1 | 4 | 3 |
| 7 | 2 | 3 | 4 | 1 | 2 |
| 8 | 2 | 4 | 3 | 2 | 1 |
| 9 | 3 | 1 | 3 | 4 | 2 |
| 10 | 3 | 2 | 4 | 3 | 1 |
| 11 | 3 | 3 | 1 | 2 | 4 |
| 12 | 3 | 4 | 2 | 1 | 3 |
| 13 | 4 | 1 | 4 | 2 | 3 |
| 14 | 4 | 2 | 3 | 1 | 4 |
| 15 | 4 | 3 | 2 | 4 | 1 |
| 16 | 4 | 4 | 1 | 3 | 2 |

（7）$L_8$（$4 \times 2^4$）

| 列号<br>试验号 | 1 | 2 | 3 | 4 | 5 |
|---|---|---|---|---|---|
| 1 | 1 | 1 | 1 | 1 | 1 |
| 2 | 1 | 2 | 2 | 2 | 2 |
| 3 | 2 | 1 | 1 | 2 | 2 |
| 4 | 2 | 2 | 2 | 1 | 1 |
| 5 | 3 | 1 | 2 | 1 | 2 |
| 6 | 3 | 2 | 1 | 2 | 1 |
| 7 | 4 | 1 | 2 | 2 | 1 |
| 8 | 4 | 2 | 1 | 1 | 2 |